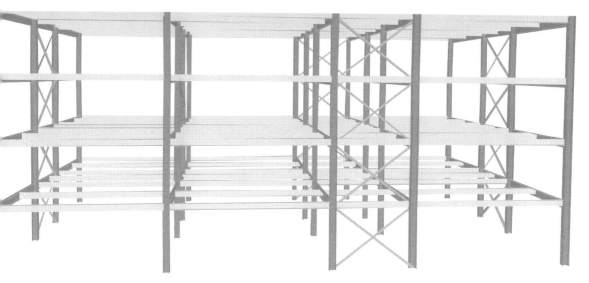

ESTRUTURAS DE AÇO

DIMENSIONAMENTO PRÁTICO

O GEN | Grupo Editorial Nacional – maior plataforma editorial brasileira no segmento científico, técnico e profissional – publica conteúdos nas áreas de ciências exatas, humanas, jurídicas, da saúde e sociais aplicadas, além de prover serviços direcionados à educação continuada e à preparação para concursos.

As editoras que integram o GEN, das mais respeitadas no mercado editorial, construíram catálogos inigualáveis, com obras decisivas para a formação acadêmica e o aperfeiçoamento de várias gerações de profissionais e estudantes, tendo se tornado sinônimo de qualidade e seriedade.

A missão do GEN e dos núcleos de conteúdo que o compõem é prover a melhor informação científica e distribuí-la de maneira flexível e conveniente, a preços justos, gerando benefícios e servindo a autores, docentes, livreiros, funcionários, colaboradores e acionistas.

Nosso comportamento ético incondicional e nossa responsabilidade social e ambiental são reforçados pela natureza educacional de nossa atividade e dão sustentabilidade ao crescimento contínuo e à rentabilidade do grupo.

ESTRUTURAS DE AÇO

DIMENSIONAMENTO PRÁTICO

9ª edição

WALTER PFEIL
Professor Catedrático de Pontes e Grandes Estruturas da
Escola Politécnica da Universidade Federal do Rio de Janeiro (Poli-UFRJ)

MICHÈLE PFEIL
Professora Titular da Universidade Federal do Rio de Janeiro (UFRJ) –
Escola Politécnica (Poli) e Instituto Alberto Luiz Coimbra de Pós-Graduação e
Pesquisa em Engenharia (COPPE)

- Os autores deste livro e a editora empenharam seus melhores esforços para assegurar que as informações e os procedimentos apresentados no texto estejam em acordo com os padrões aceitos à época da publicação, *e todos os dados foram atualizados pelos autores até a data de fechamento do livro.* Entretanto, tendo em conta a evolução das ciências, as atualizações legislativas, as mudanças regulamentares governamentais e o constante fluxo de novas informações sobre os temas que constam do livro, recomendamos enfaticamente que os leitores consultem sempre outras fontes fidedignas, de modo a se certificarem de que as informações contidas no texto estão corretas e de que não houve alterações nas recomendações ou na legislação regulamentadora.
- Data do fechamento do livro: 07/10/2021
- Os autores e a editora se empenharam para citar adequadamente e dar o devido crédito a todos os detentores de direitos autorais de qualquer material utilizado neste livro, dispondo-se a possíveis acertos posteriores caso, inadvertida e involuntariamente, a identificação de algum deles tenha sido omitida.
- **Atendimento ao cliente:** (11) 5080-0751 | faleconosco@grupogen.com.br
- Direitos exclusivos para a língua portuguesa
Copyright © 2022 by
LTC | Livros Técnicos e Científicos Editora Ltda.
Uma editora integrante do GEN | Grupo Editorial Nacional
Travessa do Ouvidor, 11
Rio de Janeiro – RJ – CEP 20040-040
www.grupogen.com.br
- Reservados todos os direitos. É proibida a duplicação ou reprodução deste volume, no todo ou em parte, em quaisquer formas ou por quaisquer meios (eletrônico, mecânico, gravação, fotocópia, distribuição pela Internet ou outros), sem permissão, por escrito, da LTC | Livros Técnicos e Científicos Editora Ltda.
- Capa: Leônidas Leite
- Imagem de capa: Anita Battista
- Editoração eletrônica: Anthares
- Ficha catalográfica

CIP-BRASIL. CATALOGAÇÃO NA PUBLICAÇÃO
SINDICATO NACIONAL DOS EDITORES DE LIVROS, RJ

P627e
9. ed.

Pfeil, Walter
Estruturas de aço : dimensionamento prático / Walter Pfeil, Michèle Pfeil. - 9. ed. - Rio de Janeiro : LTC, 2022.
 24 cm.
 Inclui bibliografia e índice

Anexos
ISBN 978-85-216-3764-6

 1. Aço - Estruturas. 2. Aço - Estruturas - Normas. I. Pfeil, Michèle. II. Título.

21-71932   CDD: 624.1821
            CDU: 624.014.2

Leandra Felix da Cruz Candido - Bibliotecária - CRB-7/6135

Prefácio à 9ª Edição

O presente livro destina-se aos estudantes dos cursos elementares de estruturas de aço e também aos engenheiros projetistas e profissionais de áreas afins, como Arquitetura.

Os assuntos abordados são introduzidos com uma breve exposição dos conceitos teóricos e dos desenvolvimentos em pesquisa que fundamentam os procedimentos adotados atualmente no projeto de estruturas de aço de edificações. Os critérios de projeto são apresentados focalizando-se a norma brasileira ABNT NBR 8800:2008 e, em alguns casos, referindo-se a normas internacionais. Todos os capítulos incluem diversos problemas resolvidos, em ordem crescente de dificuldade e com aplicações práticas dos critérios de projeto expostos no texto. Cada assunto é encerrado com uma série de problemas propostos e/ou perguntas para reflexão e verificação de assimilação de conteúdo.

O Capítulo 1 constitui uma ampla introdução ao estudo de estruturas de aço envolvendo aspectos referentes a propriedades mecânicas dos aços, produtos siderúrgicos, sistemas estruturais para edificações em aço e métodos de projeto de estruturas. Os Capítulos 2, 5, 6 e 7 abordam o projeto de elementos estruturais de aço sob diversas solicitações simples ou combinadas, enquanto o Capítulo 10 trata de vigas mistas de aço e concreto. Os Capítulos 3 e 4 enfocam, respectivamente, o cálculo de ligações parafusadas e soldadas simples, e o Capítulo 9 apresenta aplicações de ligações em estruturas. No Capítulo 3, há referências históricas a ligações com rebites que podem ser úteis em caso de verificação de estruturas antigas. Alguns aspectos de análise estrutural são abordados no Capítulo 7, em relação a edificações de muitos andares, no Capítulo 8, dedicado a estruturas treliçadas, e no Capítulo 11, sobre análise plástica de vigas. A obra é completada por um conjunto de tabelas (Anexos), cujos dados numéricos são utilizados na solução dos problemas.

Este texto pode ser utilizado como livro-texto em cursos de graduação em Engenharia Civil. Para um curso introdutório de quatro horas semanais em um semestre letivo, são indicados os Capítulos 1 a 7 e 10.

Esta edição foi revisada, atualizada e ampliada. Destacam-se novos exercícios resolvidos, por exemplo sobre o cálculo de esforços solicitantes em vigas principais e secundárias de pisos de edifícios, ligações parafusadas e determinação de esforços resistentes de colunas em estruturas de galpões industriais. Além disso, a notação utilizada para designar diversas grandezas foi alterada para compatibilização com a notação adotada na norma brasileira ABNT NBR 8800. Finalmente, esta nona edição apresenta, como material suplementar, integrado ao conteúdo do livro, um projeto completo de edifício de cinco pavimentos em estrutura de aço e mista, de autoria do Prof. Fernando Ottoboni Pinho, com memória de concepção estrutural e de cálculos, além de desenhos de projeto e disponibilização de parte destes em arquivo DWG, para maior visualização dos detalhes.

Os autores sinceramente agradecem ao Eng. Ricardo Fainstein pela minuciosa revisão dos exercícios da 8ª edição, ao Eng. e Prof. Fernando Pinho pela elaboração do valioso material suplementar da presente edição, à Anita Pfeil Battista pelo empenho na confecção e revisão de desenhos para esta 9ª edição e à equipe da LTC Editora, encarregada da revisão dos manuscritos e produção da obra até a impressão, pelo cuidadoso trabalho realizado. Apesar dos melhores esforços dos autores, do editor e dos revisores, é inevitável que surjam erros no texto. Assim, são bem-vindas as comunicações de usuários sobre correções ou sugestões referentes ao conteúdo ou de caráter pedagógico que auxiliem o aprimoramento de edições futuras. Encorajamos e antecipadamente agradecemos os comentários dos leitores, que podem ser encaminhados à LTC — Livros Técnicos e Científicos Editora Ltda., editora integrante do GEN | Grupo Editorial Nacional, pelo endereço eletrônico faleconosco@grupogen.com.br.

Finalmente, agradecemos a Mariette Schubert Pfeil (*in memoriam*), a quem dedicamos este livro, pelo apoio e compreensão constantes.

Rio de Janeiro, julho de 2021.

Walter do Couto Pfeil (in memoriam)
Michèle Schubert Pfeil

Notações

Minúsculas Romanas

a — Comprimento, distância; espaçamento entre enrijecedores.

b — Largura de uma chapa; largura efetiva da laje em viga mista.

b_{ef} — Largura efetiva de placa enrijecida em flambagem local.

b_f — Largura de mesa em vigas I.

c — Distância da face externa da mesa de um perfil I ao ponto da alma em que se inicia a transição para a mesa (início do arredondamento em perfis laminados; do cordão de solda em vigas soldadas compostas de chapas).

d — Diâmetro nominal do conector (diâmetro do fuste).

d' — Diâmetro do furo de uma chapa.

d_w — Dimensão da perna do filete de solda.

e — Excentricidade da carga referida ao centro de gravidade da seção.

f — Tensão resistente do material a tração ou compressão.

f_c — Tensão resistente à compressão com flambagem.

f_{ck} — Valor característico da tensão resistente à compressão do concreto.

f_{el} — Tensão limite de proporcionalidade ou de elasticidade do aço.

f_{uk} — Valor característico da tensão de ruptura do aço; no texto, usamos a notação simplificada $f_{uk} = f_u$.

f_v — Tensão de escoamento a cisalhamento $\cong 0,6 f_y$.

f_w — Tensão resistente do metal da solda.

f_{yk} — Valor característico da tensão de escoamento do aço; no livro usamos a notação simplificada $f_y = f_{yk}$.

g — Carga permanente.

h_t — Altura total de um perfil.

h — Altura da alma de perfil I tomada igual a h_w em perfis soldados e a h_w menos os trechos de transição das mesas para a alma em perfis laminados.

h_F — Altura das nervuras da laje *steel deck* ou espessura da pré-laje pré-moldada de concreto.

h_w — Distância entre as faces internas das mesas de perfil I.

k — Coeficiente.

l — Comprimento, vão (pode-se também usar L); comprimento efetivo de solda.

l_b — Distância entre pontos de contenção lateral de uma viga.

l_f — Distância entre bordas de furo e de chapa (ou furo consecutivo).

l_{fl} — Comprimento de flambagem de uma haste.

l_n — Comprimento de aplicação de carga concentrada.

l_w — Comprimento de solda.

q — Carga transitória ou variável.

r — Raio, raio de curvatura, raio de giração.

viii Estruturas de Aço

r_1 — Raio de giração mínimo de um perfil isolado de coluna múltipla.

r_x — Raio de giração, referido ao eixo x.

r_y — Raio de giração, referido ao eixo y.

t — Espessura de uma chapa.

t_c — Espessura da laje de concreto em viga mista.

t_e — Espessura efetiva de solda de penetração.

t_f — Espessura de mesa de perfil I.

t_w — Espessura de alma de um perfil; espessura de filete de solda (na garganta do filete).

x_g, y_g — Coordenadas do centro de gravidade.

y_c — Distância do bordo comprimido à linha neutra; distância entre o centro de gravidade da área comprimida da seção de aço e o seu bordo superior em viga mista sob momento fletor positivo.

y_{inf} — Distância do bordo inferior à linha neutra.

y_{sup} — Distância do bordo superior à linha neutra.

y_t — Distância do bordo tracionado à linha neutra; distância entre o centro de gravidade da área tracionada da seção de aço e o seu bordo inferior em viga mista sob momento fletor positivo.

z — Coordenada, braço de alavanca interno.

Maiúsculas Romanas

A — Área da seção transversal de uma haste.

A_b — Área da seção do fuste de um parafuso.

A_e — Área líquida efetiva de uma peça com furos.

A_f — Área de mesa de um perfil I.

A_g — Área bruta.

A_{MB} — Área do metal-base.

A_n — Área líquida de uma peça com furos ou entalhes; área da seção do núcleo de uma haste rosqueada.

A_w — Área efetiva de solda; área efetiva de cisalhamento; área da alma de um perfil I.

C_b — Fator de modificação da resistência à flexão para diagrama não uniforme de momento fletor.

C_t — Coeficiente de redução para determinação de área líquida efetiva em peças tracionadas.

E — Módulo de elasticidade (módulo de Young); para o aço tomado igual a 200.000 MPa.

E_c — Módulo de elasticidade do concreto.

E_s — Módulo de elasticidade do aço.

F — Força aplicada a uma estrutura.

F_{Rd} — Força resistente de projeto.

G — Carga permanente, centro de gravidade, módulo de deformação transversal.

I — Momento quadrático de uma área referido ao eixo que passa no centro de gravidade (comumente denominado momento de inércia).

Notações **ix**

K	—	Coeficiente de flambagem ($l_{fl} = Kl$).
L	—	Comprimento, tramo de uma viga.
M	—	Momento fletor.
M_d	—	Momento fletor solicitante de projeto (ou de cálculo).
M_{Rd}	—	Momento fletor resistente de projeto (ou de cálculo).
M_p	—	Momento de plastificação total da seção.
M_x, M_y	—	Momento fletor referido aos eixos x e y, respectivamente.
M_y	—	Momento que inicia a plastificação da seção.
N	—	Esforço normal.
N_{cr}	—	Carga crítica.
N_t	—	Esforço normal de tração.
Q	—	Fator de redução da resistência à compressão em decorrência da flambagem local.
R	—	Reação, esforço.
R_{dt}	—	Força axial resistente de tração, de cálculo.
R_n	—	Resistência nominal.
S	—	Momento estático. Esforço solicitante.
S_d	—	Esforço solicitante de projeto.
T	—	Momento de torção.
V	—	Esforço cortante.
V_{Rd}	—	Esforço cortante resistente de projeto (ou de cálculo).
W	—	Módulo elástico de resistência da seção.
W_c	—	Módulo referido ao bordo comprimido.
W_t	—	Módulo elástico da seção transversal de um perfil referido ao bordo tracionado.
Z	—	Módulo plástico da seção transversal de um perfil.

Minúsculas Gregas

α	—	Coeficiente de dilatação térmica do aço $\alpha = 1,2 \times 10^{-5}\ °C^{-1}$; relação E_s/E_c entre módulos de elasticidade do aço e do concreto.
γ	—	Coeficiente de segurança; peso específico do material; para aço $\gamma = 77\ kN/m^3$.
δ	—	Deslocamento, flecha.
ε	—	Deformação unitária $\varepsilon = \Delta l / l_0$.
λ	—	Parâmetro de esbeltez de placa de largura b e espessura $t = b/t$.
λ_0	—	Índice de esbeltez reduzido de coluna em flambagem global.
μ	—	Coeficiente de atrito.
υ	—	Coeficiente de deformação transversal (coeficiente de Poisson); para o aço admitido $v = 0,3$.
σ_{bc}	—	Tensão normal de compressão devida à flexão.
σ_c	—	Tensão normal de compressão.
σ_{cr}	—	Tensão crítica.
σ_r	—	Tensão residual em perfis laminados ou soldados (tomada igual a $0,3\,f_y$).
σ_t	—	Tensão normal de tração.

x Estruturas de Aço

τ — Tensão de cisalhamento.
φ — Coeficiente de fluência.
χ — Fator redutor do esforço normal resistente de compressão associado à flambagem global.

Alfabeto Grego

	Grafia	
Pronúncia	**Minúsculas**	**Maiúsculas**
alfa	α	A
beta	β	B
gama	γ	Γ
delta	δ	Δ
epsílon	ε	E
dzeta	ζ	Z
eta	η	H
teta	θ	Θ
iota	ι	I
capa	κ	K
lambda	λ	Λ
mi	μ	M
ni	ν	N
csi	ξ	Ξ
omícron	o	O
pi	π	Π
rô	ρ	P
sigma	σ	Σ
tau	τ	T
ipsílon	υ	Y
fi	φ	Φ
qui	χ	X
psi	ψ	Ψ
ômega	ω	Ω

Siglas

AASHTO	—	American Association of State Highway and Transportation Officials
ABNT	—	Associação Brasileira de Normas Técnicas
AISC	—	American Institute of Steel Construction
AISI	—	American Iron and Steel Institute
ARXXX	—	Designação para aço de alta resistência em f_y = XXX MPa
ASD	—	Allowable Stress Design
ASTM	—	American Society for Testing and Materials
AWS	—	American Welding Society
EUROCODE	—	Conjunto de normas europeias para projetos estruturais e geotécnicos de obras civis
LRFD	—	Load and Resistance Factor Design
MR XXX	—	Aço de média resistência f_y = XXX MPa
NBR	—	Norma brasileira

Sistemas de Unidades

Tradicionalmente, os cálculos de estabilidade das estruturas eram efetuados no sistema MKS (metro, quilograma-força, segundo).

Por força dos acordos internacionais, o sistema MKS foi substituído pelo "Sistema Internacional de Unidades SI", que difere do primeiro nas unidades de força e de massa.

No sistema MKS, a unidade de força denominada quilograma-força (kgf) é o peso da massa de um quilograma. Vale dizer, é a força que produz, na massa de um quilograma, a aceleração da gravidade ($g \cong 9,8$ m/s²).

No sistema SI, a unidade de força, denominada Newton (N), produz na massa de um quilograma a aceleração de 1 m/s². Resultam as relações:

$$1 \text{ kgf} = 9,8 \text{ N} \cong 10 \text{ N}$$
$$1 \text{ N} = 0,102 \text{ kgf}$$

Utilizam-se, frequentemente, os múltiplos quilonewton (kN) e meganewton (MN):

$$1 \text{ kN} = 10^3 \text{ N} \cong 100 \text{ kgf} \cong 0,10 \text{ tf}$$
$$1 \text{ MN} = 10^6 \text{ N} \cong 100 \times 10^3 \text{ kgf} \cong 100 \text{ tf}$$
$$1 \text{ tf} = \text{uma tonelada-força}$$

Material Suplementar

Este livro conta com os seguintes materiais suplementares:

Para todos os leitores:

- Anexos A1 a A9: anexos da obra, com as Tabelas A1 a A9 para consulta, em (.pdf) (requer PIN);
- Figuras em DWG: arquivo com parte das figuras do Projeto Integrado para consulta, em (.dwg) (requer PIN);
- Projeto Integrado: projeto de um pequeno edifício comercial de cinco pavimentos, em (.pdf), composto pelo Memorial Descritivo, em (.pdf)* (requer PIN).
  Ao longo do livro, quando o material suplementar é relacionado com o conteúdo, o ícone 🎓 aparece ao lado.

Para docentes:

- Ilustrações da obra em formato de apresentação em (.pdf) (restrito a docentes cadastrados).

Os professores terão acesso a todos os materiais relacionados acima (para leitores e restritos a docentes). Basta estarem cadastrados no GEN.

O acesso ao material suplementar é gratuito. Basta que o leitor se cadastre e faça seu *login* em nosso *site* (www.grupogen.com.br), clicando em GEN-IO, no *menu* superior do lado direito. Em seguida, clique no *menu* retrátil ≡ e insira o código (PIN) de acesso localizado na orelha deste livro.

O acesso ao material suplementar online fica disponível até seis meses após a edição do livro ser retirada do mercado.

Caso haja alguma mudança no sistema ou dificuldade de acesso, entre em contato conosco (gendigital@grupogen.com.br).

*Este material foi elaborado pelo Prof. e Eng. Fernando Ottoboni Pinho.

GEN-IO (GEN | Informação Online) é o ambiente virtual de aprendizagem do GEN | Grupo Editorial Nacional

Sumário

CAPÍTULO 1 INTRODUÇÃO, 1

1.1 Definições, 1

1.2 Notícia Histórica, 2

1.3 Processo de Fabricação, 4

1.4 Tipos de Aços Estruturais, 9

    1.4.1 Classificação, 9

    1.4.2 Aços-carbono, 9

    1.4.3 Aços de Baixa Liga, 10

    1.4.4 Aços com Tratamento Térmico, 10

    1.4.5 Padronização ABNT, 10

    1.4.6 Nomenclatura SAE, 11

1.5 Ensaios de Tração e Cisalhamento Simples, 11

    1.5.1 Tensões e Deformações, 11

    1.5.2 Ensaio de Tração Simples, 13

    1.5.3 Ensaio de Cisalhamento Simples, 15

1.6 Propriedades dos Aços, 16

    1.6.1 Constantes Físicas do Aço, 16

    1.6.2 Ductilidade, 16

    1.6.3 Fragilidade, 16

    1.6.4 Resiliência e Tenacidade, 17

    1.6.5 Dureza, 17

    1.6.6 Efeito de Temperatura Elevada, 17

    1.6.7 Fadiga, 18

    1.6.8 Corrosão, 18

1.7 Produtos Siderúrgicos Estruturais, 19

    1.7.1 Tipos de Produtos Estruturais, 19

    1.7.2 Produtos Laminados, 19

    1.7.3 Fios, Cordoalhas, Cabos, 22

    1.7.4 Perfis de Chapa Dobrada, 22

    1.7.5 Ligações de Peças Metálicas, 22

    1.7.6 Perfis Soldados e Perfis Compostos, 23

1.8 Tensões Residuais e Diagrama de Tensão | Deformação de Perfis Simples ou Compostos em Aços com Patamar de Escoamento, 24

1.9 Sistemas Estruturais em Aço, 25

    1.9.1 Elementos Estruturais, 25

    1.9.2 Sistemas Planos de Elementos Lineares, 26

    1.9.3 Comportamento das Ligações, 27

xiv Estruturas de Aço

1.9.4 Estruturas Aporticadas para Edificações, 27
1.9.5 Sistemas de Piso para Edificações, 31
1.9.6 Galpões Industriais Simples, 32
1.9.7 Sistemas de Elementos Bidimensionais, 34

1.10 Métodos de Cálculo, 34
1.10.1 Projeto Estrutural e Normas, 34
1.10.2 Estados Limites, 36
1.10.3 Método das Tensões Admissíveis, 36
1.10.4 Teoria Plástica de Dimensionamento das Seções, 38
1.10.5 Método dos Estados Limites, 38

1.11 Problemas Resolvidos, 46

1.12 Problemas Propostos, 49

CAPÍTULO 2 PEÇAS TRACIONADAS, 50

2.1 Tipos Construtivos, 50

2.2 Critérios de Dimensionamento, 51
2.2.1 Distribuição de Tensões Normais na Seção, 52
2.2.2 Estados Limites Últimos e Esforços Normais Resistentes, 52
2.2.3 Limitações de Esbeltez das Peças Tracionadas, 54
2.2.4 Diâmetros dos Furos de Conectores, 55
2.2.5 Área da Seção Transversal Líquida de Peças Tracionadas com Furos, 55
2.2.6 Área da Seção Transversal Líquida Efetiva, 55
2.2.7 Cisalhamento de Bloco, 57

2.3 Problemas Resolvidos, 58

2.4 Problemas Propostos, 66

CAPÍTULO 3 LIGAÇÕES COM CONECTORES, 68

3.1 Tipos de Conectores e de Ligações, 68
3.1.1 Rebites, 68
3.1.2 Parafusos Comuns, 69
3.1.3 Parafusos de Alta Resistência, 70
3.1.4 Classificação da Ligação Quanto ao Esforço Solicitante dos Conectores, 71

3.2 Disposições Construtivas, 72
3.2.1 Furação de Chapas, 72
3.2.2 Espaçamentos dos Conectores, 73

3.3 Dimensionamento dos Conectores e dos Elementos de Ligação, 74
3.3.1 Resistência dos Aços Utilizados nos Conectores, 74
3.3.2 Tipos de Rupturas em Ligações com Conectores, 74
3.3.3 Dimensionamento a Corte dos Conectores, 75
3.3.4 Dimensionamento a Rasgamento e Pressão de Contato da Chapa, 76
3.3.5 Dimensionamento a Tração dos Conectores, 77
3.3.6 Dimensionamento a Tração e Corte Simultâneos – Fórmulas de Interação, 78

Sumário **xv**

3.3.7 Resistência ao Deslizamento em Ligações por Atrito, 78

3.3.8 Resistência das Chapas e Elementos de Ligação, 79

3.4 Distribuição de Esforços entre Conectores em Alguns Tipos de Ligação, 80

3.4.1 Ligação Axial por Corte, 80

3.4.2 Ligação Excêntrica por Corte, 81

3.4.3 Ligação com Tração nos Parafusos, 83

3.4.4 Ligação com Corte e Tração nos Conectores, 84

3.5 Problemas Resolvidos, 86

3.6 Problemas Propostos, 97

CAPÍTULO 4 LIGAÇÕES COM SOLDA, 99

4.1 Tipos, Qualidade e Simbologia de Soldas, 99

4.1.1 Definição. Processos Construtivos, 99

4.1.2 Tipos de Eletrodos, 101

4.1.3 Soldabilidade de Aços Estruturais, 101

4.1.4 Defeitos na Solda, 102

4.1.5 Controle e Inspeção da Solda, 103

4.1.6 Classificação de Soldas de Eletrodo Quanto à Posição do Material de Solda em Relação ao Material-base, 103

4.1.7 Classificação Quanto à Posição Relativa das Peças Soldadas, 104

4.1.8 Posições de Soldagem com Eletrodos, 104

4.1.9 Simbologia de Solda, 104

4.2 Elementos Construtivos para Projeto, 105

4.2.1 Soldas de Penetração, 105

4.2.2 Soldas de Filete, 109

4.3 Resistência das Soldas, 111

4.3.1 Soldas de Penetração, 111

4.3.2 Soldas de Filete, 112

4.4 Distribuição de Esforços nas Soldas, 113

4.4.1 Composição dos Esforços em Soldas de Filete, 113

4.4.2 Emendas Axiais Soldadas, 113

4.4.3 Ligação Excêntrica por Corte, 114

4.4.4 Soldas com Esforços Combinados de Cisalhamento e Tração ou Compressão, 115

4.5 Combinação de Soldas com Conectores, 117

4.6 Problemas Resolvidos, 117

4.7 Problemas Propostos, 126

CAPÍTULO 5 PEÇAS COMPRIMIDAS, 129

5.1 Introdução, 129

5.2 Flambagem por Flexão, 129

5.3 Comprimento de Flambagem $\ell_{fl} = K\ell$, 134

xvi Estruturas de Aço

5.3.1 Conceito, 134

5.3.2 Indicações Práticas, 135

5.4 Dimensionamento de Hastes em Compressão Simples sem Flambagem Local, 137

5.4.1 Esforço Resistente de Projeto, 137

5.4.2 Curva de Flambagem, 138

5.4.3 Valores Limites do Coeficiente de Esbeltez, 138

5.5 Flambagem Local, 138

5.5.1 Conceito, 138

5.5.2 Flambagem da Placa Isolada, 139

5.5.3 Critérios para Impedir Flambagem Local, 140

5.5.4 Esforço Resistente de Hastes com Efeito de Flambagem Local, 142

5.6 Peças de Seção Múltipla, 146

5.6.1 Conceito, 146

5.6.2 Critério de Dimensionamento de Peças Múltiplas, 148

5.7 Flambagem por Flexão e Torção de Peças Comprimidas, 148

5.8 Problemas Resolvidos, 149

5.9 Problemas Propostos, 164

CAPÍTULO 6 VIGAS DE ALMA CHEIA, 165

6.1 Introdução, 165

6.1.1 Conceitos Gerais, 165

6.1.2 Tipos Construtivos Usuais, 166

6.2 Dimensionamento a Flexão, 167

6.2.1 Momento de Início de Plastificação M_y e Momento de Plastificação Total M_p, 167

6.2.2 Momento Fletor Resistente de Vigas com Contenção Lateral, 170

6.2.3 Resistência à Flexão de Vigas sem Contenção Lateral Contínua. Flambagem Lateral com Torção, 178

6.2.4 Vigas Sujeitas à Flexão Assimétrica, 186

6.2.5 Vigas Contínuas, 187

6.3 Dimensionamento da Alma das Vigas, 187

6.3.1 Conceitos, 187

6.3.2 Tensões de Cisalhamento Provocadas por Esforço Cortante, 188

6.3.3 Esforço Cortante Resistente em Vigas de Perfil I, Fletidas no Plano da Alma, 189

6.3.4 Limite Superior da Relação h/t_w, 191

6.3.5 Dimensionamento dos Enrijecedores Transversais Intermediários, 192

6.3.6 Resistência e Estabilidade da Alma sob Ação de Cargas Concentradas, 193

6.3.7 Enrijecedores de Apoio, 196

6.3.8 Contenção Lateral das Vigas nos Apoios, 197

6.4 Limitação de Deformações, 197

6.5 Problemas Resolvidos, 197

6.6 Problemas Propostos, 217

CAPÍTULO 7 FLEXOCOMPRESSÃO E FLEXOTRAÇÃO, 218

7.1 Conceito de Viga-Coluna, 218

7.2 Resistência da Seção à Flexão Composta, 220

7.3 Viga-Coluna Sujeita à Flambagem no Plano de Flexão, 222

    7.3.1 Viga-coluna com Extremos Indeslocáveis, 222

    7.3.2 Viga-coluna com Extremidades Deslocáveis, 224

    7.3.3 Método da Amplificação dos Esforços Solicitantes, 227

7.4 Dimensionamento de Hastes à Flexocompressão e à Flexotração, 227

    7.4.1 Esforços Solicitantes de Cálculo, 229

7.5 Sistemas de Contraventamento, 230

    7.5.1 Conceitos Gerais, 230

    7.5.2 Dimensionamento do Contraventamento de Colunas, 230

7.6 Problemas Resolvidos, 233

CAPÍTULO 8 VIGAS TRELIÇADAS, 244

8.1 Introdução, 244

8.2 Treliças Usuais de Edifícios, 244

8.3 Tipos de Barras de Treliças, 246

8.4 Tipos de Ligações, 246

8.5 Modelos Estruturais para Treliças, 247

8.6 Dimensionamento dos Elementos, 249

8.7 Problema Resolvido, 249

CAPÍTULO 9 LIGAÇÕES – APOIOS, 256

9.1 Introdução, 256

9.2 Classificação das Ligações, 257

9.3 Emendas de Colunas, 259

9.4 Emendas em Vigas, 260

    9.4.1 Emendas Soldadas, 260

    9.4.2 Emendas com Conectores, 261

9.5 Ligações Flexíveis à Rotação, 262

9.6 Ligações Rígidas à Rotação, 264

9.7 Ligações com Pinos, 266

9.8 Apoios Móveis com Rolos, 267

9.9 Bases de Colunas, 268

9.10 Problemas Resolvidos, 270

9.11 Problemas Propostos, 281

xviii   Estruturas de Aço

CAPÍTULO 10 VIGAS MISTAS AÇO-CONCRETO, 282

10.1 Introdução, 282

   10.1.1 Definição, 282

   10.1.2 Histórico, 283

   10.1.3 Conectores de Cisalhamento, 283

   10.1.4 Funcionamento da Seção Mista, 285

   10.1.5 Resistência por Ligação Total e por Ligação Parcial a Cisalhamento Horizontal, 287

   10.1.6 Retração e Fluência do Concreto, 288

   10.1.7 Construções Escoradas e Não Escoradas, 289

   10.1.8 Vigas Mistas sob Ação de Momento Fletor Negativo, 290

   10.1.9 Vigas Contínuas e Semicontínuas, 290

   10.1.10 Critérios de Cálculo, 292

10.2 Resistência à Flexão de Vigas Mistas, 292

   10.2.1 Classificação das Seções Quanto à Flambagem Local, 292

   10.2.2 Largura Efetiva da Laje, 293

   10.2.3 Seção Homogeneizada para Cálculos em Regime Elástico, 294

   10.2.4 Relação α entre Módulos de Elasticidade do Aço e do Concreto, 295

   10.2.5 Momento Resistente Positivo de Vigas com Seção de Aço Compacta por Ligação Total, 298

   10.2.6 Resistência à Flexão de Vigas com Seção de Aço Compacta por Ligação Parcial, 302

   10.2.7 Resistência à Flexão de Vigas com Seção de Aço Semicompacta, 304

   10.2.8 Construção Não Escorada, 304

   10.2.9 Armaduras Transversais na Laje, 305

10.3 Dimensionamento dos Conectores, 306

   10.3.1 Resistência dos Conectores Pino com Cabeça, 306

   10.3.2 Número de Conectores e Espaçamento entre Eles, 307

10.4 Verificações no Estado Limite de Utilização, 310

10.5 Problemas Resolvidos, 311

CAPÍTULO 11 ANÁLISE ESTRUTURAL EM REGIME PLÁSTICO, 318

11.1 Métodos de Análise Estrutural, 318

11.2 Conceito de Rótula Plástica, 319

11.3 Análise Estática em Regime Plástico, 320

   11.3.1 Introdução, 320

   11.3.2 Carregamento de Ruptura em Estruturas Isostáticas, 320

   11.3.3 Carregamento de Ruptura em Estruturas Hiperestáticas, 320

   11.3.4 Teoremas sobre o Cálculo da Carga de Ruptura em Estruturas Hiperestáticas, 321

   11.3.5 Limitações sobre a Redistribuição de Momentos Elásticos, 326

   11.3.6 Condições para Utilização de Análise Estática de Vigas em Regime Plástico, 326

11.4 Problema Resolvido, 327

ANEXOS, 329 (capítulo *online* disponível integralmente no GEN-IO)

Tabelas A1 | Propriedades Mecânicas e Físicas, 329

Tabelas A2 | Tensões Resistentes à Compressão de Acordo com a ABNT NBR 8800:2008, 331

Tabelas A3 | Parafusos e Pinos Conectores, 332

Tabelas A4 | Perfis Laminados – Padrão Americano, 335

Tabelas A5 | Perfis Soldados, 352

Tabela A6 | Tubos Circulares (Aço ASTM A500), 366

Tabela A7 | Flambagem de Hastes, 367

Tabela A8 | Solda, 368

Tabela A9 | Módulo Plástico (Z) e Coeficiente de Forma (Z/W) de Seções de Vigas, 369

REFERÊNCIAS BIBLIOGRÁFICAS, 371

ÍNDICE ALFABÉTICO, 373

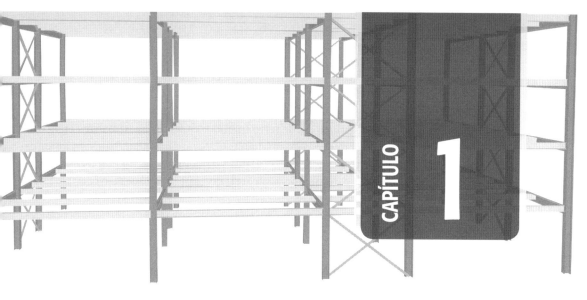

Introdução

1.1 DEFINIÇÕES

As formas mais usuais de metais ferrosos são o aço, o ferro fundido e o ferro forjado, sendo o aço, atualmente, o mais importante dos três.

O aço e o ferro fundido são ligas de ferro e carbono, com outros elementos de dois tipos: elementos residuais decorrentes do processo de fabricação, como silício, manganês, fósforo e enxofre, e elementos adicionados com o intuito de melhorar as características físicas e mecânicas do material denominados elementos de liga.

O aço é a liga ferro-carbono em que o teor de carbono varia desde 0,008 até 2,11 % (Chiaverini, 1996). O carbono aumenta a resistência do aço, porém o torna mais frágil. Os aços com baixo teor de carbono têm menor resistência à tração, porém são mais dúcteis do que os aços com alto teor de carbono. Os aços utilizados em estruturas têm resistências à ruptura por tração e por compressão de igual valor, variando entre amplos limites, desde 300 MPa até valores acima de 1200 MPa (ver Tabelas A1.1 e A1.3, Anexo A).

Em função da presença, na composição química, de elementos de liga e do teor de elementos residuais, os aços são classificados em *aços-carbono*, que contêm teores normais de elementos residuais, e em *aços-liga*, que são aços-carbono acrescidos de elementos de liga ou apresentando altos teores de elementos residuais.

Do ponto de vista de suas aplicações, os aços podem ser classificados em diversas categorias, cada qual com suas características (Chiaverini, 1996). Por exemplo, dos aços para estruturas são requeridas propriedades de boa ductilidade, homogeneidade e soldabilidade, além de elevada relação entre a tensão resistente e a de escoamento. A resistência à corrosão é também importante, entretanto, só é alcançada com pequenas adições de cobre. Para atender a estes requisitos, utilizam-se em estruturas os aços-carbono e os aços em baixo teor de liga ou microligados, ambos os tipos com baixo e médio teores de carbono. A elevada resistência de alguns aços estruturais é obtida por processos de conformação ou tratamentos térmicos.

O ferro fundido comercial contém de 2,0 a 4,3 % de carbono. Tem boa resistência à compressão (mínimo de 500 MPa), porém a resistência à tração é apenas cerca de 30 % da primeira (ver Tabela A.1.2). Sob efeito de choques, mostra-se quebradiço (frágil).

Existem quatro modalidades principais de ferro fundido: cinza, branco, maleável e nodular. O ferro fundido é utilizado em peças de máquinas de forma irregular, bases de motores etc. As peças fundidas com ferro branco, que são duras e quebradiças, podem transformar-se por tratamento térmico em ferro fundido maleável, que apresenta melhor resistência ao impacto e maior trabalhabilidade.

O ferro forjado (*wrought iron*), cuja produção comercial inexiste atualmente, é praticamente um aço de baixo carbono. As pequenas partículas de escória espalhadas na massa do metal se apresentam em forma de fibras, em função das operações de laminação. Estas fibras de escória permitem distinguir o ferro forjado do aço com o mesmo teor de carbono.

1.2 NOTÍCIA HISTÓRICA

O primeiro material siderúrgico empregado na construção foi o ferro fundido. Entre 1780 e 1820 construíram-se pontes em arco ou treliçadas, com elementos em ferro fundido trabalhando em compressão. A primeira ponte em ferro fundido foi a de Coalbrookdale, sobre o rio Severn, na Inglaterra. Trata-se de um arco com vão de 30 metros, construído em 1779.

O ferro forjado já fora utilizado em fins do século XVIII em correntes de barras, formando os elementos portantes das pontes suspensas. Um exemplo notável de emprego de barras de ferro forjado foi a ponte suspensa de Menai, no País de Gales, construída em 1819-1826, com um vão de 175 metros. Em face da boa resistência à corrosão desse metal, várias obras desse tipo, ainda hoje, se encontram em perfeito estado.

No Brasil, a ponte sobre o rio Paraíba do Sul, estado do Rio de Janeiro (Figs. 1.1*a*, *b*), foi inaugurada em 1857. Os vãos de 30 m são vencidos por arcos atirantados, sendo os arcos constituídos de peças de ferro fundido montadas por encaixe e o tirante em ferro forjado.

Em meados do século XIX, declinou o uso do ferro fundido em favor do ferro forjado, que oferecia maior segurança. As obras mais importantes construídas entre 1850 e 1880 foram pontes ferroviárias em treliças de ferro forjado. Entretanto, o grande número de acidentes com estas obras tornou patente a necessidade de estudos mais aprofundados e de material de melhores características.

O aço já era conhecido desde a Antiguidade. Não estava, porém, disponível a preços competitivos por falta de um processo industrial de fabricação. O inglês Henry Bessemer inventou, em 1856, um forno que permitiu a produção do aço em larga escala, a partir das décadas de 1860/1870. Em 1864, os irmãos Martin desenvolveram outro tipo de forno de maior capacidade. Desde então, o aço rapidamente substituiu o ferro fundido e o forjado na indústria da construção. O processo Siemens-Martin surgiu em 1867. Por volta de 1880, foram introduzidos os laminadores para barras.

Uma obra típica dessa época é mostrada na Fig. 1.2: o Viaduc de Garabit, no sul da França, ponte em arco biarticulado, com 165 m de vão e construída por G. Eiffel, em 1884.

Até meados do século XX, utilizou-se nas construções quase exclusivamente o aço-carbono com resistência à ruptura de cerca de 370 MPa. Os aços de maior resistência começaram a ser empregados em escala crescente a partir de 1950. Nas décadas de 1960-1970,

Introdução 3

Fig. 1.1 Ponte sobre o rio Paraíba do Sul, Rio de Janeiro. (a) Vista geral; (b) Detalhe do meio do vão dos arcos atirantados. (Arquivo pessoal do autor.)

Fig. 1.2 Viaduc de Garabit, sul da França, com 165 m de vão, construída por G. Eiffel, em 1884. (Acervo pessoal do autor.)

4 CAPÍTULO 1

Fig. 1.3 Etapa construtiva do Edifício Avenida Central, com 36 pavimentos; construção de 1961. (Cortesia do Eng. Fernando Pinho.)

difundiu-se o emprego de aços de baixa liga, sem ou com tratamento térmico. As modernas estruturas de grande porte incorporam aços de diversas categorias, colocando-se materiais mais resistentes nos pontos de maiores tensões.

No Brasil, a indústria siderúrgica foi implantada após a Segunda Guerra Mundial, com a construção da Usina Presidente Vargas da Companhia Siderúrgica Nacional (CSN), em Volta Redonda, Rio de Janeiro. O parque industrial brasileiro dispõe atualmente de diversas usinas siderúrgicas, com capacidade de fabricar produtos para estruturas de grande porte. Coletâneas de edificações metálicas no Brasil, fartamente ilustradas com fotos e desenhos, são apresentadas nas obras de Dias (1993 e 2004). Um exemplo histórico é o Edifício Avenida Central (Fig. 1.3), no Rio de Janeiro, primeiro edifício alto em estrutura metálica do Brasil, fabricado e montado pela extinta Fábrica de Estruturas Metálicas (FEM) da CSN, em 1961.

Com o desenvolvimento da ciência das construções e da metalurgia, as estruturas metálicas adquiriram formas funcionais e arrojadas, constituindo-se em verdadeiros trunfos da tecnologia. No Brasil podemos citar os vãos metálicos da Ponte Rio-Niterói (Fig. 1.4), com vãos laterais de 200 m e vão central de 300 m, recorde mundial em viga reta. Belas ilustrações de importantes pontes de grandes vãos podem ser apreciadas no trabalho de Meyer (1999).

1.3 PROCESSO DE FABRICAÇÃO

O principal processo de fabricação do aço consiste na produção de ferro fundido no alto-forno e posterior refinamento em aço no conversor de oxigênio. Outro processo utilizado consiste em fundir sucata de ferro em forno elétrico cuja energia é fornecida por arcos voltaicos entre o ferro fundido e os eletrodos.

Introdução 5

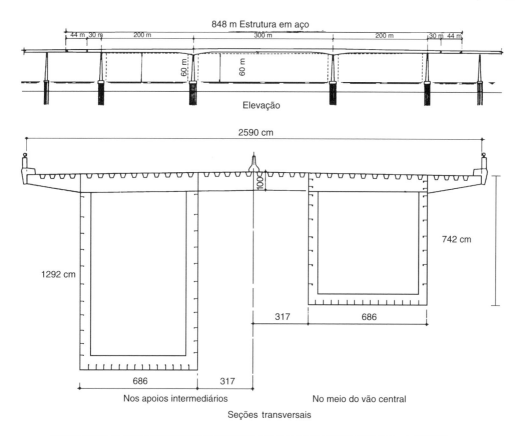

Fig. 1.4 Vãos em estrutura de aço da Ponte Rio-Niterói, sobre a Baía de Guanabara, Rio de Janeiro.

Em ambos os processos, o objetivo é o refinamento do ferro fundido, ao qual são adicionados elementos de liga para produzir o aço especificado.

Alto-forno. Os metais ferrosos são obtidos por redução dos minérios de ferro nos altos-fornos. Pela parte superior do alto-forno, são carregados minério, calcário e coque. Pela parte inferior do forno, insufla-se ar quente. O coque queima produzindo calor e monóxido de carbono, que reduzem o óxido de ferro a ferro liquefeito, com excesso de carbono. O calcário converte o pó do coque e a ganga (minerais terrosos do minério) em escória fundida.

Pela parte inferior do forno são drenadas periodicamente a liga ferro-carbono e a escória. O forno funciona continuamente. O produto de alto-forno chama-se ferro fundido ou gusa. É uma liga de ferro com alto teor de carbono e diversas impurezas. Uma pequena parte da gusa é refundida para se obter ferro fundido comercial. Porém, a maior parte é transformada em aço.

Conversor de oxigênio. O refinamento do ferro fundido em aço é feito no conversor de oxigênio e consiste em remover o excesso de carbono e reduzir a quantidade de impurezas a limites prefixados.

O conversor de oxigênio baseia-se na injeção de oxigênio dentro da massa líquida de ferro fundido. O ar injetado queima o carbono na forma de monóxido de carbono (CO) e dióxido de carbono (CO_2), em um processo que dura de 15 a 20 minutos (Fig. 1.5). Elementos como manganês, silício e fósforo são oxidados e combinados com cal e óxido de ferro, formando a escória que sobrenada o aço liquefeito.

O aço líquido é analisado, podendo modificar-se a mistura até se obter a composição desejada. Desse modo, obtém-se aço de qualidade uniforme. Quando as reações estão acabadas, o produto é lançado em uma *panela*, e a escória é descarregada em outro recipiente.

Tratamento do aço na panela. O aço líquido superaquecido absorve gases da atmosfera e oxigênio da escória. O gás é expelido lentamente com o resfriamento da massa líquida, porém, ao se aproximar da temperatura de solidificação, o aço ferve e os gases escapam rapidamente. A consequência desse fato é a formação de grandes vazios no aço. Para evitar isso, os gases devem ser absorvidos, adicionando-se elementos como alumínio e silício na panela, em um processo conhecido por desgaseificação.

Após a desgaseificação, grande parte dos óxidos insolúveis formados deve ser removida para não prejudicar as características mecânicas do aço. Esse processo é conhecido por refinamento.

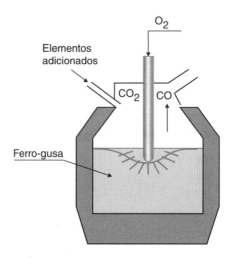

Fig. 1.5 Esquema do conversor de oxigênio. O ar injetado queima o excesso de carbono na forma de monóxido de carbono e dióxido de carbono.

Quanto ao grau de desgaseificação, os aços se classificam em efervescentes, capeados, semiacalmados e acalmados. No primeiro caso, o aço da panela fica com gás suficiente para provocar alguma efervescência nas lingoteiras. Os aços efervescentes são utilizados em chapas finas. Os aços capeados são análogos aos efervescentes, sustando-se o movimento dos gases pelo resfriamento rápido e solidificação da parte superior do lingote, e têm menor segregação que os primeiros.

Os aços semiacalmados são parcialmente desoxidados, apresentando menor segregação que os capeados, e correspondem aos mais utilizados nos produtos siderúrgicos correntes (perfis, barras, chapas grossas).

Nos aços acalmados, todos os gases são eliminados, o que lhes confere melhor uniformidade de estrutura. São geralmente acalmados os aços-ligas, os aços de alto carbono (trilhos, barras etc.), bem como os aços de baixo carbono destinados à estampagem.

Lingoteamento. Da panela, o aço fundido é descarregado nas lingoteiras, que são fôrmas metálicas especiais permitindo a confecção de blocos, denominados lingotes, de forma troncocônica.

Transcorrido o tempo necessário de repouso, os carros das lingoteiras são transferidos para a seção de desmoldagem, onde os lingotes são extraídos e colocados em vagões especiais, para transporte até os fornos de regularização de temperatura, preparatórios da laminação.

Lingoteamento contínuo. As usinas mais modernas possuem instalações de lingoteamento contínuo, nos quais os lingotes são moldados continuamente (ver Fig. 1.6), chegando aos laminadores em forma de placas com seção retangular ou tarugos, cortadas em segmentos de comprimento adequado, por meio de maçaricos.

Laminação. A laminação é o processo pelo qual o aço é transformado nos principais produtos siderúrgicos utilizados pela indústria de construção, a saber: chapas e perfis laminados.

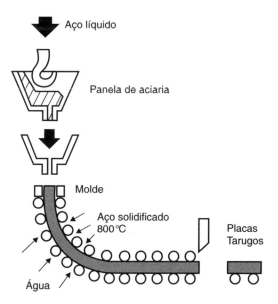

Fig. 1.6 Lingoteamento contínuo.

As placas são inicialmente aquecidas ao rubro e introduzidas em laminadores desbastadores, nos quais dois rolos giratórios comprimem a placa, reduzindo sua seção e aumentando seu comprimento. São necessárias diversas passagens no laminador, nas quais a distância entre os rolos é progressivamente reduzida.

Dos laminadores desbastadores, o aço passa para os laminadores propriamente ditos, onde são confeccionados os produtos siderúrgicos utilizados na indústria.

A Fig. 1.7a mostra o esquema dos rolos de um laminador. A peça metálica, aquecida ao rubro, é comprimida entre dois rolos giratórios, saindo no outro lado com espessura reduzida. Os laminadores dos produtos acabados têm seus rolos com as superfícies cortadas nas formas adequadas (Fig. 1.7b). A Fig. 1.7c mostra as sucessivas fases de laminação do perfil I a partir do perfil retangular produzido no laminador desbastador.

Tratamento térmico. Os tratamentos térmicos são recursos auxiliares utilizados para melhorar as propriedades dos aços. Eles se dividem em dois grupos:

a) Tratamentos destinados, principalmente, a reduzir tensões internas provocadas por laminação etc. (normalização, recozimento).
b) Tratamentos destinados a modificar a estrutura cristalina, com alteração da resistência e de outras propriedades (têmpera e revenido).

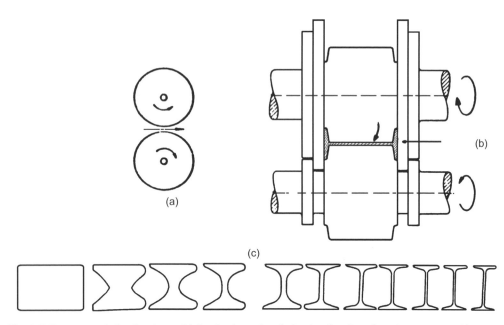

Fig. 1.7 Esquemas de laminadores: (a) Seção dos rolos do laminador. Os rolos giram em sentido, comprimindo a peça metálica aquecida ao rubro. A seção da peça é reduzida e seu comprimento aumentado. (b) Esquemas de rolos para laminação de perfil I, com uma altura determinada pela distância entre as chapas fixas. Modificando-se o espaçamento entre os rolos, podem ser laminados perfis I de diferentes espessuras de alma. (c) Fases progressivas de laminação do perfil I.

1.4 TIPOS DE AÇOS ESTRUTURAIS

1.4.1 Classificação

Segundo a composição química, os aços utilizados em estruturas são divididos em dois grupos: aços-carbono e aços de baixa liga (ver Seção 1.1). Os dois tipos podem receber tratamentos térmicos que modificam suas propriedades mecânicas.

1.4.2 Aços-carbono

Nos aços-carbono, o aumento de resistência em relação ao ferro puro é produzido pelo carbono e, em menor escala, pelo manganês. Eles contêm as seguintes porcentagens máximas de elementos adicionais:

| carbono | 2,0 % | manganês | 1,65 % |
| silício | 0,60 % | cobre | 0,35 % |

Em função do teor de carbono, distinguem-se três categorias:

baixo carbono		$C < 0,29\,\%$
médio carbono	$0,30\,\%$	$< C < 0,59\,\%$
alto carbono	$0,6\,\%$	$< C < 2,0\,\%$

O aumento de teor de carbono eleva a resistência do aço, porém diminui a sua ductilidade (capacidade de se deformar), o que conduz a problemas na soldagem.

Em estruturas usuais de aço, utilizam-se aços com baixo teor de carbono, que podem ser soldados sem precauções especiais.

Os principais tipos de aço-carbono usados em estruturas, segundo os padrões da Associação Brasileira de Normas Técnicas (ABNT), da American Society for Testing and Materials (ASTM) e das normas europeias EN, são os apresentados na Tabela 1.1 (ver também Tabela A1.3, Anexo A).

O tipo A36 substituiu o A7, o aço mais utilizado nos Estados Unidos até 1960.

Os aços ASTM A307 e A325 são utilizados em parafusos comuns e de alta resistência, respectivamente.

Tabela 1.1 Propriedades mecânicas de aços-carbono

Especificação	Teor de carbono (%)	Limite de escoamento f_y (MPa)	Resistência à ruptura f_u (MPa)
ABNT MR250	0,23 máx	250	400
ASTM A7		240	370-500
ASTM A36	0,25-0,29	250 (36 ksi)	400-500
ASTM A307 (parafuso)	baixo	–	415
ASTM A325 (parafuso)	médio	635 (min)	825 (min)
EN S235	baixo	235	360

10 CAPÍTULO 1

1.4.3 Aços de Baixa Liga

Os aços de baixa liga são aços-carbono acrescidos de elementos de liga (cromo, nióbio, cobre, manganês, molibdênio, níquel, fósforo, vanádio, zircônio), os quais melhoram algumas propriedades mecânicas.

Alguns elementos de liga produzem aumento de resistência do aço por meio da modificação da microestrutura para grãos finos. Graças a esse fato, pode-se obter resistência elevada com teor de carbono de ordem de 0,20 %, o que permite a soldagem dos aços sem preocupações especiais.

A Tabela 1.2 apresenta alguns tipos de aços de baixa liga usados em estruturas.

Muito utilizados no Brasil são os aços de baixa liga, de alta e média resistências mecânicas, soldáveis e com características de elevada resistência atmosférica (obtida pela adição de 0,25 a 0,40 % de cobre).

A Tabela A1.3, Anexo A, apresenta a composição química e as propriedades mecânicas dos aços estruturais fabricados no Brasil.

1.4.4 Aços com Tratamento Térmico

Tanto os aços-carbono quanto os de baixa liga podem ter suas resistências aumentadas pelo tratamento térmico. A soldagem dos aços tratados termicamente é, entretanto, mais difícil, o que torna seu emprego pouco usual em estruturas correntes.

Os parafusos de alta resistência utilizados como conectores são fabricados com aço de médio carbono sujeito a tratamento térmico (especificação ASTM A325).

Os aços de baixa liga com tratamento térmico são empregados na fabricação de barras de aço para protensão e também de parafusos de alta resistência (especificação ASTM A490).

1.4.5 Padronização ABNT

Segundo especificação ABNT NBR 7007:2016 – Aço-carbono e aço microligado para barras e perfis laminados a quente para uso estrutural – Requisitos, os aços podem ser enquadrados nas seguintes categorias, designadas a partir do limite de escoamento de aço f_y (ver Seção 1.5 deste capítulo):

- MR250, aço de média resistência (f_y = 250 MPa; f_u = 400 MPa)
- AR350, aço de alta resistência (f_y = 350 MPa; f_u = 450 MPa)
- AR415, aço de alta resistência (f_y = 415 MPa; f_u = 520 MPa).

O aço MR250 corresponde ao aço ASTM A36.

Tabela 1.2 Propriedades mecânicas de aços de baixa liga

Especificação	Principais elementos de liga	Limite de escoamento f_y (MPa)	Resistência à ruptura f_u (MPa)
ABNT AR 350-COR	C < 0,20 %, 0,5 < Mn < 1,35 %, 0,25 < Cu < 0,50 %	350	485
ASTM 572 Gr. 50	C < 0,23 %, Mn < 1,35 %	345	450
ASTM A588	C < 0,17 %, Mn < 1,2 %, Cu < 0,50 %	345	485
ASTM A992	C < 0,23 %, Mn < 1,5 %	345	450

1.4.6 Nomenclatura SAE

Para os aços utilizados na indústria mecânica e, por vezes, também em construções civis, emprega-se a nomenclatura da Society of Automotive Engineers (SAE), a qual se baseia em quatro dígitos.

O primeiro dígito representa o elemento ou elementos de liga característicos:

1. aço-carbono	6. aço-cromovanádio
2. aço-níquel	7. aço-tungstênio
3. aço-cromoníquel	8. aço-níquel-manganês
4. aço-molibdênio	9. aço-silício-manganês
5. aço-cromo	

Os dois últimos dígitos representam uma porcentagem de carbono em 0,01 %. Os dígitos intermediários restantes (em geral um só dígito) representam a porcentagem aproximada do elemento de liga predominante. Por exemplo:

- Aço SAE 1020 (aço-carbono, com 0,20 % de carbono)
- Aço SAE 2320 (aço-níquel, com 3,5 % de níquel e 0,20 % de carbono).

1.5 ENSAIOS DE TRAÇÃO E CISALHAMENTO SIMPLES

1.5.1 Tensões e Deformações

Nas aplicações estruturais, as grandezas utilizadas com mais frequência são as tensões (σ) e as deformações (ε).

Consideremos na Fig. 1.8 uma haste reta solicitada por uma força F, aplicada na direção do eixo da peça. Esse estado de solicitação chama-se tração simples. Dividindo a força F pela área A da seção transversal, obtemos a tensão normal σ:

$$\sigma = \frac{F}{A} \tag{1.1}$$

No exemplo da Fig. 1.8 (tração simples), as tensões são iguais em todos os pontos da seção transversal.

Na mesma Fig. 1.8, ℓ_0 representa um comprimento marcado arbitrariamente na haste sem tensões. Sob o efeito da força F de tração simples, o segmento da barra de comprimento inicial ℓ_0 se alonga passando a ter o comprimento $\ell_0 + \Delta\ell$. Denomina-se *alongamento unitário* ε (deformação) a relação

$$\varepsilon = \frac{\Delta\ell}{\ell_0} \tag{1.2}$$

Dentro do chamado regime elástico, as tensões σ são proporcionais às deformações ε. Esta relação é denominada Lei de Hooke, em homenagem ao físico inglês Robert Hooke

(1635-1703), que a enunciou em 1676: *Ut tensio sic vis*.[1] O coeficiente de proporcionalidade se denomina *módulo de deformação longitudinal* ou *módulo de elasticidade*, ou ainda *módulo de Young*, em homenagem ao cientista inglês Thomas Young (1773-1829). Esse coeficiente costuma ser representado pela letra E.

$$\sigma = E \cdot \varepsilon \qquad (1.3)$$

O módulo de elasticidade E é praticamente igual para todos os tipos de aço, variando entre

$$200.000 < E < 210.000 \text{ MPa} \qquad (1.4)$$

Fig. 1.8 Haste em tração simples.

Exemplo 1.5.1

Uma barra de seção circular com diâmetro igual a 25,4 mm (1") está sujeita a uma força de tração axial de 35 kN. Calcular o alongamento da barra supondo o comprimento inicial $\ell_0 = 3,50$ m.

Solução

Área da seção transversal da barra

$$A = \frac{\pi d^2}{A} = \frac{\pi \times 2,54^2}{A} = 5,07 \text{ cm}^2$$

Tensão normal na barra

$$\sigma = \frac{F}{A} = \frac{35}{5,07} = 6,90 \text{ kN/cm}^2 = 69 \text{ MPa}$$

Aplicando a Lei de Hooke, podemos calcular o alongamento unitário

$$\varepsilon = \frac{\sigma}{e} = \frac{69}{200.000} = 3,45 \times 10^{-4}$$

O alongamento da haste de 3,50 m de comprimento vale

$$\Delta \ell = \varepsilon \cdot \ell_0 = 3,45 \times 10^{-4} \times 3,50 = 12,08 \times 10^{-4} \text{ m} = 1,21 \text{ mm}$$

---

[1] Tal como o alongamento, assim a força.

1.5.2 Ensaio de Tração Simples

O ensaio de tração simples a temperatura atmosférica é muito utilizado para medir as propriedades mecânicas dos aços. As mesmas propriedades são obtidas para compressão, desde que esteja excluída a possibilidade de flambagem. As máquinas de ensaio prendem as hastes metálicas com garras especiais, submetendo-as a valores crescentes de esforços de tração, medindo em cada estágio de carga o alongamento $\Delta \ell$ de um trecho de comprimento inicial ℓ_0.

Quando uma barra é tracionada, sua seção transversal diminui. Dessa forma, a tensão real em cada estágio de carga é obtida dividindo-se a força pela área medida no estágio. Para simplificar o trabalho, define-se uma *tensão convencional* como o resultado da divisão da força pela área inicial (sem carga) A_0.

O alongamento unitário ε também se calcula com o comprimento inicial (sem carga) da haste. Se representarmos em abscissas os valores dos alongamentos unitários ε e em ordenadas os valores das tensões convencionais σ, teremos um diagrama tensão-deformação que reflete o comportamento do aço sob efeito de cargas estáticas.

Na Fig. 1.9 vemos os diagramas convencionais tensão-deformação (σ, ε) dos aços de construção mais usuais. Na Fig. 1.10 vemos os diagramas correspondentes aos aços A36 e A242 com escala ampliada de abscissas.

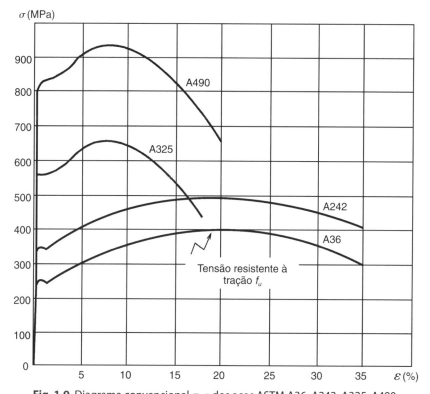

Fig. 1.9 Diagrama convencional σ, ε dos aços ASTM A36, A242, A325, A490.

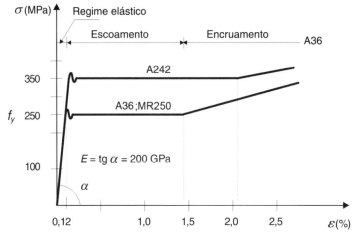

Fig. 1.10 Trecho inicial dos diagramas tensão × deformação dos aços com patamar de escoamento.

Observando o diagrama da Fig. 1.10, vemos que a lei física linear ou elástica (Lei de Hooke) é válida até certo valor da tensão. A inclinação do trecho retilíneo do diagrama é o módulo de elasticidade E.

Ultrapassando o regime elástico, o material apresenta uma propriedade, chamada *escoamento* ou *cedência*, caracterizada pelo aumento de deformação com tensão constante. A tensão que produz o escoamento chama-se limite de escoamento (f_y) do material. Os aços-carbono usuais têm limite de escoamento 250 MPa (ASTM A36, MR250), enquanto os aços de baixa liga usuais têm limite de escoamento próximo a 350 MPa.

Para deformações unitárias superiores ao patamar de escoamento, o material apresenta acréscimo de tensões (encruamento), porém tal acréscimo não é, em geral, utilizado nos cálculos, pois corresponde a deformações exageradas.

O escoamento produz em geral uma deformação visível da peça metálica. Por esse motivo, a teoria elástica de dimensionamento utiliza o limite de escoamento f_y como tensão limite, da qual se obtém a tensão resistente de projeto com um coeficiente de segurança adequado (ver Seção 1.10).

As teorias plásticas calculam o estado limite dentro da faixa de escoamento real. Em geral, o encruamento não é considerado diretamente nas teorias de dimensionamento do aço.

Existem aços que não apresentam patamar de escoamento bem definido, por exemplo, os aços A325 e A490 (ver Fig. 1.9). Nesses casos, estabelece-se um limite arbitrário de deformação, chamado *limite de escoamento convencional*, utilizado nos cálculos da mesma forma que o limite de escoamento real dos aços com patamar de escoamento. Na Fig. 1.11 vemos um diagrama σ-ε sem patamar de escoamento.

Quando se interrompe o ensaio de tração em certo ponto e se descarrega a barra, o descarregamento segue, no diagrama, uma linha reta paralela à curva de carregamento na origem (mesmo módulo de elasticidade), resultando em uma deformação unitária permanente. Denomina-se limite de escoamento convencional a tensão à qual corresponde uma deformação unitária residual (permanente) de 0,2 %.

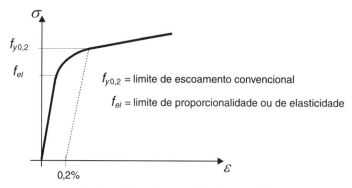

Fig. 1.11 Diagrama convencional tensão × deformação de material sem patamar de escoamento.

No diagrama da Fig. 1.11 vemos que, até certo valor da tensão, o material segue a lei linear de Hooke. Essa tensão chama-se *limite de proporcionalidade* ou *de elasticidade* do aço (f_{el}). Para tensão superior ao limite de proporcionalidade, o aço apresenta um comportamento inelástico.

1.5.3 Ensaio de Cisalhamento Simples

No ensaio de cisalhamento simples, obtém-se um diagrama (Fig. 1.12) semelhante ao σ, ε: diagrama de tensão cisalhante τ × distorção γ.

A inclinação do diagrama τ, γ chama-se módulo de cisalhamento G.

Em regime elástico, demonstra-se a relação

$$G = \frac{E}{2(1+v)} \tag{1.5}$$

em que v é o coeficiente de deformação transversal (Poisson). Para o aço, com $v = 0,3$ resulta $G = 77.000$ MPa.

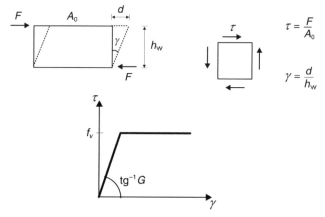

Fig. 1.12 Ensaio de cisalhamento simples.

16   Capítulo 1

A tensão de escoamento a cisalhamento f_v, obtida nos ensaios de cisalhamento, é proporcional à tensão de escoamento em tração simples f_y. Experimentalmente, obtém-se a relação:

$$f_v \cong 0,6 f_y \tag{1.6}$$

1.6 PROPRIEDADES DOS AÇOS

1.6.1 Constantes Físicas do Aço

As seguintes características físicas e mecânicas podem ser adotadas em todos os tipos de aço estrutural na faixa normal de temperaturas atmosféricas:

- Módulo de deformação longitudinal ou módulo de elasticidade $E = 200.000$ MPa
- Coeficiente de Poisson $v = 0,3$
- Coeficiente de dilatação térmica $\beta = 12 \times 10^{-6}$ por °C
- Massa específica $\rho_a = 7850$ kg/m³.

1.6.2 Ductilidade

Denomina-se ductilidade a capacidade de o material se deformar sob a ação das cargas. Os aços dúcteis, quando sujeitos a tensões locais elevadas, sofrem deformações plásticas capazes de redistribuir as tensões. Esse comportamento plástico permite, por exemplo, que se considere em uma ligação parafusada distribuição uniforme da carga entre parafusos. Além desse efeito local, a ductilidade tem importância porque conduz a mecanismos de ruptura acompanhados de grandes deformações que fornecem avisos da atuação de cargas elevadas.

A ductilidade pode ser medida pela deformação unitária residual após ruptura do material. As especificações de ensaios de materiais metálicos estabelecem valores mínimos de elongação unitária na ruptura para as diversas categorias de aços.

Nos diagramas σ, ε da Fig. 1.9 verifica-se que o aço A325 é menos dúctil que os aços A36 e A242, embora seja mais resistente.

1.6.3 Fragilidade

É o oposto da ductilidade. Os aços podem se tornar frágeis pela ação de diversos agentes: baixas temperaturas ambientes, efeitos térmicos locais causados, por exemplo, por solda elétrica etc.

O estudo das condições em que os aços se tornam frágeis tem grande importância nas construções metálicas, uma vez que os materiais frágeis se rompem bruscamente, sem aviso prévio. Dezenas de acidentes com navios, pontes etc. foram provocados pela fragilidade do aço, decorrente de procedimento inadequado de solda.

O comportamento frágil é analisado sob dois aspectos: iniciação da trinca e sua propagação. A iniciação ocorre quando uma tensão ou deformação unitária elevada se desenvolve em um ponto onde o material perdeu ductilidade. As tensões elevadas podem resultar de tensões residuais, concentração de tensões, efeitos dinâmicos etc. A falta de ductilidade pode originar-se de temperatura baixa, estado triaxial de tensões, efeito de encruamento, fragilização por hidrogênio etc. Uma vez iniciada, a trinca se propaga pelo material, mesmo em tensões moderadas.

1.6.4 Resiliência e Tenacidade

Estas duas propriedades se relacionam com a capacidade do metal de absorver energia mecânica. Elas podem ser definidas com auxílio dos diagramas tensão-deformação.

Resiliência é a capacidade de absorver energia mecânica em regime elástico, ou, de modo equivalente, a capacidade de restituir energia mecânica absorvida. Denomina-se módulo de resiliência, ou simplesmente resiliência, a quantidade de energia elástica que pode ser absorvida por unidade de volume do metal tracionado. Ele iguala a área do diagrama σ, ε até o limite de proporcionalidade.

Tenacidade é a energia total, elástica e plástica que o material pode absorver por unidade de volume até a sua ruptura. Em tração simples, a tenacidade é representada pela área total do diagrama σ, ε.

Na prática, mede-se a tenacidade em um estado de tensões mais complexo; por exemplo, o estado triaxial junto à raiz de uma indentação. Para fins comparativos, esses ensaios devem ser padronizados. Um dos tipos mais difundidos é o ensaio com indentação em V (*Charpy V – notch test*). Uma barra padronizada com indentação em V é rompida pelo golpe de um pêndulo, medindo-se a energia pelo movimento do pêndulo. Para aços estruturais, em geral, fixa-se um valor arbitrário da energia de ruptura

$$15 \text{ ft} \cdot \text{lb} = 2{,}1 \text{ kgf} \cdot \text{m} = 0{,}021 \text{ kN} \cdot \text{m}$$

como requisito de qualidade.

O teste de Charpy com indentação em V também é utilizado para avaliar o efeito de baixas temperaturas sobre a tenacidade.

1.6.5 Dureza

Denomina-se dureza a resistência ao risco ou abrasão. Na prática, mede-se dureza pela resistência que a superfície do material oferece à penetração de uma peça de maior dureza. Existem diversos processos, como Brinnel, Rockwell, Shore. As relações físicas entre dureza e resistência foram estabelecidas experimentalmente, de modo que o ensaio de dureza constitui um meio expedito de verificar a resistência do aço.

1.6.6 Efeito de Temperatura Elevada

As temperaturas elevadas modificam as propriedades físicas dos aços. Temperaturas superiores a 100 °C tendem a eliminar o limite de escoamento bem definido, tornando o diagrama σ, ε arredondado.

As temperaturas elevadas reduzem as resistências a escoamento f_y e ruptura f_y, bem como o módulo de elasticidade E. As variações dessas três grandezas com a temperatura são dados essenciais na caracterização do comportamento de estruturas de aço em situações de incêndio e sua resistência ao fogo.

As temperaturas elevadas, acima de 250 a 300 °C, provocam também fluência nos aços.

1.6.7 Fadiga

A resistência à ruptura dos materiais é, em geral, medida em ensaios estáticos. Quando as peças metálicas trabalham sob efeito de esforços repetidos em grande número, pode haver ruptura em tensões inferiores às obtidas em ensaios estáticos. Esse efeito denomina-se *fadiga* do material.

A resistência à fadiga é geralmente determinante no dimensionamento de peças sob ação de carregamentos cíclicos ou com variação aleatória ao longo do tempo, tais como peças de máquinas, de pontes etc.

A resistência à fadiga das peças é fortemente diminuída nos pontos de concentração de tensões, provocadas, por exemplo, por variações bruscas na forma da seção, indentações resultantes de corrosão etc.

As uniões por solda provocam modificação na estrutura cristalina do aço junto à solda, bem como concentrações de tensões, com a consequente redução da resistência à fadiga nesses pontos.

A ocorrência de fadiga é caracterizada pelo aparecimento de trincas que se propagam com a repetição do carregamento. Em geral, essas trincas se iniciam nos pontos de concentração de tensões já mencionados.

As normas norte-americanas e brasileiras verificam a resistência à fadiga pela flutuação de tensões elásticas ($\Delta\sigma$) provocadas pelas cargas variáveis.

1.6.8 Corrosão

Denomina-se corrosão o processo de reação do aço com alguns elementos presentes no ambiente em que se encontra exposto, sendo o produto desta reação muito similar ao minério de ferro. A corrosão promove a perda de seção das peças de aço, podendo se constituir em causa principal de colapso.

A proteção contra corrosão dos aços expostos ao ar é usualmente feita por pintura ou por galvanização. A vida útil da estrutura de aço protegida por pintura depende dos procedimentos adotados para sua execução nas etapas de limpeza das superfícies, especificação da tinta e sua aplicação. Em geral, as peças metálicas recebem uma ou duas demãos de tinta de fundo (*primer*) após a limpeza e antes de se iniciar a fabricação em oficina, e posteriormente, são aplicadas uma ou duas demãos da tinta de acabamento.

A galvanização consiste na adição, por imersão, de uma camada de zinco às superfícies de aço, após a adequada limpeza das mesmas.

Alternativamente, a adição de cobre na composição química do aço aumenta sua resistência à corrosão atmosférica. O aço resistente à corrosão (ver Subseção 1.4.3), ao ser exposto ao ar, desenvolve uma película (pátina) produzida pela própria corrosão, que se transforma em uma barreira reduzindo a evolução do processo.

Algumas providências adotadas no projeto contribuem para o aumento da vida útil da estrutura de aço exposto ao ar, tais como evitar pontos de umidade e sujeira, promover a drenagem e aeração e evitar pontos inacessíveis à manutenção e pintura (ver Fig. 1.13). Deve-se também evitar o contato entre metais diferentes (por exemplo, aço e alumínio), intercalando entre eles um isolante elétrico.

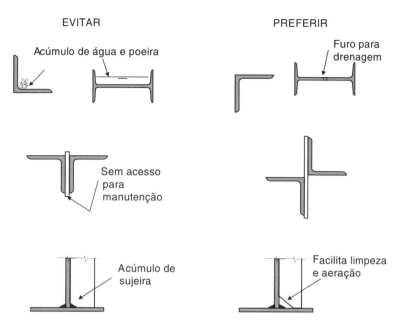

Fig. 1.13 Detalhes para prevenir a corrosão em estruturas expostas à ação de intempéries.

1.7 PRODUTOS SIDERÚRGICOS ESTRUTURAIS

1.7.1 Tipos de Produtos Estruturais

As usinas produzem aços para utilização estrutural sob diversas formas: chapas, barras, perfis laminados, fios trefilados, cordoalhas e cabos.

Os três primeiros tipos são fabricados em laminadores que, em sucessivos passes, dão ao aço preaquecido a seção desejada (ver Fig. 1.7).

Os fios trefilados são obtidos puxando uma barra de aço sucessivamente por meio de fieiras com diâmetros decrescentes. A trefilação é feita a frio, utilizando-se lubrificantes para evitar superaquecimento dos fios e das fieiras. As cordoalhas e os cabos são formados por associação de fios.

Perfis estruturais podem ainda ser fabricados por dobramento de chapas (perfis de chapa dobrada) e por associação de chapas por meio de solda (perfis soldados).

1.7.2 Produtos Laminados

Os produtos laminados, em geral, se classificam em barras, chapas e perfis (Fig. 1.14).

1.7.2.1 Barras

As barras são produtos laminados, nos quais duas dimensões (da seção transversal) são pequenas em relação à terceira (comprimento).

As barras são laminadas em seção circular, quadrada ou retangular alongada (Fig. 1.14a). Estas últimas chamam-se comumente de barras chatas.

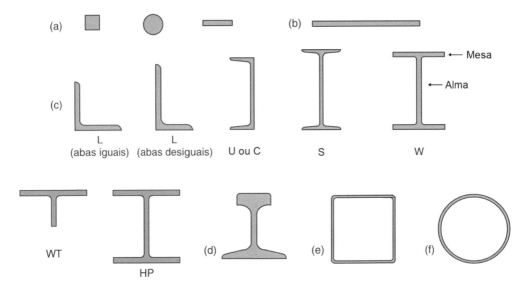

Fig. 1.14 Principais tipos de produtos siderúrgicos laminados de utilização estrutural: (a) barras com diversas seções transversais (quadrada, redonda, chata); (b) chapas; (c) perfis estruturais laminados; (d) trilho; (e) tubo quadrado; (f) tubo redondo.

1.7.2.2 Chapas

As chapas são produtos laminados, nos quais uma dimensão (a espessura) é muito menor que as outras duas (largura e comprimento).

As chapas se dividem em duas categorias:

Chapas grossas – de espessura superior a 5,0 mm.
Chapas finas – fabricadas a frio e a quente conforme a Tabela 1.3.

As chapas fornecidas com os bordos naturais de laminação (sem cantos vivos) se denominam *universais*. Quando os bordos são cortados na tesoura, as chapas se denominam *aparadas*.

1.7.2.3 Perfis Laminados

Os laminadores produzem perfis de grande eficiência estrutural, em forma de H, I, C, L, os quais são denominados perfis laminados (Fig. 1.14c). Nas Tabelas A4, Anexo A, reunimos propriedades geométricas dos perfis laminados fabricados no Brasil, segundo padrões norte-americanos.

Tabela 1.3 Chapas grossas e chapas finas

Chapas	Fabricação	Espessuras	Utilização em construção
Grossas	A quente	> 5,0 mm	Estruturas metálicas em geral
Finas	A quente	1,2-5,0 mm	Perfis de chapas dobradas (Fig. 1.15)
	A frio	0,3-2,65 mm	Acessórios de construção como calhas, rufos etc.

Os perfis tipo H, I e C são produzidos em grupos, sendo os elementos de cada grupo de altura h constante e largura das abas b variável. A variação da largura se obtém aumentando o espaçamento entre os rolos laminadores de maneira que a espessura da alma tem variação igual à da largura das abas.

Os perfis C são comumente denominados perfis U.

Os perfis L (cantoneiras) são também fabricados com diversas espessuras para cada tamanho das abas. Existem cantoneiras com abas iguais e com abas desiguais.

Os perfis do tipo I da série W (*wide flange*) são os mais utilizados em estruturas de edifícios. Esses perfis são laminados com duas mesas de faces paralelas e altura total variando entre 150 e 610 mm.

No passado, os perfis do tipo I usados eram os da série S (*standard beam*), com mesas de faces internas inclinadas.

Os perfis WT têm seção T e são obtidos a partir do corte de perfis W.

Os perfis tipo H têm altura e largura aproximadamente iguais e, em geral, são usados para estacas e colunas. Os perfis da série HP possuem mesas de faces paralelas e mesma espessura de mesas e alma.

Um perfil laminado pode ser designado pelas suas dimensões externas nominais (altura, ou altura × largura), seguidas da massa do perfil em kg/m. Por exemplo, com dimensões em mm, tem-se W 360 × 32,9 (perfil W de altura igual a 349 mm, massa 32,9 kg/m).

Trilhos. Os trilhos (Fig. 1.14*d*) são produtos laminados destinados a servir de apoio para as rodas metálicas de pontes rolantes ou trens. A seção do trilho ferroviário apresenta uma base de apoio, uma alma vertical e um boleto sobre o qual se apoia a roda. A Tabela A4.7, Anexo A, apresenta as características dos trilhos ferroviários laminados no Brasil, segundo padrões da indústria norte-americana.

Tubos. Os tubos são produtos ocos, de seção circular, retangular ou quadrada. Eles podem ser produzidos em laminadores especiais (tubos sem costura) ou com chapa dobrada e soldada (tubos com costura).

A Tabela A6, Anexo A, apresenta dimensões de alguns tubos redondos de pequeno diâmetro disponíveis no mercado brasileiro.

Tolerâncias de fabricação de produtos laminados. Denominam-se tolerâncias de fabricação as variações admissíveis na geometria do produto, decorrentes de fatores inerentes ao processo de fabricação, tais como:

- desgaste dos rolos dos laminadores;
- variações na regulagem dos rolos para cada passagem, principalmente a última;
- retração e empeno de aço durante o resfriamento.

A norma brasileira ABNT NBR 8800:2008 adota as tolerâncias relativas à curvatura do perfil, forma da seção, planicidade e outras da norma ASTM A6. Para peças comprimidas, a tolerância de falta de linearidade do perfil não pode ultrapassar 1/1000 do comprimento entre pontos de apoio lateral.

As tolerâncias nas dimensões dos perfis e inclinações das abas não interferem nos cálculos usuais de dimensionamento; porém, devem ser levadas em conta no detalhamento de conexões de perfis de maior peso.

1.7.3 Fios, Cordoalhas, Cabos

Os fios ou arames são obtidos por trefilação. Fabricam-se fios de aço doce e também de aço duro (aço de alto carbono).

Os fios de aço duro são empregados em molas, cabos de protensão de estruturas etc.

As cordoalhas são formadas por três ou sete fios arrumados em forma de hélice, conforme ilustrado na Fig. 1.15. O módulo de elasticidade da cordoalha é quase tão elevado quanto o de uma barra maciça de aço:

$$E = 195.000 \text{ MPa (cordoalha)}$$

Os cabos de aço são formados por fios trefilados finos, agrupados em arranjos helicoidais variáveis. Os cabos de aço são muitos flexíveis, o que permite seu emprego em moitões para multiplicação de forças. Entretanto, o módulo de elasticidade é baixo, cerca de 50 % do módulo de uma barra maciça.

1.7.4 Perfis de Chapa Dobrada

As chapas metálicas de aços dúcteis podem ser dobradas a frio, transformando-se em perfis de chapas dobradas. A dobragem das chapas é feita em prensas especiais (nas quais há gabaritos que limitam os raios internos de dobragem a certos valores mínimos, especificados para impedir a fissuração do aço na dobra) ou em equipamentos denominados perfiladeiras.

O uso de chapas finas (em geral, menos que 3 mm de espessura) na fabricação desses perfis conduz a problemas de instabilidade estrutural não existentes em perfis laminados. Há uma grande variedade de perfis que podem ser fabricados, muitos com apenas um eixo de simetria ou nenhum, alguns simples, outros mais complexos como aqueles ilustrados na Fig. 1.16.

Normas de projeto específicas para esse tipo de perfil metálico foram desenvolvidas, como a do American Iron and Steel Institute (AISI) S100, cuja edição mais recente é de AISI, 2016 e a norma ABNT NBR 14762:2010, Dimensionamento de estruturas de aço constituídas de perfis formados a frio.

1.7.5 Ligações de Peças Metálicas

As peças metálicas estruturais são fabricadas com dimensões transversais limitadas pela capacidade dos laminadores e com comprimentos limitados pela capacidade dos veículos de transporte.

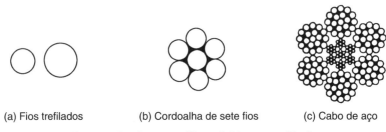

Fig. 1.15 Produtos metálicos obtidos por trefilação.

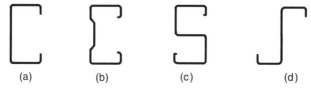

Fig. 1.16 Perfis de chapa dobrada: (a) perfil U com enrijecedor de bordas; (b) perfil U cone alma e bordas enrijecidas; (c) perfil S; (d) perfil Z.

As estruturas de aço são formadas por associação de peças ligadas entre si. Os meios de união entre peças metálicas têm assim importância fundamental. Basicamente, há dois tipos de ligação: por meio de conectores ou por solda.

Os conectores (rebites, parafusos) são colocados em furos que atravessam as peças a ligar. A ligação por solda consiste em fundir as partes em contato de modo a provocar coalescência das mesmas.

No século XIX e ainda na primeira metade do século XX, os rebites foram os meios de ligação mais utilizados. Nos últimos decênios, a solda se transformou no elemento preponderante de ligação, graças ao progresso nos equipamentos e à difusão de aços-carbono e aços-liga soldáveis. A tendência moderna é utilizar solda na fabricação em oficina, empregando parafusos nas ligações executadas no campo.

1.7.6 Perfis Soldados e Perfis Compostos

Os perfis soldados e os compostos são formados pela associação de chapas ou de perfis laminados simples, sendo a ligação, em geral, soldada.

Na Fig. 1.17a vemos um perfil I formado pela união de três chapas. Em razão dos processos automatizados de solda, esses perfis podem ser produzidos competitivamente em escala industrial.

A norma ABNT NBR 5884:2000 padronizou três séries de perfis soldados:

Perfis CS   (colunas soldadas)
Perfis VS   (vigas soldadas)
Perfis CVS   (colunas e vigas soldadas)

As características geométricas dos perfis soldados padronizados CS, VS e CVS podem ser vistas nas Tabelas A5, Anexo A.

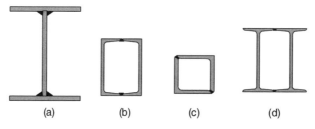

Fig. 1.17 Perfis compostos de chapas (perfis soldados) ou de perfis laminados.

Nas Figs. 1.17b,c,d vemos perfis compostos formados pela associação de perfis laminados simples. Esses perfis compostos são, evidentemente, mais caros que os laminados simples. Seu emprego se justifica para atender às conveniências de cálculo, por exemplo, em colunas ou estacas onde se deseja momento de inércia elevado nas duas direções principais.

1.8 TENSÕES RESIDUAIS E DIAGRAMA DE TENSÃO | DEFORMAÇÃO DE PERFIS SIMPLES OU COMPOSTOS EM AÇOS COM PATAMAR DE ESCOAMENTO

Os diagramas indicados na Fig. 1.9 correspondem aos resultados de ensaios de tração em amostras do material em forma de barras chatas ou redondas. Verificamos nesta figura que, para aços com patamar de escoamento, o material segue a Lei de Hooke praticamente até o limite de escoamento.

Os perfis, quer laminados simples quer compostos por solda, apresentam *tensões residuais* de fabricação decorrentes de resfriamentos desiguais em suas diversas partes. Nos perfis laminados, após a laminação, as partes mais expostas dos perfis (bordas das mesas e região central da alma) se resfriam mais rápido que as áreas menos expostas (juntas alma-mesa), sendo por elas impedidas de se contrair. Na fase final do resfriamento, as áreas mais expostas já resfriadas impedem a contração das juntas alma-mesa. Tensões residuais longitudinais se instalam em decorrência do impedimento à deformação de origem térmica. Nos perfis soldados, as regiões de alta temperatura se desenvolvem localmente junto aos cordões de solda.

As tensões residuais de fabricação (Fig. 1.18a) conduzem a um diagrama tensão-deformação do aço em perfil, no qual a transição do regime elástico para o patamar de escoamento é mais gradual, como indicado na Fig. 1.18b. Esse diagrama é obtido por ensaio do perfil (e não de uma pequena amostra sem tensão residual).

Denomina-se *limite de proporcionalidade* do aço em perfis a tensão acima da qual o diagrama σ, ε deixa de ser linear. Isto ocorre para uma tensão média menor do que f_y em função

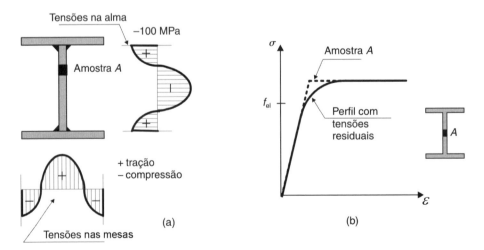

Fig. 1.18 (a) Aspecto das tensões residuais em um perfil I soldado; (b) Diagrama σ, ε para perfis simples ou compostos (aço com patamar de escoamento).

da plastificação localizada decorrente da adição das tensões residuais às tensões de origem mecânica.

Os aços MR250 e AR350, em perfis simples ou compostos, apresentam valores do limite de proporcionalidade f_{el} da ordem de 80 % dos respectivos limites de escoamento em barras, como se pode ver na Tabela 1.4.

1.9 SISTEMAS ESTRUTURAIS EM AÇO

1.9.1 Elementos Estruturais

Os principais elementos estruturais metálicos são:

- Elementos lineares alongados, denominados *hastes* ou *barras*.
- Elementos bidimensionais, geralmente denominados elementos planos, constituídos por *placas* ou *chapas*.

1.9.1.1 Hastes

As hastes formam elementos alongados cujas dimensões transversais são pequenas em relação ao comprimento. Dependendo da solicitação predominante, as hastes podem ser classificadas em:

- tirantes (tração axial);
- colunas ou escoras (compressão axial);
- vigas (cargas transversais produzindo momentos fletores e esforços cortantes);
- eixos (torção).

Quando as solicitações de tração ou compressão são aplicadas segundo o eixo da haste, isto é, segundo a linha formada pelos centros de gravidade das seções, as tensões internas de tração ou compressão se distribuem uniformemente na seção transversal (Figs. 1.19*a,b*).

Quando a haste está sujeita a cargas transversais (Fig. 1.19*c*), os esforços predominantes são momentos fletores e esforços cortantes, os quais dão origem, respectivamente, a tensões normais de flexão (σ_c, σ_l) e tensões de cisalhamento (τ).

Quando a haste é usada para transmitir momentos de torção T (Fig. 1.19*d*), as solicitações são cisalhantes. Os eixos de torção são muito utilizados em máquinas, e seu emprego em estruturas civis é pouco usual.

Nas aplicações práticas, os elementos lineares trabalham sob ação de solicitações combinadas. Os esforços longitudinais de tração e compressão geralmente atuam com excentricidade em relação ao eixo da peça, dando origem a solicitações de flexotração e flexocompressão, respectivamente. Nas hastes comprimidas, as deformações transversais da peça dão origem a solicitações adicionais de flexocompressão. Esse efeito, denominado segunda ordem porque

Tabela 1.4 Propriedades mecânicas de aços (perfis laminados ou soldados)

Tipos de aço	f_{el} (MPa)	f_y (MPa)
MR250	200	250
AR350	280	350

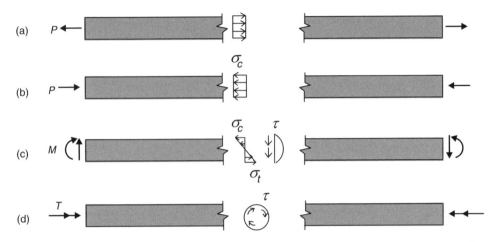

Fig. 1.19 Tipos de aço em função da solicitação predominante: (a) tirante; (b) coluna; (c) viga; (d) eixo de torção.

altera a geometria inicial da haste, é de grande importância nos elementos muito alongados, conduzindo à ruptura da peça por flambagem.

Nas vigas, as solicitações de flexão e cisalhamento são muitas vezes combinadas com solicitações de torção.

1.9.1.2 Placas

As placas são elementos de espessura pequena em relação à largura e ao comprimento. As placas são utilizadas isoladamente ou como elementos constituintes de sistemas planos ou espaciais.

1.9.2 Sistemas Planos de Elementos Lineares

Os sistemas de elementos lineares são formados pela combinação dos principais elementos lineares (tirantes, colunas, vigas), constituindo as estruturas portantes das construções civis.

A Fig. 1.20 ilustra alguns exemplos de sistemas planos. A *treliça* ilustrada é um sistema utilizado tipicamente em coberturas de edifícios industriais (galpões). Nesse tipo de estrutura treliçada, as hastes trabalham predominantemente a tração ou compressão simples. O modelo teórico de análise estrutural de treliça tem os nós rotulados, porém as estruturas treliçadas construídas na prática apresentam nós rígidos à rotação, os quais introduzem momentos fletores nas hastes. Entretanto, como as hastes individuais são geralmente esbeltas, as tensões de flexão resultam pequenas (ver a Seção 8.5).

A *grelha plana* é formada por dois feixes de vigas, ortogonais ou oblíquas, suportando conjuntamente cargas atuando na direção perpendicular ao plano da grelha. As grelhas são usadas em pisos de edifícios e superestruturas de pontes.

Os *pórticos*, também denominados quadros, são sistemas formados por associação de hastes retilíneas ou curvilíneas com ligações rígidas entre si. O pórtico ilustrado na Fig. 1.20 é um sistema estrutural típico de edificações.

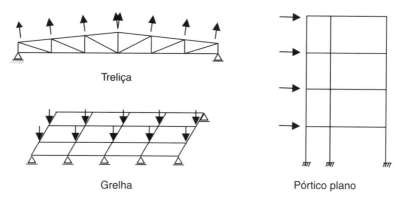

Fig. 1.20 Sistemas planos constituídos de elementos lineares.

1.9.3 Comportamento das Ligações

O funcionamento das estruturas compostas por peças pré-fabricadas conectadas, como é o caso de estruturas de aço, depende essencialmente do comportamento das ligações. Por exemplo, no caso de estruturas aporticadas de edificações, as ligações entre vigas e pilares determinam o esquema estrutural representativo do pórtico. A Fig. 1.21 mostra os dois tipos ideais de comportamento das ligações: ligação perfeitamente rígida, que impede completamente a rotação relativa entre a viga e o pilar ($\phi = 0$; isto é, os eixos da viga e do pilar se mantêm a 90° após a deformação), e ligação rotulada, que deixa livre a rotação relativa ϕ viga-pilar.

Esses dois tipos ideais de ligações são difíceis de serem materializados. Na prática, os comportamentos de alguns detalhes de ligação podem ser assemelhados a um ou outro caso ideal de ligação. Por exemplo, a ligação viga-pilar com cantoneira dupla de alma (Fig. 1.22a) pode ser considerada rotulada no modelo estrutural, embora haja alguma restrição à rotação relativa ϕ. Já a ligação com chapas de topo e base além de cantoneiras de alma (Fig. 1.22b) é classificada como rígida e poderia ser modelada como uma ligação perfeitamente rígida. Existem também as ligações semirrígidas, com comportamento intermediário entre o rígido e o flexível. Essas diferenças de funcionamento podem ser descritas pelas curvas momento fletor M (transferido pela ligação) × rotação relativa ϕ entre os eixos da viga e do pilar ilustradas na Fig. 1.22c.

1.9.4 Estruturas Aporticadas para Edificações

O esquema estrutural das edificações compostas por associações de pórticos depende do tipo de detalhe selecionado para as ligações viga-pilar. Podemos identificar dois tipos básicos de esquemas estruturais:

a) Pórtico com ligações rígidas à rotação
b) Estrutura contraventada com ligações flexíveis à rotação.

O modelo estrutural de um pórtico com ligações rígidas está ilustrado na Fig. 1.23a. Esse pórtico é estável para ação das cargas verticais e também das cargas horizontais.

A rigidez lateral do pórtico depende da rigidez à flexão dos elementos de viga e de pilar, e os deslocamentos horizontais devem ser mantidos pequenos.

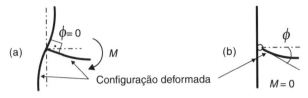

Fig. 1.21 Ligações ideais: (a) ligação perfeitamente rígida à rotação; (b) ligação rotulada.

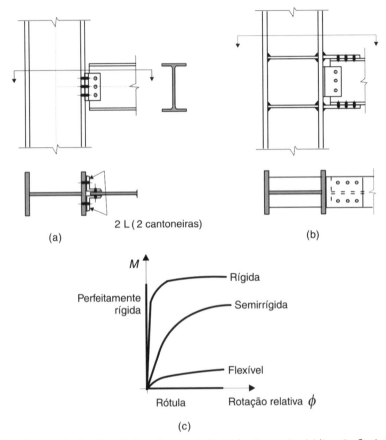

Fig. 1.22 Classificação de detalhes de ligação quanto à rigidez à rotação; (a) ligação flexível, com dupla cantoneira de alma; (b) ligação rígida, com dupla cantoneira de alma e chapas de transpasse nas mesas (ou flanges) da viga; (c) curvas momento × rotação relativa.

A estrutura com ligações viga-pilar flexíveis (Fig. 1.23b) só é estável para ação de cargas verticais. Para resistir às ações horizontais, os pilares funcionam isolados (sem ação de pórtico); por isso, deve-se associar uma subestrutura com grande rigidez à flexão, denominada contraventamento, que pode ser composta de uma ou mais paredes diafragmas, também denominadas paredes de cisalhamento (Fig. 1.23c) (em geral, disposta no entorno da caixa de escada), ou uma subestrutura treliçada (Fig. 1.24a).

As ligações flexíveis são mais simples de serem instaladas e têm menor custo em relação às ligações rígidas. Por outro lado, a necessidade de incluir as subestruturas de contraventamento leva à concentração das forças horizontais nas suas fundações, enquanto no pórtico

Introdução 29

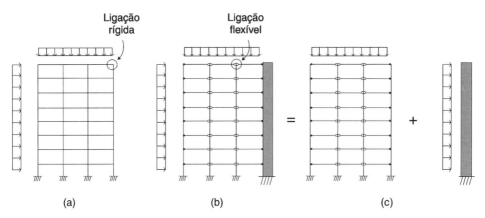

Fig. 1.23 Tipos de estruturas de edifícios: (a) pórtico (com ligações rígidas à rotação entre vigas e pilares); (b) estrutura com ligações viga-pilar flexíveis à rotação, a qual deve estar associada a uma subestrutura de contraventamento para fornecer rigidez lateral e resistir às ações horizontais; (c) decomposição dos sistemas componentes da estrutura da figura (b) com subestrutura de contraventamento do tipo parede-diafragma.

as forças horizontais se distribuem pelas fundações de todos os pilares. Além disso, o contraventamento treliçado pode produzir efeitos negativos do ponto de vista arquitetônico, por exemplo, a obstrução oferecida para posicionamento das janelas e portas da edificação (ver Seções 6.2 e 6.3 do Projeto Integrado).

Para contornar este inconveniente, as diagonais em X de contraventamento podem ser dispostas em K, como mostrado na Fig. 1.24b.

A Fig. 1.25 ilustra os diagramas de esforços solicitantes dos dois tipos considerados de estruturas para edifícios (um com ligação rígida, outro com ligações flexíveis), respectivamente, para ações de cargas verticais e cargas horizontais.

Observa-se na Fig. 1.25a que, no pórtico (ligações rígidas) sob ação das cargas verticais, tanto as vigas quanto os pilares ficam sujeitos a momentos fletores; na verdade, os pilares encontram-se sob flexocompressão. Já na estrutura contraventada (com ligações flexíveis), os pilares ficam sujeitos à compressão axial e as vigas à flexão. Para a ação das cargas horizontais (Fig. 1.25c), desenvolvem-se esforços de flexão em todos os elementos do pórtico, enquanto na estrutura com ligações flexíveis é a subestrutura de contraventamento que é mobilizada, ficando os elementos que compõem o treliçado vertical sujeitos a esforços normais (Fig. 1.25d).

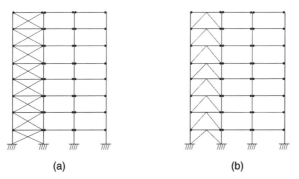

Fig. 1.24 Tipos de treliçado vertical para contraventamento: (a) em X; (b) em K.

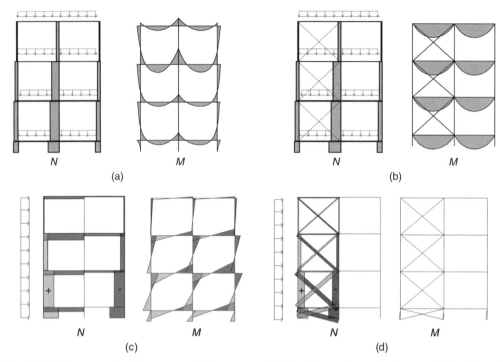

Fig. 1.25 Diagramas de esforços normais N e momento fletor M nos elementos de um pórtico (a) e de uma estrutura contraventada (b) sob ação de cargas verticais. Diagramas de esforços normais N e momento fletor M nos elementos de um pórtico (c) e de uma estrutura contraventada (d) sob ação de cargas horizontais.

Em caso de contraventamento formado por paredes diafragmas (Fig. 1.23c), desenvolvem-se esforços de flexão.

Em termos de deslocabilidade lateral, a comparação entre os dois tipos de edificação (consideradas com os mesmos perfis nas vigas e nos pilares) dependerá da rigidez da subestrutura de contraventamento. No caso de paredes diafragmas e para os sistemas treliçados geralmente utilizados, a estrutura contraventada apresenta-se mais rígida do que o pórtico.

A Fig. 1.26a mostra o esquema de um edifício com ligações viga-pilar flexíveis e com contraventamentos treliçados nos pórticos de fachada. Sob ação das cargas horizontais, o piso de cada andar funciona como uma estrutura no plano horizontal "apoiada" nos contraventamentos da fachada (Fig. 1.26b). Portanto, devem existir no mínimo três sistemas de contraventamento, os quais devem estar dispostos de maneira a prover equilíbrio ao piso como corpo rígido. Para isso, a estrutura de piso deve ter rigidez e resistência suficientes para distribuir as ações horizontais entre os sistemas de contraventamento, por exemplo, formando-se uma estrutura treliçada horizontal com as vigas de piso. No caso de estrutura de piso em laje de concreto, pode-se admitir que ela resista aos esforços das cargas horizontais e com rigidez infinita em seu próprio plano.

O equilíbrio do piso da Fig. 1.26b para ação de carga q_y produz reações R_1 e R_3 iguais a $q_y \ell_x / 2$ nos contraventamentos verticais das fachadas de comprimento ℓ_y.

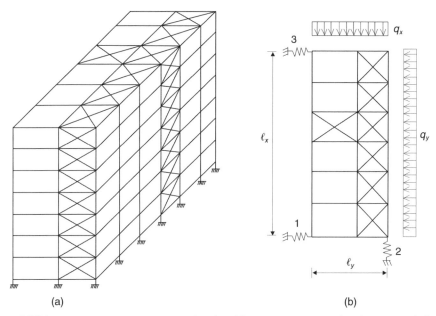

Fig. 1.26 Edifício com contraventamentos treliçados: (a) esquema estrutural tridimensional; (b) planta de andar-tipo.

Já a carga q_x fornece por equilíbrio do piso:

$$R_2 = q_x \ell_y$$

$$R_1 = -R_3 = q_x \frac{\ell_y^2}{2} \frac{1}{\ell_x}.$$

1.9.5 Sistemas de Piso para Edificações

As estruturas de piso em edificações são, em geral, compostas de vigas principais e secundárias associadas a painéis de laje de concreto armado, conforme ilustra a Fig. 1.27a (Item 4 Projeto Integrado – Memorial Descritivo). Com as vigas secundárias pouco espaçadas, as lajes trabalham armadas na direção do menor vão. Assim, as cargas verticais atuantes no piso são transferidas da laje para as vigas secundárias as quais se apoiam nas vigas principais e estas, por sua vez, as transmitem aos pilares. Além de transferir as cargas verticais aos pilares, os sistemas de piso são também responsáveis por distribuir entre os pilares e subestruturas de contraventamento as cargas de vento atuantes nas fachadas, como está ilustrado na Fig. 1.26.

Para permitir a passagem de tubulações de serviço e reduzir o peso das estruturas, as vigas secundárias podem ser constituídas de vigas treliçadas denominadas *joists*. As vigas principais são geralmente compostas por perfis tipo I, em cujas almas podem ser executadas aberturas com ou sem reforços para permitir a passagem de tubulações.

As lajes de concreto armado podem ser executadas de diversas maneiras, seja por moldagem no local seja por pré-fabricação (Seção 6.6 do Projeto Integrado). Entre os sistemas mais utilizados, destaca-se a laje moldada no local sobre fôrma composta de chapa corrugada de aço, denominada *steel deck* (ver Fig. 1.27b). Nesse sistema, a chapa de aço, além de atuar como escoramento na fase construtiva, funciona também como armadura

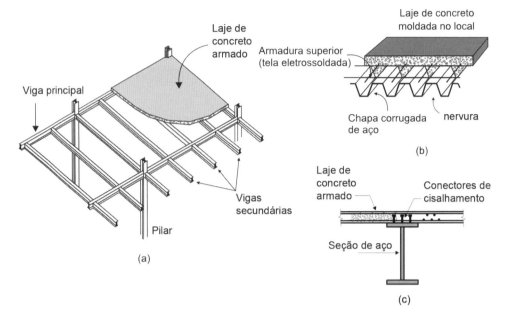

Fig. 1.27 Sistema de pisos em edificações. (a) Vigas principais e vigas secundárias; (b) laje do tipo *steel deck*; (c) viga mista aço-concreto.

inferior da laje. A aderência entre o concreto e o aço é garantida pela existência de mossas na superfície da chapa ou pelo atrito do concreto confinado nas fôrmas com cantos reentrantes. Em função do trabalho conjunto dos dois materiais, esse tipo de laje é denominado laje mista aço-concreto. Na fase de concretagem, as nervuras da chapa de aço suportam o peso do concreto e o transferem para as vigas secundárias em que se apoiam. Para garantir a utilização do *steel deck* sem escoramento, o espaçamento dessas vigas é, em geral, menor do que 3 m.

Os perfis metálicos das vigas podem ser associados às lajes de concreto armado por meio de conectores de cisalhamento (ver Fig. 1.27c) e, assim, formar as vigas mistas. Além das vigas, os perfis de aço dos pilares também podem compor seções mistas por meio de conectores e de seu embebimento em concreto.

1.9.6 Galpões Industriais Simples

A Fig. 1.28a ilustra o esquema de um galpão metálico simples (sem ponte rolante), formado por associação de elementos lineares e sistemas planos.

As terças são vigas longitudinais (com comprimentos de vão em torno de 6 m) dispostas nos planos da cobertura e destinadas a transferir à estrutura principal as cargas atuantes naqueles planos, tais como peso do telhamento e sobrepressões e sucções devidas ao vento. As cargas de vento (V) produzem nas terças flexão reta em torno do eixo de maior inércia, enquanto as cargas gravitacionais (G) produzem flexão oblíqua (ver detalhe na Fig. 1.28b). O espaçamento entre as terças é definido pelo vão das chapas que compõem o telhamento e situa-se, em geral, na faixa entre 2 e 4 m para chapas metálicas.

O cobrimento das faces laterais dos galpões é, com frequência, executado com chapas corrugadas de aço, as quais se apoiam nas vigas de tapamento lateral. Essas vigas destinam-se também a transferir as cargas de vento das fachadas às estruturas principais por meio do apoio dessas vigas diretamente nas colunas dos pórticos principais. Para reduzir o vão das vigas de tapamento, são instalados os tirantes de tapamento, os quais mobilizam a viga longitudinal superior e o contraventamento longitudinal no plano do telhado para transferir as cargas de vento às colunas principais. Podem também ser instaladas colunas de tapamento com fundação própria.

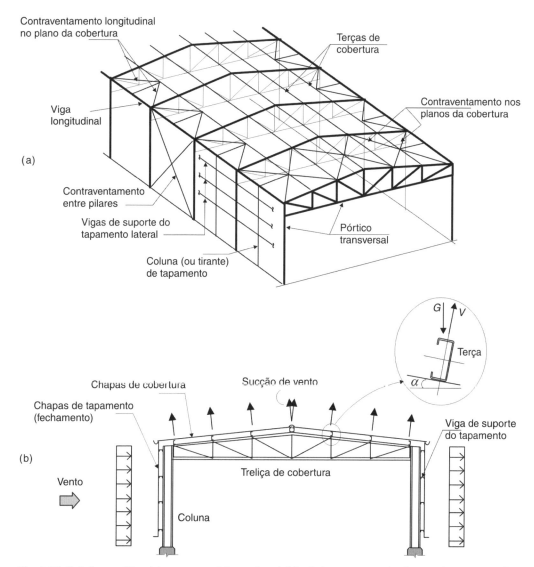

Fig. 1.28 Galpão metálico: (a) esquema tridimensional; (b) pórtico transversal sob ação do vento. No detalhe, terça sob flexão oblíqua; (c) planta da cobertura sem e com contraventamento; (d) vista longitudinal mostrando o contraventamento entre pilares.

34 Capítulo 1

O sistema portante principal é, no caso da Fig. 1.28, o pórtico transversal formado pela associação rígida entre a treliça de cobertura e as duas colunas. Esse pórtico deve resistir à ação do vento nas fachadas longitudinais e na cobertura além das cargas gravitacionais.

Os sistemas de contraventamento são feitos por barras associadas geralmente em forma de X compondo sistemas treliçados. Esses sistemas são destinados, principalmente, a fornecer estabilidade espacial ao conjunto, além de distribuir as cargas de vento. Por exemplo, o contraventamento no plano da cobertura é essencial para a estabilidade lateral do banzo superior da treliça, comprimido por ação das cargas gravitacionais (ver Fig. 1.28c). A flambagem desses elementos comprimidos pode se dar no plano horizontal (ou plano da cobertura) e o contraventamento neste plano serve para reduzir os seus comprimentos de flambagem e, portanto, para aumentar suas resistências à compressão. As terças atuam neste sistema transferindo as forças de contenção lateral para o treliçado do contraventamento. No caso em que há predominância da sucção de vento na cobertura sobre as cargas gravitacionais, ocorre inversão de esforços internos nos elementos da treliça, e o banzo inferior passa a sofrer compressão. A contenção lateral desse elemento pode ser feita com o esquema de contraventamento ilustrado na figura do Problema 8.7.1e.

Na Fig. 1.28d está ilustrado um possível esquema estrutural longitudinal do galpão, caracterizado pelas ligações flexíveis viga-pilar. Neste caso, é essencial a adoção do contraventamento vertical entre pilares não só para oferecer rigidez na direção longitudinal ao conjunto, bem como absorver as cargas de vento atuando nas fachadas transversais e transferi-las às fundações.

Uma descrição completa de edifícios industriais em aço, além de elementos para o projeto dessas estruturas, pode ser encontrada em Bellei (1998) e em Ballio e Mazzolani (1983).

1.9.7 Sistemas de Elementos Bidimensionais

Os sistemas planos de elementos bidimensionais em aço são constituídos por chapas dobradas ou reforçadas com enrijecedores soldados.

As chapas reforçadas com enrijecedores são muito utilizadas como lajes em pontes de grandes vãos, nas quais há interesse em reduzir o peso próprio da estrutura. Essas chapas enrijecidas, ilustradas na Fig. 1.29b, têm inércia maior em uma direção. Por esse motivo, elas são chamadas placas ortogonalmente anisotrópicas ou *ortotrópicas*. Este é o sistema utilizado no tabuleiro dos vãos metálicos da Ponte Rio-Niterói (ver Figs. 1.4 e 1.29a).

1.10 MÉTODOS DE CÁLCULO

1.10.1 Projeto Estrutural e Normas

Os objetivos de um projeto estrutural são:

- Garantia de segurança estrutural evitando-se o colapso da estrutura.
- Garantia de bom desempenho da estrutura evitando-se a ocorrência de grandes deslocamentos, vibrações, danos locais.

As etapas de um projeto estrutural podem ser reunidas em três fases:

a) Anteprojeto ou projeto básico, quando são definidos o sistema estrutural, os materiais a serem utilizados, o sistema construtivo.

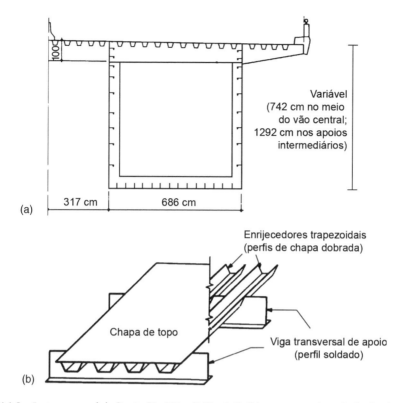

Fig. 1.29 (a) Seção transversal da Ponte Rio-Niterói (Fig. 1.4); (b) esquemas de painéis de placas enrijecidas em uma direção (placas ortotrópicas).

b) Dimensionamento ou cálculo estrutural, fase na qual são definidas as dimensões dos elementos da estrutura e suas ligações de maneira a garantir a segurança e o bom desempenho da estrutura.
c) Detalhamento, quando são elaborados os desenhos executivos da estrutura contendo as especificações de todos os seus componentes.

Nas fases de dimensionamento e detalhamento, utiliza-se, além dos conhecimentos de análise estrutural e resistência dos materiais, grande número de regras e recomendações referentes a:

- critérios de garantia de segurança;
- padrões de testes para caracterização dos materiais e limites dos valores de características mecânicas;
- definição de níveis de carga que representem a situação mais desfavorável;
- limites de tolerâncias para imperfeições na execução;
- regras construtivas etc.

Os conjuntos de regras e especificações, para cada tipo de estrutura, são reunidos em documentos oficiais, denominados *normas*, que estabelecem bases comuns, utilizadas por todos os engenheiros na elaboração dos projetos.

36 Capítulo 1

No que diz respeito aos critérios para garantia de segurança da estrutura, as normas para projeto de estruturas metálicas utilizavam, até meados da década de 1980, o Método das Tensões Admissíveis, quando passaram gradativamente a adotar o Método dos Coeficientes Parciais, denominado no Brasil de Método dos Estados Limites. Na literatura norte-americana este método é conhecido pela sigla LRFD (*Load and Resistance Factor Design*), que significa projeto com fatores aplicados às cargas e às resistências.

As normas e recomendações aplicadas a edificações – brasileira, NBR 8800:2008; canadense, CAN/CSA 516-01; europeia, EUROCODE3 – atualmente em vigor, baseiam-se no Método dos Estados Limites. As normas norte-americanas do American Institute of Steel Construction (AISC) mantiveram paralelamente em vigor o método das tensões admissíveis (*Allowable Stress Design* – ASD) e o método LRFD por meio de dois documentos independentes. Em 2005, foi publicada a versão integrada da norma contendo os dois métodos em um único documento, ANSI/AISC 360-05. A norma brasileira ABNT NBR 8800:2008 é essencialmente baseada na norte-americana AISC-LRFD (2005). As principais mudanças em relação à norma anterior – ABNT NBR 8800:1996 – podem ser encontradas em Fakury (2007).

1.10.2 Estados Limites

Um estado limite ocorre sempre que a estrutura deixa de satisfazer um de seus objetivos (ver Subseção 1.10.1). Eles podem ser classificados em:

- estados limites últimos;
- estados limites de utilização.

Os estados limites últimos estão associados à ocorrência de cargas excessivas e consequente colapso da estrutura em razão de, por exemplo:

- perda de equilíbrio como corpo rígido;
- plastificação total de um elemento estrutural ou de uma seção;
- ruptura de uma ligação ou seção;
- flambagem em regime elástico ou não;
- ruptura por fadiga.

Os estados limites de utilização (associados a cargas em serviço) incluem:

- deformações excessivas;
- vibrações excessivas.

1.10.3 Método das Tensões Admissíveis

O dimensionamento utilizando tensões admissíveis se originou dos desenvolvimentos da Resistência dos Materiais em regime elástico. Neste método, o dimensionamento é considerado satisfatório quando a máxima tensão solicitante σ em cada seção é inferior a uma tensão resistente reduzida por um coeficiente de segurança γ.

A tensão resistente é calculada considerando-se que a estrutura pode atingir uma das condições limites (estados limites últimos) citadas anteriormente na Subseção 1.10.2.

No caso de elemento estrutural submetido à flexão simples sem flambagem lateral ou local, a tensão resistente é tomada, neste método, igual à tensão de escoamento f_{yk}, o que corresponde ao início de plastificação da seção, e a equação de conformidade da estrutura é expressa por

$$\sigma_{máx} < \bar{\sigma} = \frac{f_{yk}}{\gamma} \qquad (1.7)$$

em que $\bar{\sigma}$ = tensão admissível.

Os esforços solicitantes (momento fletor, esforço normal etc.), a partir dos quais se calcula a tensão $\sigma_{máx}$, são obtidos a partir da análise em regime elástico da estrutura para cargas em serviço.

O coeficiente de segurança γ traduz o reconhecimento de que existem diversas fontes de incerteza na Eq. (1.7). Por exemplo, incertezas quanto:

- à magnitude e distribuição do carregamento;
- às características mecânicas dos materiais;
- à modelagem estrutural (o modelo representa adequadamente a estrutura?);
- às imperfeições na execução da estrutura.

Para limitar essas incertezas nos projetos, foram adotadas as seguintes providências:

- padronização dos testes para determinação de características dos materiais;
- especificação de limites ou tolerâncias nas imperfeições de fabricação e execução;
- desenvolvimento de métodos de análise estrutural adequados, identificando-se as diferenças entre a estrutura real e o modelo;
- estudos estatísticos dos carregamentos ou especificação de níveis extremos de carga baseados em experiência anterior.

Além das verificações de resistência (estado limite último), são também necessárias verificações quanto à possibilidade de excessivas deformações sob cargas em serviço (estado limite de utilização).

O Método das Tensões Admissíveis possui as seguintes limitações:

a) Utiliza-se um único coeficiente de segurança para expressar todas as incertezas, independentemente de sua origem. Por exemplo, em geral, a incerteza quanto a um valor especificado de carga de peso próprio é menor do que a incerteza associada a uma carga proveniente do uso da estrutura.

b) Em sua origem, o método previa a análise estrutural em regime elástico com o limite de resistência associado ao início de plastificação da seção mais solicitada. Não se consideravam reservas de resistência existentes após o início da plastificação, nem a redistribuição de momentos fletores causada pela plastificação de uma ou mais seções de estrutura hiperestática.

Esta última limitação foi apontada na década de 1930, quando foi desenvolvida a Teoria Plástica de Dimensionamento.

O método das tensões admissíveis é conhecido na literatura norte-americana pelas siglas ASD (*Allowable Stress Design*) ou WSD (*Working Stress Design*).

1.10.4 Teoria Plástica de Dimensionamento das Seções

O conceito básico está ilustrado na Fig. 1.30, onde se vê uma seção de uma peça submetida à flexão. As Figs. 1.30c a 1.30g representam os diagramas de tensões normais na seção para o momento fletor crescente. O momento M_y é o momento correspondente ao início de plastificação e M_p é o momento de plastificação total da seção. Como $M_p > M_y$, o saldo $(M_p - M_y)$ constitui uma reserva de resistência em relação ao início de plastificação. Esse saldo é considerado na teoria plástica de dimensionamento. O cálculo da carga que produz a condição limite de resistência (colapso) baseada na plastificação total das seções é feito com a análise estrutural em regime plástico, abordada no Cap. 11.

Na teoria plástica de dimensionamento, a carga Q_{serv} atuante, em serviço, é comparada com a carga Q_u que produz o colapso da estrutura mediante a equação de conformidade do método:

$$\gamma Q_{serv} < Q_u \qquad (1.8)$$

em que γ é o coeficiente de segurança único aplicado agora às cargas de serviço.

A condição limite de resistência baseada na plastificação total das seções está incorporada ao Método dos Estados Limites, no qual também é permitida a utilização da análise estrutural plástica dentro de certas limitações.

1.10.5 Método dos Estados Limites

Estados limites últimos. A garantia de segurança no método dos estados limites é traduzida pela equação de conformidade, para cada seção da estrutura:

$$S_d = S(\Sigma \gamma_{fi} F_i) < R_d = R(f_k / \gamma_m) \qquad (1.9)$$

em que a solicitação de projeto S_d (o índice d provém da palavra inglesa *design*) é menor que a resistência de projeto R_d. A solicitação de projeto (também denominada solicitação de cálculo) é obtida a partir de uma combinação de ações características F_{ik}, cada uma majorada pelo coeficiente γ_{fi}, enquanto a resistência de projeto é função da resistência característica do material f_k, minorada pelo coeficiente γ_m. Os coeficientes γ_f, de majoração das cargas (ou ações), e γ_m, de redução da resistência, refletem as variabilidades dos valores característicos dos diversos carregamentos e das propriedades mecânicas do material, entre

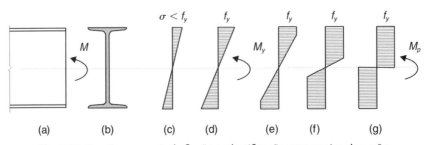

Fig. 1.30 Tensões normais de flexão e plastificação progressiva da seção.

outros fatores, como discrepâncias entre o modelo estrutural e o sistema real. Trata-se de um método que considera as incertezas de forma mais racional do que o método das tensões admissíveis, além de levar em conta as reservas de resistência após o início da plastificação.

Na formulação deste método semiprobabilístico, a solicitação S e a resistência R são tomadas como variáveis aleatórias com distribuições normais de probabilidades. A segurança das estruturas fica garantida sempre que a diferença $(R - S)$, denominada margem de segurança M, for positiva. A Fig. 1.31 mostra a distribuição de probabilidade da variável aleatória M, onde se observa que a área hachurada corresponde à probabilidade de colapso p_u, a qual será tanto menor quanto maior for o valor médio M_m. Este valor é expresso pelo produto do índice de confiabilidade β pelo desvio-padrão de M, σ_M.

Os coeficientes parciais de segurança (γ_f e γ_m) da Eq. (1.9) são calculados pelos métodos de análise de confiabilidade (Schneider, 1997), de modo que a probabilidade de colapso seja menor que um valor suficientemente pequeno, geralmente variando entre 10^{-4} e 10^{-6} por ano de utilização, dependendo do tipo de colapso e suas consequências.

Esses valores de probabilidade de colapso, entretanto, não refletem a realidade das estatísticas, pois não consideram a existência dos erros humanos, que são, de fato, os maiores causadores dos danos e colapsos (Schneider, 1997). Os erros humanos devem ser combatidos com providências, tais como:

- Promover a constante atualização e treinamento dos técnicos por meio de publicações e discussões sobre exemplos de experiências malsucedidas (Cunha *et al.*, 1996 e 1998).
- Exigir documentos claros e completos.
- Criar e manter mecanismos de controle em todas as etapas de projeto e execução, por exemplo, realizar sempre verificações de critérios, cálculos e desenhos de projeto.

Ações. As ações a serem consideradas no projeto das estruturas são as cargas que nelas atuam ou as deformações impostas (por variação de temperatura, recalques etc.). Os valores das ações a serem utilizados no cálculo podem ser obtidos por dois processos:

a) Critério estatístico, adotando-se valores característicos F_k, isto é, valores de ações que correspondam a certa probabilidade de serem excedidos.
b) Critério determinístico, ou fixação arbitrária dos valores de cálculo. Em geral, escolhem-se valores cujas solicitações representam uma envoltória das solicitações produzidas pelas cargas atuantes.

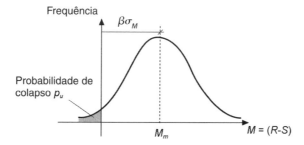

Fig. 1.31 Distribuição de probabilidade da variável M (margem de segurança) igual à diferença entre a resistência R e a solicitação S.

40 CAPÍTULO 1

Em face das dificuldades em se aplicar um tratamento estatístico para algumas ações, as normas, muitas vezes, fixam arbitrariamente os valores a adotar no projeto das estruturas. Na medida em que os conhecimentos probabilísticos da incidência das cargas forem se aprimorando, a tendência será adotar o critério estatístico para as mesmas.

Algumas das normas brasileiras que se ocupam das cargas sobre as estruturas são:

NBR 6120 – Cargas para o cálculo de estruturas de edificações.
NBR 6123 – Forças devidas ao vento em edificações.
NBR 7188 – Carga móvel em ponte rodoviária e passarela de pedestres.

Cálculo das solicitações atuantes. Os esforços solicitantes oriundos de ações estáticas ou quase estáticas e que atuam nas diversas seções de uma estrutura podem ser calculados por diversos processos em função da consideração dos efeitos não lineares (ver Seção 11.1). No que diz respeito ao regime de tensões desenvolvidas no material, elástico ou inelástico, podem-se distinguir dois processos:

a) Estática clássica ou elástica, admitindo-se que a estrutura se deforma em regime elástico.
b) Estática inelástica, considerando-se o efeito das deformações plásticas, nas seções mais solicitadas, sobre a distribuição dos esforços solicitantes provocados pelas cargas (ver Capítulo 11).

A redistribuição de esforços solicitantes só se verifica em sistemas estruturais estaticamente indeterminados, nos quais os esforços solicitantes dependem das deformações do sistema. Nas estruturas estaticamente determinadas, ou isostáticas, os esforços solicitantes das seções não dependem das deformações, admitindo-se, naturalmente, que elas sejam pequenas.

O cálculo das solicitações pela estática inelástica apresenta melhor coerência com o dimensionamento das seções no estado limite de plastificação.

Na prática profissional, entretanto, o cálculo elástico dos esforços solicitantes é o mais utilizado, tendo em vista sua maior simplicidade, e o fato de ser a favor da segurança.

Combinação de solicitações segundo a NBR 8800:2008. A norma brasileira ABNT NBR 8800:2008 adotou uma formulação compatível com as normas nacionais e internacionais de segurança das estruturas. A ABNT NBR 8681:2004 – Ações e segurança nas estruturas fixa os critérios de segurança das estruturas e de quantificação das ações e das resistências a serem adotados nos projetos de estruturas constituídas de quaisquer dos materiais usuais na construção civil.

As solicitações de projeto (S_d) podem ser representadas como combinações de solicitações S em função das ações características F_{ik} pela expressão:

$$S_d = \Sigma \gamma_{f3} \, S \left[(\gamma_{f1} \cdot \gamma_{f2} \cdot F_{ik}) \right] \tag{1.10}$$

em que os coeficientes γ_{f1}, γ_{f2}, γ_{f3} têm os seguintes significados:

γ_{f1} = coeficiente ligado à dispersão das ações; transforma os valores característicos das ações (F_k) correspondentes à probabilidade de 5 % de ultrapassagem em valores extremos de menor probabilidade de ocorrência; γ_{f1} tem um valor da ordem de 1,15 para cargas permanentes e 1,30 para cargas variáveis.

γ_{f2} = coeficiente de combinação de ações.

γ_{f3} = coeficiente relacionado com tolerância de execução, aproximações de projeto, diferenças entre esquemas de cálculo e o sistema real etc.; γ_{f3} tem um valor numérico da ordem de 1,15.

Observa-se na Eq. (1.10) que os coeficientes γ_{f1} e γ_{f2} aplicam-se diretamente às ações F_k, enquanto o coeficiente γ_{f3} aplica-se às solicitações (esforços normais, momentos fletores etc.) geradas pelas ações. Se o cálculo das solicitações for efetuado por análise linear (elástica de primeira ordem), então as solicitações são proporcionais às ações e o cálculo pode ser feito, quer aplicando-se os coeficientes como na Eq. (1.10) quer aplicando-se os três coeficientes diretamente às ações. Podem-se, neste caso, efetuar as combinações de ações. Por outro lado, se a análise estrutural for não linear geométrica (ou de segunda ordem) e/ou física, os coeficientes devem ser aplicados conforme indica a Eq. (1.10), combinando-se as solicitações.

Para o cálculo das solicitações de projeto S_d, as ações devem ser combinadas de forma a expressar as situações mais desfavoráveis para a estrutura durante sua vida útil prevista. A Fig. 1.32 ilustra a variação das ações em uma estrutura no decorrer do tempo mostrando os instantes (ou intervalos) de tempo t_a, t_b e t_c para os quais cada uma das ações variáveis V_a, V_b e V_c, respectivamente, atinge seu valor característico.

As combinações de ações referem-se a esses instantes, nos quais cada ação variável, por sua vez, é dominante e é combinada às ações permanentes e às outras ações variáveis simultâneas que produzem acréscimos de solicitações (efeito desfavorável). Por exemplo, se a ação V_c produz esforços contrários aos de V_b e V_a, então na combinação em que V_a for dominante entram apenas G e V_b.

Definem-se, adiante, os seguintes tipos de combinações de ações para verificações nos estados limites últimos:

- *Combinação normal*: inclui todas as ações decorrentes do uso previsto da estrutura.
- *Combinação de construção*: considera ações que podem promover algum estado limite último na fase de construção da estrutura.
- *Combinação especial*: combinação que inclui ações variáveis especiais, cujos efeitos têm magnitude maior que os efeitos das ações de uma combinação normal.

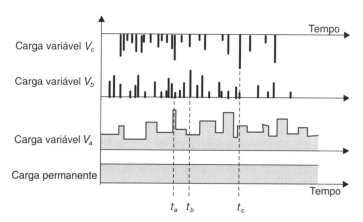

Fig. 1.32 Variação das ações ao longo do tempo.

42 CAPÍTULO 1

- *Combinação excepcional*: combinação que inclui ações excepcionais, as quais podem produzir efeitos catastróficos, tais como explosões, choques de veículos, incêndios e sismos.

Para as combinações de ações, a Eq. (1.10) pode ser simplificada, fazendo $\gamma_{f1} \times \gamma_{f3} = \gamma_f$ e afetando cada ação variável secundária de um fator de combinação Ψ_0, equivalente ao coeficiente γ_{f2}.

As *combinações normais* de ações para estados limites últimos são escritas em função dos valores característicos das ações permanentes G e variáveis Q:

$$F_d = \Sigma\gamma_{gi} G_{ik} + \gamma_{q1}Q_{1k} + \Sigma\gamma_{qj}\Psi_{0j}Q_{jk} \tag{1.11}$$

em que:

G_{ik} = valor característico da ação permanente l;
Q_{1k} = ação variável de base (ou principal) para a combinação estudada;
Q_{jk} = valor característico das ações variáveis que atuam simultaneamente a Q_{1k} e que têm efeito desfavorável;
γ_g, γ_q = coeficientes de segurança parciais aplicados às cargas;
Ψ_0 = fator de combinação que reduz as ações variáveis para considerar a baixa probabilidade de ocorrência simultânea de ações de distintas naturezas com seus valores característicos.

As *combinações últimas de construção* e *especiais* são também escritas como na Eq. (1.11). Nestes casos, o fator Ψ_0 pode ser substituído por Ψ_2 quando a ação dominante tiver tempo de duração muito curto.

Os valores dos coeficientes de segurança parciais $\gamma_f (\gamma_g, \gamma_q$ etc.) podem ser obtidos na Tabela 1.5, e os valores do fator de combinação Ψ_0 encontram-se na Tabela 1.6.

A ABNT NBR 8800:2008 apresenta ainda valores γ_f para combinações normais em que as cargas permanentes diretas (decorrentes do peso dos materiais) são agrupadas e afetadas por um único γ_g, bem como para o agrupamento das cargas variáveis. Os valores dos coeficientes dependem da magnitude das cargas decorrentes do uso da estrutura (Q_{uso}).

$$1{,}35\ \Sigma G_{ik} + 1{,}50\ (Q_{1k} + \Sigma\Psi_{0j}Q_{jk})\ \text{ para } Q_{uso} > 5\ \text{kN}/\text{m}^2 \tag{1.12a}$$

$$1{,}40\ \Sigma G_{ik} + 1{,}40\ (Q_{1k} + \Sigma\Psi_{0j}Q_{jk})\ \text{para } Q_{uso} < 5\ \text{kN}/\text{m}^2 \tag{1.12b}$$

As ações excepcionais (E), tais como explosões, choques de veículos, efeitos sísmicos etc., são combinadas com outras ações de acordo com a equação:

$$F_d = \Sigma\gamma_{gi} G_{ik} + E + \Sigma\gamma_q\Psi_2 Q_{jk} \tag{1.13}$$

Esforços resistentes. Denominam-se esforços resistentes, em uma dada seção de estrutura, as resultantes das tensões internas, na seção considerada, em uma situação de estado limite último.

Os esforços internos (esforço normal, momento fletor etc.) resistentes denominam-se resistência última R_u e são calculados, em geral, a partir de expressões derivadas de modelos semianalíticos em função de uma tensão resistente característica (por exemplo, f_{yk}). Define-se

Tabela 1.5 Coeficientes de segurança parciais γ_f aplicados às ações (ou solicitações) no estado limite último (ABNT NBR 8800:2008)

Ações	Normais	Especiais ou de construção	Excepcionais
		Combinações	
Peso próprio de estruturas metálicas	1,25 (1,00)	1,15 (1,00)	1,10 (1,00)
Peso próprio de estruturas pré-moldadas	1,30 (1,00)	1,20 (1,00)	1,15 (1,00)
Peso próprio de estruturas moldadas no local e de elementos construtivos industrializados	1,35 (1,00)	1,25 (1,00)	1,15 (1,00)
Peso próprio de elementos construtivos industrializados com adições *in loco*	1,40 (1,00)	1,30 (1,00)	1,20 (1,00)
Peso próprio de elementos construtivos em geral e equipamentos	1,50 (1,00)	1,40 (1,00)	1,30 (1,00)
Deformações impostas por recalques de apoio, imperfeições geométricas, retração e fluência do concreto	1,20 (1,00)	1,20 (1,00)	0 (0)
Efeito de temperatura	1,20	1,00	1,00
Ação do vento	1,40	1,20	1,00
Demais ações variáveis, incluindo as decorrentes de uso e ocupação	1,50	1,30	1,00

a tensão resistente característica como o valor abaixo do qual situam-se apenas 5 % dos resultados experimentais de tensão resistente.

A resistência de projeto R_d é igual à resistência última dividida pelo coeficiente parcial de segurança γ_m:

$$R_d = \frac{R_u\,(f_k)}{\gamma_m} \tag{1.14}$$

em que $\gamma_m = \gamma_{m1} \times \gamma_{m2} \times \gamma_{m3}$ e:

γ_{m1} = coeficiente que considera a variabilidade da tensão resistente, transformando seu valor característico em um valor extremo com menor probabilidade de ocorrência;

γ_{m2} = coeficiente que considera as diferenças entre a tensão resistente obtida em ensaios padronizados de laboratório e a tensão resistente do material na estrutura;

γ_{m3} = coeficiente que leva em conta as incertezas no cálculo de R_u em função de desvios construtivos ou de aproximações teóricas.

Os valores do coeficiente γ_m são dados na Tabela 1.7 em função do tipo de combinação de ações. Para o aço estrutural de perfis, pinos e parafusos, os valores γ_m dependem do estado limite último considerado. Além dos valores mostrados na Tabela 1.7, outros valores associados a situações específicas de ruptura serão indicados apropriadamente ao longo desta obra.

44 CAPÍTULO 1

Tabela 1.6 Valores dos fatores de combinação Ψ_0 e de redução Ψ_1 e Ψ_2 para as ações variáveis (ABNT NBR 8800:2008)

Ações		γ_{f2}		
		Ψ_0	Ψ_1	Ψ_2
Cargas acidentais de edifícios	Locais em que não há predominância de pesos e de equipamentos que permanecem fixos por longos períodos de tempo, nem de elevadas concentrações de pessoas[1]	0,5	0,4	0,3
	Locais em que há predominância de pesos e de equipamentos que permanecem fixos por longos períodos de tempo, ou de elevadas concentrações de pessoas[2]	0,7	0,6	0,4
	Bibliotecas, arquivos, depósitos, oficinas e garagens e sobrecargas em coberturas	0,8	0,7	0,6
Vento	Pressão dinâmica do vento nas estruturas em geral	0,6	0,3	0
Temperatura	Variações uniformes de temperatura em relação à média anual local	0,6	0,5	0,3
Cargas móveis e seus efeitos dinâmicos	Passarelas de pedestres	0,6	0,4	0,3
	Vigas de rolamento de pontes rolantes	1,0	0,8	0,5
	Pilares e outros elementos ou subestruturas que suportam vigas de rolamento de pontes rolantes	0,7	0,6	0,4

Notas:
[1] Edificações residenciais de acesso restrito.
[2] Edificações comerciais, de escritórios e de acesso público.

Tabela 1.7 Valores dos coeficientes γ_f parciais de segurança aplicado às resistências

Material	γ_m	Combinações de ações		
		Normais	Especiais ou de construção	Excepcionais
Aço estrutural, pinos e parafusos – Estados limites de escoamento e flambagem	γ_{a1}	1,10	1,10	1,00
Aço estrutural, pinos e parafusos – Estado limite de ruptura.	γ_{a2}	1,35	1,35	1,15
Concreto	γ_c	1,40	1,20	1,20
Aço de armadura de concreto armado	γ_s	1,15	1,15	1,00

Estados limites de utilização ou de serviço (ELS). É necessário verificar o comportamento da estrutura sob as ações de serviço, de modo a garantir que a mesma desempenhe satisfatoriamente as funções a que se destina.

Deseja-se evitar, por exemplo, a sensação de insegurança dos usuários de uma obra na presença de deslocamentos ou vibrações excessivas; ou ainda, prejuízos a componentes não estruturais, como alvenarias e esquadrias.

Para os estados limites de utilização (ou de serviço), definem-se três valores representativos das ações variáveis Q em função do tempo de duração das ações e de sua probabilidade de ocorrência:

Valor raro (característico): Q_k

Valor frequente: Q_k

Valor quase-permanente: Q_k

em que os coeficientes Ψ_1 e Ψ_2 ($\Psi_2 < \Psi_1$) são dados na Tabela 1.6, para cada tipo de ação.

As combinações de ações nos estados limites de utilização são efetuadas considerando a ação variável dominante com um dos valores representativos mencionados anteriormente, combinada com as ações permanentes G_{ik} e as outras ações variáveis Q_{jk}. Resultam os seguintes tipos de combinação de serviço:

Combinação quase permanente

$$F_{ser} = \Sigma G_{ik} + \Psi_2 Q_{1k} + \Sigma \Psi_{2j} Q_{jk} \tag{1.15a}$$

Combinação frequente

$$F_{ser} = \Sigma G_{ik} + \Psi_1 Q_{1k} + \Sigma \Psi_{2j} Q_{jk} \tag{1.15b}$$

Combinação rara

$$F_{ser} = \Sigma G_{ik} + Q_{1k} + \Sigma \Psi_{1j} Q_{jk} \tag{1.15c}$$

As combinações de ações assim definidas são utilizadas para verificação dos estados limites de serviço conforme o rigor com que se deseja aplicar os valores limites dos efeitos verificados. Por exemplo, um valor limite de deslocamento vertical em viga é aplicado ao deslocamento resultante de uma combinação quase permanente de ações para evitar a ocorrência de deslocamentos excessivos na viga. Se, por outro lado, a viga suportar elementos frágeis, sujeitos à fissuração, tais como paredes divisórias, então deve-se ter maior rigor na verificação e restringir o deslocamento resultante de uma combinação rara de ações em serviço.

Cabe ao projetista a seleção das combinações de ações de serviço a serem utilizadas conforme a destinação prevista para a estrutura e as propriedades dos equipamentos e dos materiais dos elementos acessórios instalados na estrutura.

Na Tabela 1.8 encontram-se alguns valores de deslocamentos máximos recomendados pela ABNT NBR 8800:2008, em função do tipo de elemento estrutural e das ações consideradas.

Além do estado limite de deformação elástica, deve também ser verificado o estado limite de vibração excessiva. As cargas móveis e o vento podem produzir vibrações nas estruturas e causar desconforto aos usuários. Em geral, essas verificações devem ser realizadas por meio de análise dinâmica da estrutura considerando uma modelagem adequada para as ações.

46 CAPÍTULO 1

Tabela 1.8 Deslocamentos máximos para estados limites de serviço

Elemento estrutural		Esforço/ação	$\gamma_{máx}^{(1)}$
Travessa de fechamento (ou tapamento)		Flexão no plano do fechamento	L/180
		Flexão no plano perpendicular ao fechamento em função do vento – valor raro	L/120
Terça de cobertura em geral		Combinação rara de serviço para cargas de gravidade + sobrepressão de vento	L/180
		Sucção de vento – valor raro	L/120
Viga de cobertura	Em geral	Combinação quase permanente	L/250
	Telhado de pouca declividade (2)	Combinação frequente	
	Com forros frágeis	Combinação rara de ações posteriores à colocação do forro	
Vigas de piso	Em geral	Combinação quase permanente	L/350
	Com paredes sobre ou sob a viga	Combinação rara de ações posteriores à colocação da parede	L/350 e 15 mm
Edifícios de n pavimentos – deslocamento horizontal do topo em relação à base			n = 1; H/300 n ≥ 2; H/400

(1) *L* é o vão teórico entre apoios para vigas biapoiadas; *L* é o dobro do vão em balanço; *H* é a altura total do pilar.
(2) Para evitar o empoçamento em coberturas com inclinação inferior a 5 %.

1.11 PROBLEMAS RESOLVIDOS

1.11.1 Uma viga de edifício residencial está sujeita a momentos fletores oriundos de diferentes cargas:

peso próprio de estrutura metálica	$M_{g1} = 10$ kNm
peso dos outros componentes não metálicos permanentes	$M_{g2} = 50$ kNm
ocupação da estrutura	$M_q = 30$ kNm
vento	$M_v = 20$ kNm

Calcular o momento fletor solicitante de projeto M_d.

Solução

As solicitações M_{g1} e M_{g2} são permanentes e devem figurar em todas as combinações de esforços. As solicitações M_q e M_v são variáveis e devem ser consideradas, uma de cada vez, como dominantes nas combinações. Têm-se então as seguintes combinações:

$$1,25M_{g1} + 1,5M_{g2} + 1,5M_q + 1,4 \times 0,6M_v = 149,3 \text{ kNm}$$

$$1,25M_{g1} + 1,5M_{g2} + 1,4M_q + 1,5 \times 0,7M_v = 147,0 \text{ kNm}$$

O momento fletor solicitante de projeto $M_d = 149,3$ kNm (Seção 5.4 do Projeto Integrado – Memorial Descritivo).

1.11.2 Uma diagonal de treliça de telhado está sujeita aos seguintes esforços normais (+ tração) oriundos de diferentes cargas:

peso próprio da treliça e cobertura metálicas $\quad N_g = 1$ kN
vento de sobrepressão $v1$ $\qquad\qquad\qquad\qquad N_{v1} = 1,5$ kN
vento de sucção $v2$ $\qquad\qquad\qquad\qquad\qquad N_{v2} = -3$ kN
sobrecarga variável $\qquad\qquad\qquad\qquad\qquad N_q = 0,5$ kN

Calcular o esforço normal solicitante de projeto.

Solução

Neste caso, as cargas variáveis $v1$ e $v2$ não ocorrem simultaneamente; logo, não se combinam. Na combinação em que a carga $v2$ for dominante, a carga permanente terá efeito favorável. Tem-se então:

$$1,25 N_g + 1,4 N_{v1} + 1,5 \times 0,5\, N_q = 3,72 \text{ kN}$$
$$1,0 N_g + 1,4 N_{v2} = -3,20 \text{ kN}$$
$$1,25 N_g + 1,5 N_q + 1,4 \times 0,6\, N_{v1} = 3,26 \text{ kN}$$

Observa-se neste exemplo uma característica típica de cobertura em aço: por ser uma estrutura leve, a ação do vento de sucção produziu reversão nos sinais dos esforços resultantes do peso próprio. Portanto, a diagonal deverá ser projetada para suportar com segurança os seguintes esforços normais de projeto:

$$N_d = 3,87 \text{ kN (tração)}$$
$$N_d = -3,26 \text{ kN (compressão)}$$

1.11.3 A estrutura de piso de uma edificação comercial em aço é composta por vigas secundárias VS e vigas principais VP apoiadas em pilares formando painéis retangulares de 9 m por 7,5 m, conforme ilustra a figura. A laje é do tipo mista aço-concreto (*steel deck*), com nervuras vencendo vãos de 2,5 m. Além do peso próprio da estrutura, a laje está sujeita aos seguintes carregamentos: peso de revestimento de piso, peso de paredes internas de gesso acartonado sobre algumas vigas VS e carga variável decorrente do uso da edificação. Para uma viga secundária típica, calcular o momento fletor solicitante de projeto (ou de cálculo) e o momento fletor originado de uma combinação quase permanente de ações para verificações em estado limite de serviço. Considerar a viga VS como biapoiada sobre as vigas VP, com vão de 9 m.

Solução

A tabela apresenta a lista dos carregamentos, sua nomenclatura e valores, além dos coeficientes de segurança a serem aplicados nas combinações em ELU. O peso apresentado para o perfil de aço é ainda uma estimativa a ser confirmada no processo de dimensionamento.

	Descrição da carga	Valor	Coeficiente γ_F
G1	Peso do perfil de aço do VS	0,40 kN/m	1,25
G2	Peso da laje *steel deck*	2,27 kN/m²	1,35
G3	Peso do revestimento do piso	0,70 kN/m²	1,35
G4	Peso das paredes *drywall*	1,7 kN/m	1,35
Q1	Carga variável de uso	3,0 kN/m²	1,50

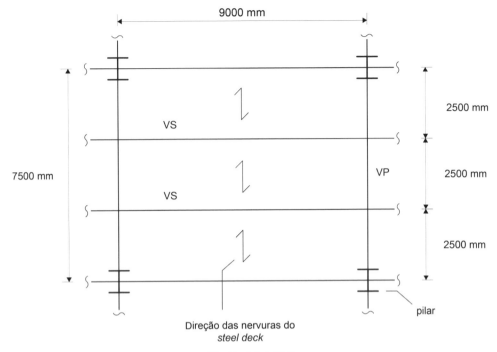

Fig. Probl. 1.11.3

Efetua-se a seleção da laje *steel deck* a partir do catálogo do fabricante em função do vão das nervuras (2,5 m), da carga atuante na laje e do método construtivo, se com escoramento ou sem. Para este problema, admite-se construção sem escoramento. O peso da laje de concreto é aplicado de forma distribuída nas vigas VS pelas nervuras da chapa corrugada do *steel deck* (ver direção das nervuras na figura). Após a cura do concreto, cada painel de laje (2,5 × 9 m) funciona como viga no vão de 2,5 m de modo que as cargas são também transferidas diretamente para as vigas VS com distribuição uniforme.

Carga distribuída de projeto da viga VS [combinação de ações em ELU, Eq. (1.11)]:

$$q_d = 1{,}25\, G_1 + 1{,}35\, (G_2 + G_3) \times 2{,}5 + 1{,}35\, G_4 + 1{,}5\, Q_1 \times 2{,}5 = 24{,}0 \text{ kN/m}$$

Momento fletor solicitante de projeto da viga VS (ELU):

$$M_d = 24{,}9 \times \frac{9{,}0^2}{8} = 242{,}7 \text{ kNm}$$

Carga distribuída na viga VS decorrente de combinação quase permanente de ações [ELS, Eq. (1.15a)]:

$$q_{ser} = G_1 + (G_2 + G_3) \times 2{,}5 + G_4 + 0{,}4\, Q_1 \times 2{,}5 = 12{,}5 \text{ kN/m}$$

Momento fletor máximo na viga VS decorrente de combinação quase permanente de ações:

$$M_{ser} = 12{,}5 \times \frac{9{,}0^2}{8} = 126{,}8 \text{ kNm}$$

(Ver Seções 6.1 e 6.3 do Projeto Integrado – Memorial Descritivo)

1.12 PROBLEMAS PROPOSTOS

1.12.1 O carbono aumenta a resistência do aço. Por que durante o processo de fabricação do aço remove-se certa quantidade de carbono do ferro fundido?

1.12.2 Quais os objetivos de adicionar elementos de liga (cobre, manganês, molibdênio etc.) aos aços-carbono para compor os aços de baixa liga?

1.12.3 Explique o que é ductilidade e qual a importância desta característica do aço em sua utilização em estruturas.

1.12.4 Uma haste de aço sujeita a cargas cíclicas tem sua resistência determinada por fadiga. Comente as providências propostas no sentido de aumentar a resistência da peça:
- aumentar as dimensões transversais da haste;
- mudar o tipo de aço para outro mais resistente;
- mudar o detalhe de solda para atenuar o efeito de concentração de tensões.

1.12.5 Quais os procedimentos de proteção da estrutura de aço contra corrosão?

1.12.6 Qual o objetivo do contraventamento no plano da cobertura em viga treliçada de um galpão industrial (Fig. 1.28)?

1.12.7 Qual a origem das tensões residuais em perfis laminados e em perfis soldados?

1.12.8 Em que se baseia o Método das Tensões Admissíveis e quais são suas limitações?

1.12.9 Defina os termos S_d, R_d, γ_f e γ_m da Eq. (1.9).

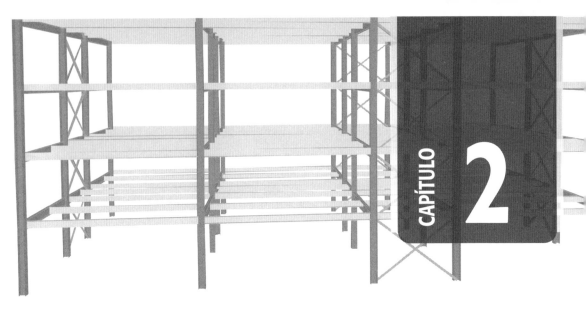

Peças Tracionadas

2.1 TIPOS CONSTRUTIVOS

Denominam-se peças tracionadas as peças sujeitas a solicitações de tração axial, ou tração simples.

As peças tracionadas são empregadas nas estruturas, sob diversas formas, conforme ilustrado na Fig. 2.1:

- tirantes ou pendurais;
- contraventamentos de torres (estais);
- travejamentos de vigas ou colunas, geralmente com dois tirantes em forma de X;
- tirantes de vigas armadas;
- barras tracionadas de treliças.

As peças tracionadas podem ser constituídas por barras de seção simples ou composta, por exemplo (ver Fig. 2.2):

- barras redondas;
- barras chatas;
- perfis laminados simples (L, U, W ou T);
- perfis laminados compostos (Fig. 2.2d).

As ligações das extremidades das peças tracionadas com outras partes da estrutura podem ser feitas por diversos meios, a saber:

- soldagem;
- conectores aplicados em furos;
- rosca e porca (caso de barras rosqueadas).

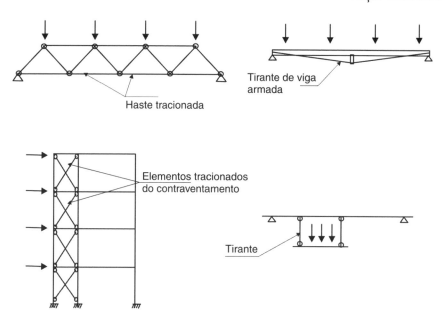

Fig. 2.1 Elementos tracionados em estruturas.

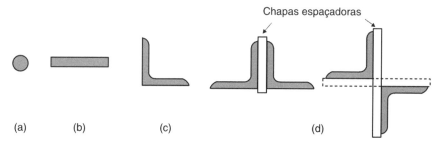

Fig. 2.2 Alguns tipos de perfis utilizados em peças tracionadas: (a) barra redonda; (b) barra chata; (c) perfil laminado simples (cantoneira); (d) seções compostas de dois perfis laminados (dupla cantoneira com faces opostas ou cantoneiras opostas pelo vértice).

A Fig. 2.3 mostra o desenho de um nó de treliça, cujas barras são formadas por associação de duas cantoneiras. As barras são ligadas a uma chapa de nó, denominada *gusset* (palavra da língua francesa, também utilizada em inglês), cuja espessura t é igual ao espaçamento entre as cantoneiras. As ligações das barras com a chapa *gusset* são feitas por meio de furos e conectores.

2.2 CRITÉRIOS DE DIMENSIONAMENTO

O dimensionamento das peças tracionadas deve atender aos critérios de segurança para as situações de estados limites últimos (Subseções 2.2.2 e 2.2.7) e de serviço, este último expresso pela limitação de esbeltez da peça (Subseção 2.2.3).

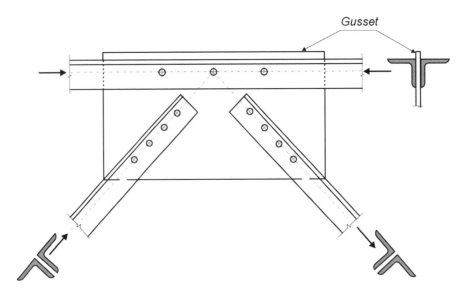

Fig. 2.3 Nó de uma treliça metálica, com barras formadas por cantoneiras duplas ligadas a uma chapa *gusset*. O banzo superior e a diagonal à esquerda estão comprimidos enquanto a diagonal à direita está tracionada.

2.2.1 Distribuição de Tensões Normais na Seção

Nas peças tracionadas com furos, as tensões em regime elástico não são uniformes, verificando-se tensões mais elevadas nas proximidades dos furos, como se vê na Fig. 2.4a. No estado limite, graças à ductilidade do aço, as tensões atuam de maneira uniforme em toda a seção da peça (Fig. 2.4b). Às tensões σ_N, decorrentes do esforço normal de tração N, somam-se as tensões residuais σ_r (Seção 1.8), oriundas do processo de fabricação, e cuja resultante é nula em cada seção como mostra a Fig. 2.4c, para uma chapa laminada. Com o acréscimo da força de tração, ocorre a plastificação progressiva da seção, como ilustrado na Fig. 2.4d. A força de tração N_y que provoca a plastificação total da seção não se altera com a presença das tensões residuais. Da mesma forma, a carga N_u, para a qual a peça com furo atinge o estado limite, independe das tensões residuais.

2.2.2 Estados Limites Últimos e Esforços Normais Resistentes

O critério de segurança para os estados limites últimos é dado por

$$N_{dt} < R_{dt} \tag{2.1}$$

em que N_{dt} é a força solicitante de tração de cálculo e R_{dt} é a força resistente de tração de cálculo.

A resistência de uma peça sujeita à tração axial pode ser determinada por:

a) Ruptura da seção com furos.
b) Escoamento generalizado da barra ao longo de seu comprimento, provocando deformações exageradas.

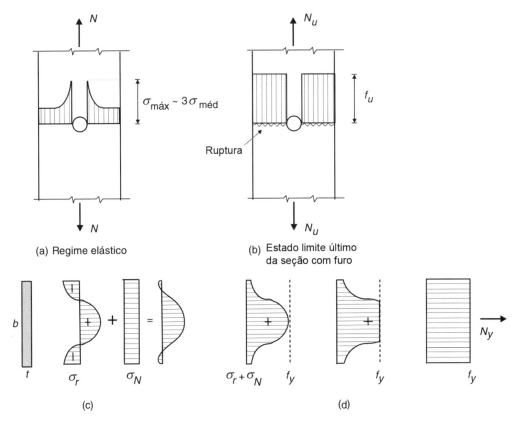

Fig. 2.4 Tensões normais σ_N de tração axial (a) e (b) em uma peça tracionada com furo; (c) e (d) σ_N adicionadas as tensões residuais σ_r.

O escoamento da seção com furos conduz a um pequeno alongamento da peça e não constitui um estado limite.

Nas peças com perfis de pequena espessura com ligações por grupo de conectores, pode ocorrer um tipo de colapso denominado cisalhamento de bloco (ver Subseção 2.2.7). Trata-se de um modo de colapso que envolve ruptura por tração combinada à ruptura (ou escoamento) a cisalhamento ao longo de uma linha de conectores.

2.2.2.1 Peças em Geral, com Furos

Nas peças com furos, dos tipos indicados na Fig. 2.3, a resistência de projeto é dada pelo menor dos seguintes valores:

a) Ruptura da seção com furos:

$$R_{dt} = \frac{A_e f_u}{\gamma_{a2}} \qquad (2.2a)$$

com $\gamma_{a2} = 1{,}35$ para esforço normal solicitante decorrente de combinação normal de ações (ver Tabela 1.7);

54 Capítulo 2

f_u = tensão resistente à tração do aço (ver Fig. 1.19);
A_e = área líquida efetiva (item 2.2.6).

b) Escoamento da seção bruta, de área A_g:

$$R_{dt} = \frac{A_g f_y}{\gamma_{a1}} \qquad (2.2b)$$

em que γ_{a1} = 1,10 para esforço normal solicitante decorrente de combinação normal de ações (ver Tabela 1.7);
f_y = tensão de escoamento à tração do aço (ver Fig. 1.10).

2.2.2.2 Peças com Extremidades Rosqueadas

As barras com extremidades rosqueadas, consideradas neste item, são barras com diâmetro igual ou superior a 12 mm (1/2″), nas quais o diâmetro externo da rosca é igual ao diâmetro nominal da barra. O dimensionamento dessas barras é determinado pela ruptura da seção da rosca.

Considerando-se que, com os tipos de rosca usados na indústria, a relação entre a área efetiva à tração na rosca (A_e) e a área bruta da barra (A_g) varia dentro de uma faixa limitada (0,73 a 0,80), é possível calcular a resistência das barras tracionadas em função da área bruta A_g, com um coeficiente médio 0,75. Nessas condições, a resistência de projeto de barras rosqueadas pode ser obtida com a expressão:

$$R_{dt} = \frac{0,75\, A_g f_u}{\gamma_{a2}} \leq \frac{A_g f_y}{\gamma_{a1}} \qquad (2.3)$$

com γ_{a1} e γ_{a2} dados na Tabela 1.7.

2.2.2.3 Chapas Ligadas por Pinos

No caso de chapas ligadas por pinos, a resistência é determinada pela ruptura da seção líquida efetiva. O assunto será tratado na Seção 9.3.

2.2.3 Limitações de Esbeltez das Peças Tracionadas

Denomina-se índice de esbeltez de uma haste a relação entre seu comprimento l entre pontos de apoio lateral e o raio de giração mínimo r_{min} da seção transversal [ver Eq. (5.2)]. Nas peças tracionadas, o índice de esbeltez não tem importância fundamental, uma vez que o esforço de tração tende a retificar a haste, reduzindo excentricidades construtivas iniciais. Apesar disso, as normas fixam limites superiores do índice de esbeltez de peças tracionadas, com a finalidade de reduzir efeitos vibratórios provocados por impactos, ventos etc.

De acordo com a ABNT NBR 8800:2008, o valor limite de esbeltez em peças tracionadas, exceto tirantes de barras redondas pré-tracionadas, é igual a 300.

Em peças tracionadas compostas por perfis justapostos com afastamento igual à espessura das chapas espaçadoras (Fig. 2.2d), o comprimento l entre pontos de apoio lateral pode ser tomado igual à distância entre duas chapas espaçadoras. Dessa forma, o índice de esbeltez máximo de cada perfil isolado fica limitado a 300.

2.2.4 Diâmetros dos Furos de Conectores

Quando as seções recebem furos para permitir ligações com parafusos, a seção da peça é enfraquecida pelos furos. Os tipos de furos adotados em construções metálicas são realizados por puncionamento ou por broqueamento.

O processo mais econômico e usual consiste em puncionar um furo com diâmetro 1,5 mm superior ao diâmetro do conector. Essa operação danifica o material junto ao furo, o que se compensa, no cálculo, com uma redução de 1 mm ao longo do perímetro do furo.

No caso de furos-padrão (Fig. 3.7a), o diâmetro total a reduzir é igual ao diâmetro nominal do conector (d) acrescido de 3,5 mm, sendo 2 mm correspondentes ao dano por puncionamento e 1,5 mm à folga do furo em relação ao diâmetro do conector. Para mais detalhes, ver Subseção 3.2.1.

2.2.5 Área da Seção Transversal Líquida de Peças Tracionadas com Furos

Em uma barra com furos (Fig. 2.5a), a área líquida (A_n) é obtida subtraindo-se da área bruta (A_g) as áreas dos furos contidos em uma seção reta da peça.

No caso de furação enviesada (Fig. 2.5b), é necessário pesquisar os diversos percursos (1-1-1, 1-2-2-1) em que a ruptura pode ocorrer para encontrar o de menor valor de área líquida. Os segmentos enviesados são calculados com um comprimento reduzido, dado pela expressão empírica

$$g + \frac{s^2}{4g} \tag{2.4}$$

com s e g sendo, respectivamente, os espaçamentos horizontal e vertical entre dois furos.

A *área líquida A_n* de barras de largura b e espessura t com furos pode ser representada pela equação

$$A_n = \left[b - \sum (d + 3,5 \text{ mm}) + \sum \frac{s^2}{4g} \right] t \tag{2.5}$$

adotando-se o menor valor obtido nos diversos percursos pesquisados.

2.2.6 Área da Seção Transversal Líquida Efetiva

Quando a ligação é feita por todos os segmentos de um perfil, a seção participa integralmente da transferência dos esforços. Isto não acontece, por exemplo, nas ligações das cantoneiras com a chapa de nó da Fig. 2.3, nas quais a transferência dos esforços se dá por meio de uma aba de cada cantoneira. Nesses casos as tensões se concentram no segmento ligado e não mais se distribuem em toda a seção. Este efeito é levado em consideração utilizando, no cálculo da resistência à ruptura [Eq. (2.2a)], a área líquida efetiva dada por:

$$A_e = C_t A_n \tag{2.6}$$

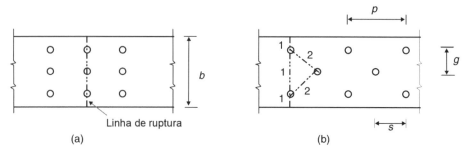

Linha de ruptura
(a)   (b)

p = espaçamento entre furos da mesma fila (*pitch*)
g = espaçamento transversal entre duas filas de furos (*gage*)
s = espaçamento longitudinal entre furos de filas diferentes (também denominado *pitch*)

Fig. 2.5 Linhas de ruptura em peças com furos: (a) furação reta; (b) furação em zigue-zague.

em que C_t é um fator redutor aplicado à área líquida A_n, no caso de ligações parafusadas, e à área bruta A_g, no caso de ligações soldadas (peças sem furação). Quanto maior o comprimento da ligação, menor é a redução aplicada às áreas.

Nos perfis de seção aberta (Fig. 2.6), tem-se para C_t (ABNT NBR 8800:2008):

$$C_t = 1 - \frac{e_c}{l} \geq 0{,}60 \qquad (2.7)$$

em que e_c é a excentricidade do plano da ligação (ou da face do segmento ligado) em relação ao centro geométrico da seção toda ou da parte da seção que resiste ao esforço transferido; l é o comprimento da ligação, igual ao comprimento do cordão de solda em ligações soldadas, e em ligações parafusadas é igual à distância entre o primeiro e o último parafusos na direção da força.

Nas ligações em que só há um plano de ligação (Figs. 2.6a, b), a excentricidade e_c é a distância entre este plano e o centro de gravidade da seção. Em perfis com um eixo de simetria, as ligações devem ser simétricas em relação a esse eixo (Figs. 2.6c, d). Nas ligações por meio das mesas de perfis I ou H (Fig. 2.6c), considera-se a seção dividida em duas seções T, cada

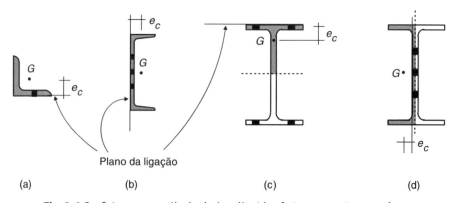

Fig. 2.6 Coeficiente para cálculo da área líquida efetiva em seções com furos.

uma resistindo ao esforço transferido pelo respectivo plano de ligação. Já na ligação por meio da alma, a seção é dividida em duas seções U. Essas considerações se aplicam tanto a ligações parafusadas quanto soldadas. No caso de ligações parafusadas, devem-se prever no mínimo dois parafusos por linha de furação na direção da força.

Para peças tracionadas ligadas apenas por soldas transversais (Fig. 2.7a), tem-se:

$$C_t = \frac{A_c}{A_g} \quad (2.8)$$

com A_c sendo a área do segmento ligado.

No caso de chapas planas ligadas apenas por soldas longitudinais, o coeficiente C_t depende da relação entre o comprimento l_w das soldas e a largura b da chapa (ver Fig. 2.7b):

$$C_t = 1,00 \text{ para } l_w \geq 2b \quad (2.9a)$$

$$C_t = 0,87 \text{ para } 1,5b \leq l_w < 2b \quad (2.9b)$$

$$C_t = 0,75 \text{ para } b \leq l_w < 1,5b \quad (2.9c)$$

2.2.7 Cisalhamento de Bloco

No caso de perfis de chapas finas tracionados e ligados por conectores, além da ruptura da seção líquida, pode ocorrer o mecanismo de colapso, ilustrado na Fig. 2.8. Esse tipo de colapso se caracteriza pela combinação de rupturas por tração (em linha perpendicular à direção da força) e por cisalhamento ao longo das linhas de conectores de tal modo que um bloco se destaca da chapa, daí a denominação *cisalhamento de bloco*. Nos planos paralelos à força, tem-se cisalhamento nas áreas A_v (ver Figs. 2.9a,b) e, no plano normal à força, ocorre tração na área A_t.

A ruptura da área tracionada pode estar acompanhada da ruptura ou do escoamento das áreas cisalhadas; o modo de colapso que fornecer a menor resistência será considerado determinante. Dessa forma, a resistência é calculada com a seguinte expressão (AISC 2005; ABNT NBR 8800):

$$R_{dt} = \frac{1}{\gamma_{a2}} (0,60 f_u A_{nv} + C_{ts} f_u A_{nt}) \leq \frac{1}{\gamma_{a2}} (0,60 f_y A_{gv} + C_{ts} f_u A_{nt}) \quad (2.10)$$

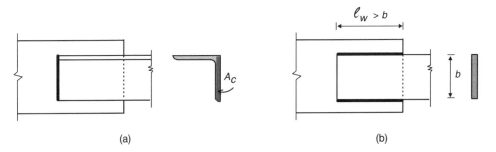

Fig. 2.7 Coeficiente para cálculo da área líquida efetiva em seções com ligação soldada.

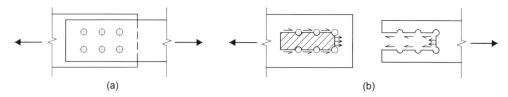

Fig. 2.8 Mecanismo do colapso por cisalhamento de bloco.

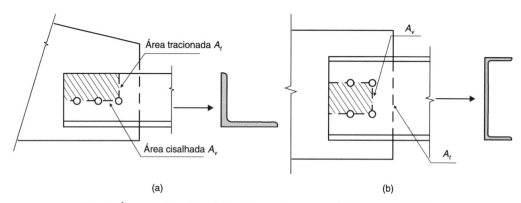

Fig. 2.9 Áreas tracionada e cisalhada no colapso por cisalhamento de bloco.

em que:

$0,60 f_u$ e $0,60 f_y$ = tensões de ruptura e escoamento a cisalhamento do aço, respectivamente;

A_{nv} e A_{gv} = áreas líquida e bruta cisalhadas, respectivamente;
A_{nt} = área líquida tracionada;
C_{ts} = 1,0 quando a tensão de tração na área A_{nt} é uniforme, caso das Figs. 2.8, 3.11 e 9.9;
C_{ts} = 0,5 para tensão não uniforme.

Observa-se na Eq. (2.10) que a resistência R_{dt} é obtida com a soma das resistências à ruptura das áreas cisalhadas A_{nv} e da área tracionada A_{nt}, e a resistência da área cisalhada deve ser limitada pelo escoamento a cisalhamento. Na ABNT NBR 8800:2008, este modo de colapso é denominado rasgamento, assim como também o modo ilustrado na Fig. 3.10c.

2.3 PROBLEMAS RESOLVIDOS

2.3.1 Calcular a espessura necessária de uma chapa de 100 mm de largura, sujeita a um esforço axial de 100 kN. Resolver o problema para o aço MR250 utilizando o método das tensões admissíveis (item 1.10.3) com $\bar{\sigma}_t = 0,6 f_y$.

Fig. Probl. 2.3.1

Solução
Para o aço MR250, temos a tensão admissível (referida à área bruta):

$$\bar{\sigma}_t = 0{,}6 \times 250 = 150 \text{ MPa} = 15 \text{ kN/cm}^2$$

Área bruta necessária:

$$A_g = \frac{N}{\bar{\sigma}_t} = \frac{100}{15} = 6{,}67 \text{ cm}^2$$

Espessura necessária:

$$t = \frac{6{,}67}{10} = 0{,}67 \text{ cm (adotar 7,94 mm = 5/16")}$$

2.3.2 Repetir o Problema 2.3.1, fazendo o dimensionamento com o método dos estados limites, e comparar os dois resultados.

Solução
Admitindo-se que o esforço de tração seja provocado por uma carga variável de utilização, a solicitação de cálculo vale

$$N_{dt} = \gamma_q N = 1{,}5 \times 100 = 150 \text{ kN}$$

A área bruta necessária é obtida com a Eq. (2.2b):

$$A_g = \frac{N_{dt}}{f_y / \gamma_{a1}} = \frac{150}{25/1{,}10} = 6{,}60 \text{ cm}^2$$

Espessura necessária:

$$t = \frac{6{,}60}{10} = 0{,}66 \text{ cm (adotar 7,94 mm = 5/16")}$$

Verifica-se que, no caso de tração centrada resultante de uma carga variável, o Método dos Estados Limites e o de Tensões Admissíveis fornecem o mesmo dimensionamento.

2.3.3 Duas chapas 22 × 300 mm são emendadas por meio de talas com 2 × 8 parafusos ϕ 22 mm (7/8"). Verificar se as dimensões das chapas são satisfatórias em relação aos estados limites de ruptura da seção com furos e escoamento da barra, admitindo-se aço MR250 (ASTM A36).

Solução
Área bruta:

$$A_g = 30 \times 2{,}22 = 66{,}6 \text{ cm}^2$$

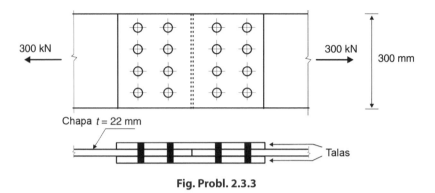

Fig. Probl. 2.3.3

A área líquida na seção furada é obtida deduzindo-se quatro furos com diâmetro 22 + 3,5 = 25,5 mm.

$$A_n = (30 - 4 \times 2{,}55) \times 2{,}22 = 43{,}96 \text{ cm}^2$$

Admitindo-se que a solicitação seja produzida por uma carga variável de utilização, o esforço solicitante de cálculo vale:

$$N_{dt} = \gamma_q N_t = 1{,}5 \times 300 = 450 \text{ kN}$$

Os esforços resistentes são obtidos com as Eqs. (2.2a,b).
Área bruta:

$$R_{dt} = 66{,}6 \times 25/1{,}10 = 1514 \text{ kN}$$

Área líquida:

$$R_{dt} = 44{,}0 \times 40/1{,}35 = 1304 \text{ kN}$$

Os esforços resistentes são superiores aos esforços solicitantes, concluindo-se que as dimensões satisfazem com folga os critérios de segurança em relação aos colapsos por ruptura da seção com furos e escoamento da chapa.

2.3.4 Duas chapas 28 cm × 20 mm são emendadas por traspasse, com parafusos $d = 20$ mm, sendo os furos realizados por punção. Calcular o esforço resistente de projeto das chapas, considerando os estados limites últimos de ruptura e escoamento à tração das chapas. Aço MR250.

Solução

A ligação por traspasse introduz excentricidade no esforço de tração. No exemplo, esse efeito será desprezado, admitindo-se as chapas sujeitas à tração axial.
O diâmetro dos furos, a considerar no cálculo da seção líquida, é

$$20 + 3{,}5 = 23{,}5 \text{ mm}$$

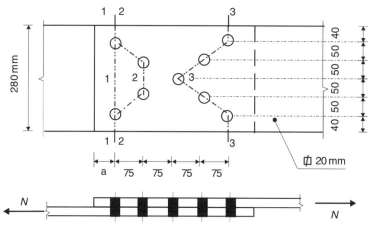

Fig. Probl. 2.3.4

O esforço resistente de projeto poderá ser determinado pela seção bruta ou pela seção líquida da chapa, e a menor seção líquida deverá ser pesquisada nos percursos 1-1-1, 2-2-2 e 3-3-3.

Seção bruta:

$$A_g = 28 \times 2 = 56 \text{ cm}^2$$

Seção líquida:

1-1-1 $A_n = (28 - 2 \times 2{,}35)\, 2 = 46{,}6 \text{ cm}^2$

2-2-2 $A_n = \left(28 - 2 \times \dfrac{7{,}5^2}{4 \times 5} - 4 \times 2{,}35\right) \times 2 = 48{,}45 \text{ cm}^2$

3-3-3 $A_n = \left(28 + 4 \times \dfrac{7{,}5^2}{4 \times 5} - 5 \times 2{,}35\right) \times 2 = 55{,}0 \text{ cm}^2$

Observa-se que a menor seção líquida corresponde à seção reta 1-1-1.
Os esforços resistentes de projeto são obtidos com as Eqs. (2.2a, b).
Área bruta:

$$R_{dt} = 56 \times 25/1{,}10 = 1273 \text{ kN}$$

Área líquida:

$$R_{dt} = 46{,}6 \times 40/1{,}35 = 1381 \text{ kN}$$

O esforço resistente de projeto é determinado pela seção bruta, valendo 1273 kN.

2.3.5 Calcular o diâmetro do tirante capaz de suportar uma carga axial de 150 kN, sabendo-se que a transmissão de carga será feita por um sistema de roscas e porcas. Aço ASTM A36

(MR250). Admite-se que a carga seja do tipo permanente originada de peso próprio de elementos construtivos industrializados com adições *in loco*.

Solução

O dimensionamento de barras rosqueadas é feito com a Eq. (2.3). A área bruta necessária se obtém com a expressão:

$$A_g = \frac{\gamma_g N_t}{0{,}75 f_u / \gamma_{a2}} = \frac{1{,}4 \times 150}{0{,}75 \times 40/1{,}35} = 9{,}45 \text{ cm}^2 > \frac{\gamma_g N_t}{f_y / \gamma_{a1}} = \frac{1{,}4 \times 150}{25/1{,}10} = 9{,}24 \text{ cm}^2$$

O diâmetro de barra pode ser adotado igual a:

$$d = 3{,}49 \text{ cm } (1\ 3/8'') \quad A_g = 9{,}58 \text{ cm}^2$$

2.3.6 Para a cantoneira L 178 × 102 × 12,7 (7" × 4" × 1/2") indicada na Fig. Probl. 2.3.6*a*, *b*, determinar:

a) a área líquida, sendo os conectores de diâmetro igual a 22 mm (7/8");
b) maior comprimento admissível, para esbeltez máxima igual a 300.

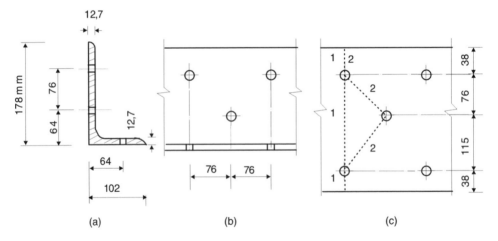

Fig. Probl. 2.3.6

Solução

a) O cálculo da área líquida pode ser feito rebatendo-se a linha média da cantoneira no plano da maior aba, resultando no comprimento total (178 + 102 − 12,7) mm; a distância entre furos igual a 115 mm, mostrada na Fig. Probl. 2.3.6*c*, resulta do cálculo: 2 × 64 − 12,7. Comprimentos líquidos dos percursos, considerando-se furos com diâmetro 22,2 + 3,5 = 25,7 mm (1"):

percurso 1-1-1 $178 + 102 - 12{,}7 - 2 \times 25{,}4 = 216{,}5$ mm

percurso 1-2-2-1 $178 + 102 - 12{,}7 + \dfrac{76^2}{4 \times 76} + \dfrac{76^2}{4 \times 115} - 3 \times 25{,}4 = 222{,}6$ mm

O caminho 1-1-1 é crítico. Seção líquida $A_n = 21,6 \times 1,27 = 27,4$ cm².

(b) O maior comprimento desta cantoneira trabalhando como peça tracionada será

$$l_{máx} = 300 \times r_{mín} = 300 \times 2,21 = 663 \text{ cm}$$

2.3.7 Para o perfil U 152 (6") × 12,2 kg/m, em aço MR250, indicado na Fig. Probl. 2.3.7, calcular o esforço de tração resistente. A área da seção transversal do perfil é igual a 15,5 cm². Supor que o perfil está ligado a uma chapa (não mostrada na figura) por meio de seis parafusos de 12,7 mm de diâmetro.

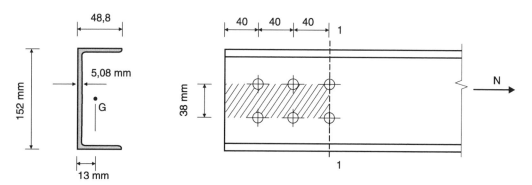

Fig. Probl. 2.3.7

Solução
a) Escoamento da seção bruta

$$R_{dt} = A_g \times f_y / 1,10 = 15,5 \times 25 / 1,10 = 352 \text{ kN}$$

b) Ruptura da seção líquida
   Diâmetro do furo a se considerar no cálculo = 12,7 + 3,5 = 16,2 mm
   Área líquida (seção 1-1) = 15,5 − 2 × 1,62 × 0,51 = 13,84 cm²
   Área líquida efetiva, considerando-se fator de redução C_t [Eq. (2.7)] do item 2.2.6:

$$C_t = 1 - \frac{1,3}{8,0} = 0,83$$

$$A_e = 0,83 \times 13,8 = 11,5 \text{ cm}^2$$

$$R_{dt} = 11,5 \times 40 / 1,35 = 341 \text{ kN}$$

c) Ruptura por cisalhamento de bloco no perímetro da área hachurada na figura (Seção 2.2.7).

Área cisalhada $A_{gv} = 2 \times 0,51 \times 12 = 12,2$ cm²

$A_{nv} = 2 \times 0,51 \times (12 - 2,5 \times 1,62) = 8,11$ cm²

Área tracionada $A_{nt} = 0,51 \times (3,8 - 1 \times 1,62) = 1,11$ cm²

Utiliza-se a Eq. (2.10):

$$R_{dt} = (0,6 \times 40 \times 8,11 + 40 \times 1,11)/1,35 = 177 \text{ kN} >$$
$$(0,6 \times 25 \times 12,2 + 40 \times 1,11)/1,35 = 168 \text{ kN}$$

d) Conclusão

O esforço resistente de tração do perfil é determinado pela ruptura por cisalhamento de bloco da área hachurada da Fig. Probl. 2.3.7.

$$R_{dt} = 168 \text{ kN}$$

(Ver Seção 8.4 do Projeto Integrado – Memorial Descritivo)

2.3.8 Calcular o esforço resistente de tração do perfil U 381 (15") × 50,4 kg/m em aço MR 250 com ligação soldada, conforme ilustra a Fig. Probl. 2.3.8. A área da seção transversal do perfil é igual a 64,2 cm².

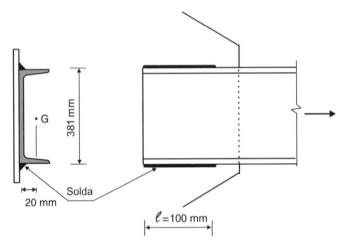

Fig. Probl. 2.3.8

Solução

Esforço resistente ao escoamento da seção bruta $R_{dt} = 64,2 \times 25/1,1 = 1459$ kN.

Com o fator de redução do item 2.2.6, obtém-se o esforço resistente para ruptura da seção efetiva na ligação:

$$C_t = 1 - 20/100 = 0,80$$

$$R_{dt} = 0,80 \times 64,2 \times 40/1,35 = 1522 \text{ kN}$$

2.3.9 Calcular o esforço de tração resistente do perfil U 381 (15") × 50,4 kg/m ilustrado na Fig. Probl. 2.3.9, cuja seção transversal possui área igual a 64,2 cm². O perfil está ligado a uma chapa (não mostrada na figura) por meio de conectores de 22 mm de diâmetro.

Peças Tracionadas 65

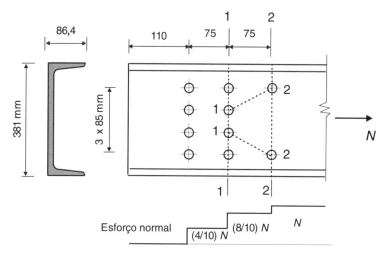

Fig. Probl. 2.3.9

Solução

a) Ruptura de seção líquida

O cálculo para ruptura da seção líquida será feito com as seções 1-1, 2-2 e 2-1-1-2.
Área líquida:

Seção 1-1 $A_n = 64,2 - 4 \times 2,55 \times 1,02 = 53,8$ cm²

Seção 2-2 $A_n = 64,2 - 2 \times 2,55 \times 1,02 = 59,0$ cm²

Seção 2-1-1-2 $A_n = 64,2 - 4 \times 2,55 \times 1,02 + \dfrac{2 \times 7,5^2}{4 \times 8,5}$
$\times 1,02 = 57,2$ cm²

Admitindo solicitações uniformes nos conectores, o esforço normal na seção 1-1 será

$$N - \frac{2}{10}N = \frac{8}{10}N$$

e, por isso, o esforço resistente à ruptura da seção líquida 1-1 será majorado de 10/8 para ser comparado ao esforço solicitante total N.

Ruptura da seção líquida efetiva, com o fator de redução C_t igual a 0,87.

$$C_t = 1 - \frac{2,0}{15} = 0,87$$

Seção 1-1 $R_{dt} = (0,87 \times 53,8) \times 40 \times (10/8)/1,35 = 1733$ kN

Seção 2-1-1-2 $R_{dt} = (0,87 \times 57,2) \times 40/1,35 = 1474$ kN

Comparando os resultados de esforço resistente à ruptura da seção líquida, vê-se que o percurso 1-1, embora com menor área líquida, não é determinante, pois o esforço na seção 1-1 é inferior ao esforço total N.

b) Escoamento da seção bruta

$$R_{dt} = 64{,}2 \times 25/1{,}10 = 1459 \text{ kN}$$

c) Cisalhamento de bloco
O cálculo da resistência à ruptura por cisalhamento de bloco forneceu 1283 kN.

d) Conclusão
O esforço resistente à tração do perfil é igual a 1283 kN.

2.4 PROBLEMAS PROPOSTOS

2.4.1 Que estados limites podem ser atingidos por uma peça tracionada?

2.4.2 Por que o escoamento da seção líquida de uma peça tracionada com furos não é considerado um estado limite?

2.4.3 Por que as normas impõem limites superiores ao índice de esbeltez de peças tracionadas?

2.4.4 Um perfil W 310 × 38,7 submetido à tração axial está emendado por meio de talas nas mesas (a espessura das talas será determinada de modo a fornecer resistência superior à do perfil). Determine o esforço resistente de tração do perfil considerando aço AR350 e ligação com parafusos de 20 mm dispostos conforme mostrado na figura.

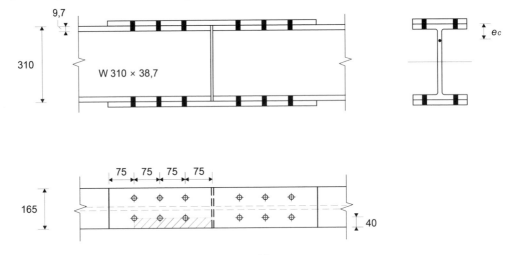

Fig. Probl. 2.4.4

2.4.5 Calcule o esforço resistente da cantoneira tracionada de contraventamento L 64 × 64 × 6,3 ligada à chapa de nó por parafusos ϕ 9,5 mm (3/8″). Aço MR250. Consulte a Seção 8.4d do projeto de um edifício que apresenta o dimensionamento de uma barra de contraventamento sob tração, em perfil cantoneira.

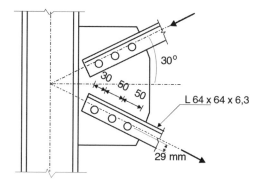

Fig. Probl. 2.4.5

2.4.6 Calcule os comprimentos máximos dos seguintes elementos trabalhando como tirantes:
a) barra chata 19 mm × 75 mm;
b) cantoneira L 64 × 64 × 6,3.

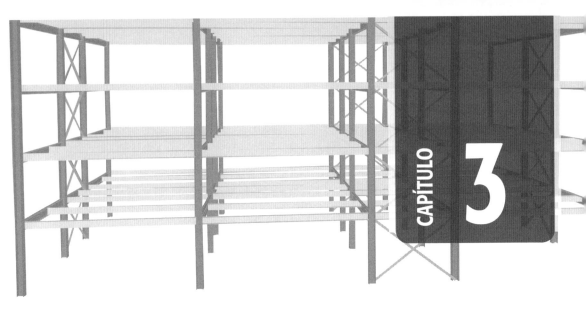

Ligações com Conectores

3.1 TIPOS DE CONECTORES E DE LIGAÇÕES

O conector é um meio de união que trabalha por meio de furos feitos nas chapas. Em estruturas usuais, encontram-se os seguintes tipos de conectores: rebites, parafusos comuns e parafusos de alta resistência. Em estruturas fabricadas a partir de 1950, as ligações rebitadas foram substituídas por ligações parafusadas ou soldadas.

3.1.1 Rebites

Os rebites são conectores instalados a quente, o produto final apresentando duas cabeças. Na Fig. 3.1, vemos esquemas do rebite antes e depois da instalação. Pelo resfriamento, o rebite comprime as chapas entre si; o esforço de aperto é, entretanto, muito variável, não se

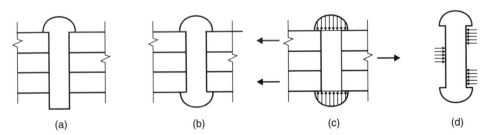

Fig. 3.1 Rebite. (a) Colocação do rebite no furo após seu aquecimento até uma temperatura de cerca de 1000 °C. (b) Formação da cabeça arredondada por martelamento (em geral, com ferramenta pneumática) e com escoramento do lado da cabeça pré-formada. (c) Com o resfriamento, o rebite encolhe apertando as chapas. (d) Rebite trabalhando a corte.

podendo garantir um valor mínimo a considerar nos cálculos. Consequentemente, os rebites eram calculados pelos esforços transmitidos por apoio do fuste nas chapas e por corte na seção transversal do fuste (Fig. 3.1d).

3.1.2 Parafusos Comuns

Os parafusos comuns são, comumente, forjados com aços-carbono de baixo teor de carbono, em geral segundo a especificação ASTM A307. Eles têm, em uma extremidade, uma cabeça quadrada ou sextavada e, na outra, uma rosca com porca, conforme ilustra a Fig. 3.2. No Brasil, utiliza-se com mais frequência a rosca do tipo americano, embora o tipo padronizado seja a rosca métrica.

Os parafusos comuns são instalados com aperto, que mobiliza atrito entre as chapas. Entretanto, o aperto nas chapas é muito variável, não se podendo garantir um valor mínimo a considerar nos cálculos. Por essa razão, os parafusos comuns são calculados de modo análogo ao dos rebites, a partir das tensões de apoio e de corte.

A Fig. 3.3 ilustra o funcionamento da **ligação**, denominada ***tipo apoio*** (ou ***contato***), transferindo esforços de tração entre as chapas. A transmissão se dá por apoio das chapas no fuste do parafuso e por esforço de corte na seção transversal do parafuso. As tensões de apoio entre as chapas e o fuste do conector e as tensões de corte no conector são supostas uniformes para efeito de cálculo.

Considerando-se as notações da Fig. 3.3, podem ser escritas as seguintes expressões de tensões no conector:

Tensão de corte no parafuso: $t = \dfrac{F}{\pi d^2/4}$

Tensão de contato do conector na chapa: $\sigma_a = \dfrac{F}{dt}$

F = esforço transmitido por um conector em um plano de corte;
t = espessura da chapa;
d = diâmetro nominal do conector.

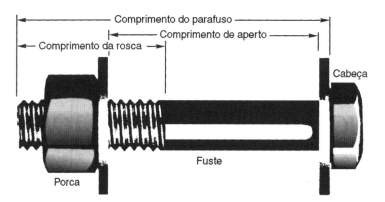

Fig. 3.2 Parafuso com porca sextavada e arruelas.

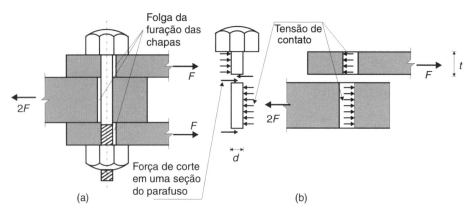

Fig. 3.3 Ligação do tipo apoio: (a) esquema da ligação; (b) diagrama de forças nas chapas e no parafuso.

3.1.3 Parafusos de Alta Resistência

Os parafusos de alta resistência são feitos com aços tratados termicamente. O tipo mais usual é o ASTM A325, de aço-carbono temperado. Eles podem ser instalados com esforços de tração mínimos garantidos (iguais a 70 % da força de tração resistente nominal do parafuso – ver Tabela A3.2), os quais podem ser levados em conta nos cálculos. Nos casos em que se deseja impedir qualquer movimento entre as chapas de conexão, dimensionam-se os parafusos com um coeficiente de segurança contra o deslizamento, obtendo-se uma **ligação do tipo *atrito***. Quando pequenos deslizamentos são tolerados, os parafusos de alta resistência A325 podem ser usados em uma ligação do tipo *contato* (ver Item 6.3.1 da ABNT NBR 8800:2008). Nesse caso, os parafusos são instalados com aperto normal, sem controle da protensão inicial.

O funcionamento da ligação do tipo atrito está ilustrado na Fig. 3.4, onde se observa que a transmissão do esforço F entre as chapas se dá por atrito entre elas, com o parafuso sujeito apenas à tração de instalação P.

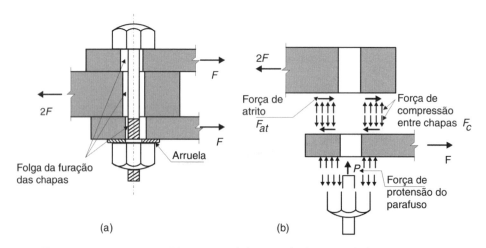

Fig. 3.4 Ligação por atrito: (a) esquema da ligação; (b) diagrama de forças nas peças.

Embora os parafusos de alta resistência em ligação por atrito trabalhem por meio do esforço de protensão que aplicam nas chapas, seu dimensionamento se faz no estado limite último utilizando as tensões nominais de corte ou de contato, tal como nas ligações por contato. Além disso, nas ligações em que um possível deslizamento for prejudicial, por exemplo, nos casos de cargas reversíveis com ou sem fadiga, deve-se verificar a resistência ao deslizamento para cargas em serviço, ou para combinações em estado limite último, dependendo do tipo de furo adotado.

3.1.4 Classificação da Ligação Quanto ao Esforço Solicitante dos Conectores

Além da classificação quanto à sua rigidez à rotação (Fig. 1.22), uma ligação pode também ser identificada pelo tipo de solicitação que impõe aos conectores. Em ligações de peças tracionadas (Fig. 3.5a) que funcionam por apoio das chapas no fuste do conector, este fica sujeito a pressões de contato (Fig. 3.3) que se constituem em um carregamento autoequilibrado, gerando esforços de flexão (esforço cortante e momento fletor) no conector. Como, em geral, os conectores são de pequeno comprimento, o esforço cortante é determinante na resistência, e por isso denomina-se esta ligação por corte.

Na ligação da Fig. 3.5b, os conectores estão sujeitos à tração axial, enquanto nas ligações das Figs. 3.5c,d os conectores sofrem esforços de tração e corte. Os parafusos superiores da ligação da Fig. 3.5c ficam tracionados por ação do momento fletor produzido na ligação pela excentricidade de carga, e na ligação da Fig. 3.5d todos os parafusos ficam igualmente tracionados em razão da componente horizontal da carga.

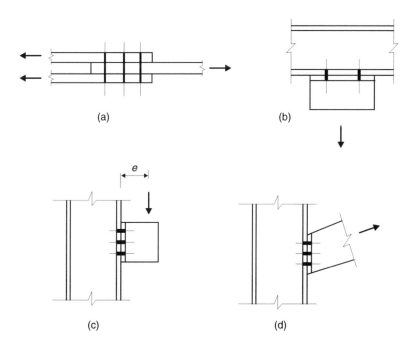

Fig. 3.5 (a) Ligação por corte; (b) ligação por tração; (c) e (d) ligações a corte e tração dos conectores.

Conforme a disposição relativa das chapas a ligar, varia o número de seções do conector que trabalham a corte. Na Fig. 3.6, veem-se esquemas de ligações com conectores trabalhando em corte simples, em corte duplo e em corte múltiplo.

Nas ligações em corte simples (Fig. 3.6a), a transmissão da carga se faz com uma excentricidade que produz tração nos conectores (Fig. 3.6b). As ligações em corte duplo evitam esse inconveniente, produzindo apenas corte e flexão nos conectores.

3.2 DISPOSIÇÕES CONSTRUTIVAS

3.2.1 Furação de Chapas

Os conectores são instalados em furos feitos nas chapas. A execução desses furos é onerosa, tornando-se necessária a padronização de dimensões e espaçamentos, a fim de permitir furações múltiplas nas fábricas.

O furo-padrão para parafusos comuns deverá ter uma folga de 1,5 mm em relação ao diâmetro nominal do parafuso (Fig. 3.7a); essa tolerância é necessária para permitir a montagem das peças.

O processo mais econômico de furar é o puncionamento no diâmetro definitivo, o que pode ser feito para espessura t de chapa até o diâmetro nominal do conector, mais 3 mm.

$$t \leq d + 3 \text{ mm}$$

Para chapas mais grossas, os furos deverão ser abertos com broca ou por punção, inicialmente com diâmetro pelo menos 3 mm inferior ao definitivo e, posteriormente, alargados com broca.

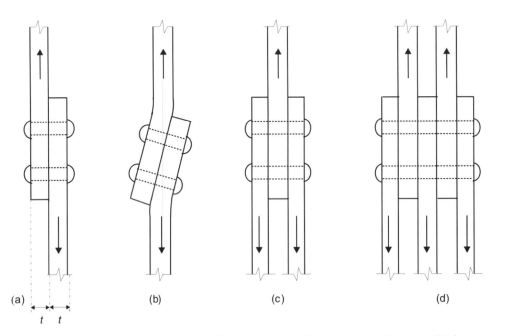

Fig. 3.6 Ligações com conectores: (a) e (b) corte simples; (c) corte duplo; (d) corte múltiplo.

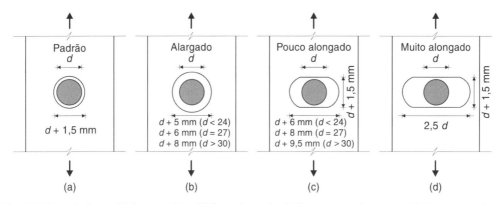

Fig. 3.7 Tipos de furos: (a) furo-padrão; (b) furo alargado; (c) furo pouco alongado; (d) furo muito alongado (d = diâmetro nominal do parafuso).

Como o corte do furo por punção danifica uma parte do material da chapa, considera-se, para efeito de cálculo da seção líquida da chapa furada, um diâmetro fictício igual ao diâmetro do furo (d') acrescido de 2 mm, ou seja,

$$\text{diâmetro fictício} = d' + 2 \text{ mm} = d + 3{,}5 \text{ mm}$$

Além do furo-padrão, as ligações podem ser feitas com furos alargados ou alongados, ilustrados na Fig. 3.7. O emprego dos furos alargados e alongados na direção da força se restringe às ligações do tipo atrito, enquanto os furos alongados com a maior dimensão do furo perpendicular à direção da força podem ser usados em ligações do tipo contato. Os furos alargados e alongados só devem ser usados em situações especiais, para atender a dificuldades de montagem, necessitando de aprovação do responsável pelo projeto (ver Tabela 13 da ABNT NBR 8800:2008 sobre limitações referentes ao emprego de furos alargados e alongados).

3.2.2 Espaçamentos dos Conectores

3.2.2.1 Espaçamentos Mínimos Construtivos para Furos do Tipo Padrão

A Fig. 3.8 resume as indicações da ABNT NBR 8800 para espaçamentos mínimos no caso de furos do tipo padrão.

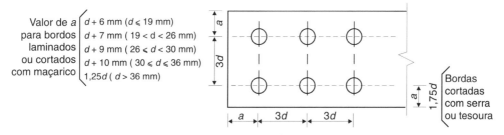

Fig. 3.8 Espaçamentos construtivos mínimos recomendados para conectores, com furação-padrão (ver Subseção 3.2.1).

3.2.2.2 Espaçamentos Máximos

Os espaçamentos máximos entre conectores são utilizados para impedir penetração de água e sujeira nas interfaces. Eles são dados em função da espessura t da chapa mais fina (ABNT NBR 8800:2008):

- 24 t (< 300 mm) para elementos pintados ou não sujeitos à corrosão;
- 14 t (< 180 mm) para elementos sujeitos à corrosão, executados com aços resistentes à corrosão, não pintados.

A distância máxima de um conector à borda da chapa é tomada igual a 12 $t \not> 150$ mm.

3.2.2.3 Padronização de Espaçamentos

Os desenhos de projeto devem ser adequados aos equipamentos de fabricação. Nas linhas de produção, procura-se utilizar conjuntos padronizados de brocas ou punções, que economizam tempo. A padronização de espaçamento é condição essencial para automatização das linhas de produção.

A Fig. 3.9 mostra a padronização americana para os gabaritos de furação em perfis-cantoneira.

3.3 DIMENSIONAMENTO DOS CONECTORES E DOS ELEMENTOS DE LIGAÇÃO

Esta seção trata da resistência de ligações com conectores sujeitos a corte e tração, sem efeito de fadiga.

3.3.1 Resistência dos Aços Utilizados nos Conectores

A resistência dos aços utilizados nos conectores pode ser exemplificada por meio das propriedades mecânicas dos aços para conectores. A Tabela 3.1 apresenta as propriedades mecânicas dos aços de rebites, parafusos e barras rosqueadas.

3.3.2 Tipos de Rupturas em Ligações com Conectores

O dimensionamento dos conectores no estado limite último é feito com base nas modalidades de rupturas da ligação, representadas na Fig. 3.10:

- colapso do conector (Fig. 3.10a);
- colapso por rasgamento da chapa (Fig. 3.10c) ou ovalização do furo por esmagamento da chapa (Fig. 3.10b);
- colapso por tração da chapa (Fig. 3.10d).

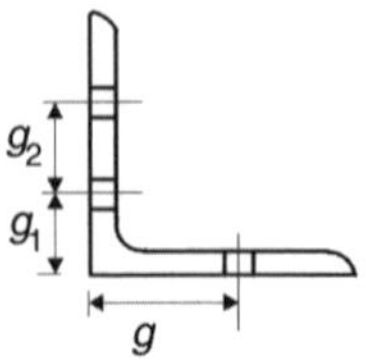

Aba	203	178	152	127	102	89	76	64
g	114	102	90	76	64	50	44	35
g_1	76	64	57	50				
g_2	76	76	64	44				

Nota: Dimensões em mm.

Fig. 3.9 Exemplo de gabaritos de furação (padrão americano).

Ligações com Conectores 75

Tabela 3.1 Propriedades mecânicas dos aços para conectores

Tipo de conector		f_y (MPa)	f_u (MPa)
Rebites ASTM A502	Grau 1		415
ou EB-49	Grau 2		525
Parafusos comuns ASTM A307	$d \leq 102$ mm (4")		415
Parafusos de alta resistência ASTM A325	12,7 mm (1/2") $\leq d \leq$ 25,4 mm (1")	635	825
	25,4 mm (1") $\leq d \leq$ 38,1 mm (1 1/2")	560	725
Parafusos de alta resistência ASTM A490	12,7 mm (1/2") $\leq d \leq$ 38,1 mm (1 1/2")	895	1035
Barras rosqueadas	ASTM A36	250	400
	ASTM A588	345	485

3.3.3 Dimensionamento a Corte dos Conectores

A resistência de projeto de conectores a corte (ver Fig. 3.10a) é dada por

$$\frac{R_{nv}}{\gamma_{a_2}}$$

em que:

γ_{a_2} = 1,35 para solicitações originadas de combinações normais de ações (ver Tabela 1.7)
R_{nv} = resistência nominal para um plano de corte.

A resistência ao corte é calculada com a tensão de ruptura do aço do parafuso sob cisalhamento, aproximadamente igual a $0,6 f_u$, em que f_u é a tensão de ruptura à tração do aço do conector.

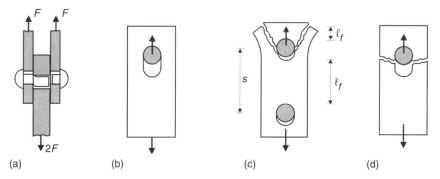

Fig. 3.10 Modalidades de ruptura de uma ligação com conectores: (a) ruptura por corte do fuste do conector; (b) ruptura por ovalização do furo por plastificação local da chapa na superfície de contato do fuste do conector; (c) ruptura por rasgamento da chapa entre o furo e a borda ou entre dois furos consecutivos; (d) ruptura por tração da chapa na seção transversal líquida.

3.3.3.1 Parafusos em Geral e Barras Rosqueadas

Para o cálculo da resistência a corte de parafusos e barras rosqueadas, admite-se a situação mais desfavorável de plano de corte passando pela rosca, considerando a área da seção efetiva da rosca igual a 0,7 da área da seção do fuste A_b:

$$R_{nv} = (0,7\, A_b)(0,6\, f_u) \simeq 0,40 A_b f_u \qquad (3.1a)$$

3.3.3.2 Parafusos de Alta Resistência (A325, A490), com Rosca Fora do Plano de Corte

A resistência nominal é dada por:

$$R_{nv} = 0,5\, A_b f_u \qquad (3.1b)$$

Quando não se tiver certeza do posicionamento da rosca em relação ao plano de corte, deve-se calcular a resistência pelo caso mais desfavorável de plano de corte passando pela rosca.

3.3.3.3 Parafusos de Alta Resistência em Ligações por Atrito

No caso de parafusos de alta resistência, em ligações por atrito, é necessário verificar adicionalmente a resistência ao deslizamento da ligação.

3.3.3.4 Conectores Longos

No caso de conectores longos, há perda de eficiência em face da flexão do conector. Por conveniência, o cálculo é feito com tensões reduzidas empiricamente, sem considerar diretamente a flexão do fuste do conector. Denomina-se *pega* do conector o comprimento de seu fuste, entre as faces internas das cabeças. Para conectores em ligações por contato com pega superior a cinco vezes seu diâmetro, adota-se uma redução, na resistência a corte, de 1 % para cada 1,5 mm de excesso de pega.

3.3.4 Dimensionamento a Rasgamento e Pressão de Contato da Chapa

No caso de *furação-padrão*, a resistência R_d à pressão de contato entre o fuste do conector e a parede do furo (Fig. 3.10b) e ao rasgamento da chapa entre conectores ou entre um conector e uma borda (Fig. 3.10c) é dada por R_n / γ_{a2}, com γ_{a2} dado na Tabela 1.7. R_n é o menor dos valores obtidos com as seguintes expressões:

Pressão de contato (estado limite de ovalização do furo):

$$R_n = 2,4\, d\, t\, f_u \qquad (3.2a)$$

Rasgamento (ruptura por cisalhamento ao longo de dois planos de comprimento l_f):

$$R_n = 2 l_f t \times 0,6\, f_u = 1,2 l_f t f_u \qquad (3.2b)$$

em que:

- l_f = distância entre a borda do furo e a extremidade da chapa medida na direção da força solicitante para a resistência ao rasgamento entre um furo extremo e a borda da chapa;
- l_f = distância entre a borda do furo e a borda do furo consecutivo, medida na direção da força solicitante para a determinação da resistência ao rasgamento da chapa entre furos; igual a $(s - d')$, em que s é o espaçamento entre os centros de furos e d' corresponde ao diâmetro do furo;
- d = diâmetro nominal do conector;
- t = espessura da chapa;
- f_u = resistência à ruptura por tração do aço da chapa.

Observa-se da comparação entre as Eqs. (3.2a,b) que, quando $l_f < 2d$, o rasgamento controla o dimensionamento e, em caso contrário, o estado limite de ovalização do furo (Fig. 3.10b) fornece a menor resistência.

As Eqs. (3.2a,b) podem ser usadas também para ligações com furos alargados e alongados, com exceção de furo muito alongado na direção perpendicular à força.

A resistência da chapa à pressão de contato dada pela Eq. (3.2a) está relacionada com uma restrição da ovalização do furo a 6 mm, valor que pode ser excedido para tensões de contato maiores que $2,4 f_u$ sem, contudo, haver colapso. Nas situações em que a deformação da ligação decorrente de ovalização do furo for aceitável para cargas em serviço (por exemplo, nos casos em que as cargas permanentes sejam predominantes e as contraflechas possam ser executadas), as expressões (3.2) para resistência da chapa podem ser substituídas por:

$$R_n = 3,0 \, d \, t \, f_u \tag{3.3a}$$

$$R_n = 1,5 \, l_f \, t \, f_u \tag{3.3b}$$

3.3.5 Dimensionamento à Tração dos Conectores

A resistência de cálculo de conectores ou barras rosqueadas à tração é dada por

$$\frac{R_{nt}}{\gamma_{a_2}}$$

com:

- γ_{a_2} = 1,35 para solicitações decorrentes de combinações normais de ações (ver Tabela 1.7);
- R_{nt} = resistência nominal à tração.

3.3.5.1 Parafusos e Barras Rosqueadas

Para parafusos e barras rosqueadas, com diâmetro nominal igual ou superior a 12 mm, R_{nt} pode ser expresso em função da área bruta (A_b) do fuste:

$$R_{nt} = 0,75 \, A_b \, f_u \tag{3.4}$$

em que 0,75 representa a relação entre a área efetiva da parte rosqueada e a área bruta do fuste.

78 CAPÍTULO 3

Em barras rosqueadas, a resistência R_{nt} fica limitada ao escoamento da seção bruta da barra [ver Eq. (2.3)].

3.3.6 Dimensionamento à Tração e Corte Simultâneos – Fórmulas de Interação

No caso de incidência simultânea de tração e corte, verifica-se a interação das duas solicitações por meio da seguinte equação elíptica:

$$\left(\frac{V_d}{R_{nv}/\gamma_{a_2}}\right)^2 + \left(\frac{T_d}{R_{nt}/\gamma_{a_2}}\right)^2 \leq 1,0 \tag{3.5}$$

em que V_d e T_d são, respectivamente, os esforços de corte e de tração solicitantes de projeto nos parafusos e R_{nv} e R_{nt}, as resistências nominais a corte e tração dadas nas Eqs. (3.1) e (3.4), respectivamente.

3.3.7 Resistência ao Deslizamento em Ligações por Atrito

No projeto de ligações por atrito, a ocorrência de deslizamento pode ser considerada um estado limite de utilização ou um estado limite último, dependendo do tipo de furo executado. As ligações por atrito em chapas com furos tipo padrão ou furos alongados na direção perpendicular à da força (Fig. 3.7) devem ser dimensionadas para garantir a resistência ao deslizamento para cargas em serviço.

Já para chapas com furos alargados ou furos alongados na direção da força, o deslizamento deve ser tomado como um estado limite último (ABNT NBR 8800:2008). Isto se justifica, em face da hipótese de pequenos deslocamentos usualmente adotada na análise estrutural, a qual poderia não ser atendida para cargas majoradas (em estado limite último), caso a resistência ao deslizamento para esses tipos de furos só estivesse garantida até o nível das cargas de serviço.

Em ligações por atrito, quando se quer evitar deslocamentos relativos entre as chapas conectadas, é necessário garantir que a força transferida por atrito seja menor que a máxima força de atrito disponível entre as chapas.

Com a notação da Fig. 3.4b, pode-se escrever a máxima força de atrito $F_{at,máx}$ disponível entre as chapas sujeitas à tração longitudinal

$$F_{at,máx} = \mu F_c = \mu P$$

com:

$P = $ força de protensão inicial no parafuso;

$\mu = $ coeficiente de atrito entre as superfícies.

De acordo com a **ABNT NBR 8800:2008**, nos casos em que o deslizamento é um estado limite de utilização, a resistência R_v correspondente a um parafuso por plano de deslizamento pode ser calculada com

$$R_v = 0,80\mu PC_h \tag{3.6}$$

em que:

P = força mínima de protensão dada nas Tabelas A3.2, Anexo A;

C_h = fator de redução que depende do tipo de furo, sendo igual a 1, para furos do tipo padrão;

μ = 0,35 para superfícies laminadas, limpas, isentas de óleos ou graxas e sem pintura (Classe A) e para superfícies galvanizadas a quente com rugosidade aumentada manualmente por meio de escova de aço (Classe C); para outras situações, consultar a ABNT NBR 8800:2008.

Em alguns tipos de ligação por atrito, a força de compressão P entre as chapas, imposta quando da instalação dos parafusos, é posteriormente reduzida por ação dos esforços solicitantes que tendem a separar as chapas. Por exemplo, no detalhe de ligação da Fig. 9.10b, a ação do momento fletor negativo reduz a força de pré-compressão das chapas na região dos parafusos superiores, prejudicando, assim, a resistência ao deslizamento da ligação. Nestes casos, a resistência ao deslizamento R_v deve ser calculada com

$$R_v = 0,80\mu P C_h \left[1 - \frac{T}{0,80P} \right] \tag{3.6a}$$

em que T é a força de tração característica que atua no parafuso em decorrência dos esforços solicitantes nominais.

A resistência ao deslizamento calculada por meio da Eq. (3.6a) deve ser maior que a força de corte transmitida na ligação em decorrência da combinação rara mais desfavorável de cargas em estado limite de utilização [Eq. (1.14c)]. Esta força pode ser tomada aproximadamente igual a 70 % da força de corte de projeto (de cálculo).

A expressão da resistência para as situações em que o deslizamento é um estado limite último pode ser encontrada no Item 6.3.4.3 da ABNT NBR 8800:2008.

3.3.8 Resistência das Chapas e Elementos de Ligação

As chapas de ligação (por exemplo, chapas de emendas e chapas *gusset*), sujeitas à tração, são verificadas pelas [Eqs. (2.1a, b)] com áreas efetivas.

Para os elementos de ligação sujeitos à compressão e de pequena esbeltez [$Kl/r < 25$, ver Eq. (5.2)], pode-se determinar a resistência associada ao estado limite de escoamento:

$$R_d = A_g f_y / \gamma_{a_1} \tag{3.7}$$

Em caso contrário ($Kl/r > 25$), o elemento fica sujeito à flambagem e devem ser seguidas as prescrições dadas no Cap. 5.

As chapas de ligação e peças na região de ligação, sujeitas a cisalhamento, são dimensionadas com base nas resistências ao escoamento da seção bruta,

$$R_d = A_g (0,6 f_y)/\gamma_{a_1}, \tag{3.8a}$$

e ruptura da seção líquida,

$$R_d = A_{nv}(0,6 f_u)/\gamma_{a_2}, \tag{3.8b}$$

em que A_{nv} é a área líquida obtida deduzindo-se a área correspondente ao diâmetro nominal do conector.

Os elementos de ligação também devem ser dimensionados de forma a impedir a ruptura por cisalhamento de bloco em um perímetro definido pelos furos ou por trechos de solda, envolvendo cisalhamento nos planos paralelos à força e tração em um plano normal à força, conforme ilustrado na Fig. 3.11. O cálculo da resistência é feito com a Eq. (2.9).

O Capítulo 9 apresenta exemplos de diversos tipos mais usuais de ligações e as necessárias verificações de segurança dos elementos de ligação.

3.4 DISTRIBUIÇÃO DE ESFORÇOS ENTRE CONECTORES EM ALGUNS TIPOS DE LIGAÇÃO

A distribuição de esforços entre conectores de uma ligação é bastante variável em razão de sua sensibilidade a fatores como:

- imperfeições geométricas oriundas da fabricação por corte, furação e solda;
- existência de tensões residuais;
- rigidez dos elementos da ligação.

Na prática, o cálculo dos esforços solicitantes nos conectores de uma ligação é geralmente feito com um modelo simples e racional no qual adota-se um esquema de equilíbrio de forças e verifica-se a resistência dos elementos envolvidos. Para os exemplos apresentados neste capítulo e para as geometrias e dimensões usuais, considera-se que os elementos da ligação são rígidos e que os conectores se deslocam em função do movimento relativo entre os elementos ligados. No Capítulo 9, outros tipos de ligações são abordados.

3.4.1 Ligação Axial por Corte

Em uma ligação axial por corte com diversos conectores (rebites ou parafusos), em geral, se admite que o esforço transmitido se distribua igualmente entre os conectores. Essa distribuição de esforços é, entretanto, estaticamente indeterminada. Para deformações em regime elástico, os conectores nas extremidades da ligação absorvem as maiores parcelas de esforços (Fig. 3.12a). Com o aumento dos esforços, os conectores mais solicitados sofrem deformações

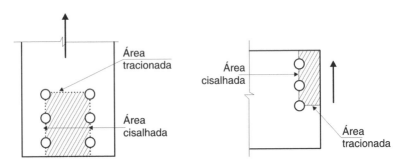

Fig. 3.11 Ruptura por cisalhamento de bloco de uma chapa de ligação. O esforço é transferido à chapa pelos conectores, ligados à outra chapa ou perfil.

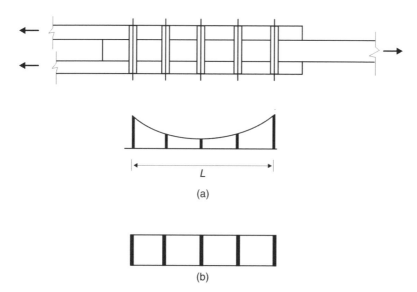

Fig. 3.12 Distribuição de esforços entre conectores: (a) em regime elástico; (b) com deformações plásticas

plásticas, transferindo-se os esforços adicionais para os conectores intermediários, do que resulta uma distribuição aproximadamente uniforme de esforços entre os conectores (Fig. 3.12b). Entretanto, se a ligação for longa, poderá ocorrer ruptura dos conectores de extremidade antes que se atinja a uniformidade dos esforços nos conectores, reduzindo, assim, a resistência da ligação por conector.

De acordo com a ABNT NBR 8800:2008, se o comprimento L for maior que 1270 mm, a força F solicitante deve ser multiplicada por 1,25 para levar em conta a distribuição não uniforme de esforços entre os parafusos.

A distribuição uniforme de esforços cisalhantes entre conectores permite que o cálculo da resistência à corte de um grupo de n conectores seja obtida multiplicando-se por n a resistência de um conector, dada pelas Eqs. (3.1). Por outro lado, quando ocorre o estado limite de ovalização do furo (seguido ou não de rasgamento), altera-se a distribuição elástica de esforços (Fig. 3.12a), solicitando-se mais os conectores nas posições de maior rigidez à ovalização do furo. Por isso, a resistência do grupo de conectores à pressão de contato e rasgamento pode ser tomada como a soma das resistências individuais dos conectores dadas pelas Eqs. (3.2).

3.4.2 Ligação Excêntrica por Corte

Na ligação excêntrica por corte, ilustrada na Fig. 3.13, os parafusos ficam submetidos apenas ao corte, mas a linha de ação da força não passa pelo centro de gravidade dos parafusos.

Para efeito de cálculo, podemos decompor a carga excêntrica em uma carga centrada e um momento.

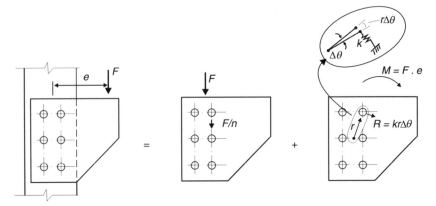

Fig. 3.13 Ligação excêntrica por corte.

A carga centrada F se admite igualmente distribuída entre os conectores (comportamento plástico). Sendo n o número de conectores, cada um recebe a carga

$$F / n \tag{3.9}$$

Para o momento $M = F \cdot e$ admite-se que a placa constitua um disco rígido e que os conectores sejam seus apoios elásticos com coeficientes de rigidez k. Para uma rotação $\Delta\theta$ da placa, um conector situado a uma distância r do centro de rotação da placa (que coincide com o centro de gravidade dos conectores) terá uma solicitação $kr\Delta\theta$, contribuindo com uma parcela de momentos $kr^2\Delta\theta$. A equação de equilíbrio $\sum M = 0$ nos dá:

$$\sum kr^2 = k\sum r^2 = M/\Delta\theta$$

O esforço no conector vale então:

$$R = kr\Delta\theta = \frac{M}{\sum r^2} r \tag{3.10}$$

A Eq. (3.10) é análoga à flexão simples, o que não constitui coincidência, pois as hipóteses de cálculo descritas são equivalentes às adotadas na flexão simples.

O esforço R é perpendicular à distância r. Há vantagem em calcular diretamente as componentes R_x e R_y do esforço R, com as equações:

$$R_x = \frac{M}{\sum r^2} y \tag{3.11}$$

$$R_y = \frac{M}{\sum r^2} x \tag{3.12}$$

O esforço total de corte no conector resulta da soma vetorial dos efeitos da força centrada e dos momentos. Convém reiterar que os esforços assim calculados são nominais, uma vez que o comportamento da ligação para cargas de serviço não coincide com as hipóteses de cálculo.

3.4.3 Ligação com Tração nos Parafusos

A Fig. 3.14a ilustra uma ligação em que os conectores estão sujeitos à tração. Nas ligações solicitadas a tração simples com rebites, parafusos comuns, ou ainda parafusos de alta resistência instalados sem protensão, o alongamento do conector pode provocar a separação entre as partes ligadas. Por outro lado, nas ligações a tração simples com parafusos de alta resistências protendidos, as chapas estão pré-comprimidas de modo que a tração, dependendo de sua magnitude, apenas reduz esta pré-compressão, não provocando a separação entre as peças ligadas. Neste caso, o acréscimo de esforço no parafuso em relação à protensão inicial é pequeno, desde que não haja efeito de alavanca.

A distribuição de forças entre os parafusos da ligação depende da rigidez à flexão das placas ligadas. Em uma junta em T, do tipo mostrada na Fig. 3.14b, a placa é suficientemente rígida e a força P se distribui igualmente entre os parafusos, enquanto a placa (ou mesa do perfil T) fica sujeita ao momento fletor, cujo diagrama está ilustrado na Fig.3.14c, distribuído em uma largura p adjacente ao parafuso. Entretanto, se a deformação da placa não puder ser desprezada, a força de tração nos parafusos fica acrescida da força de alavanca Q (Fig. 3.14e) e a placa fica submetida ao diagrama de momento fletor da Fig. 3.14f. O tratamento detalhado para este problema pode ser encontrado em Queiroz (1993).

A ABNT NBR 8800:2008 apresenta os seguintes critérios para a dispensa de consideração do efeito de alavanca. As chapas das partes ligadas devem atender à condição seguinte de resistência à flexão em adição à redução na resistência à tração dos parafusos:

$$M_d = F_{1d} b \leq M_{Rd} = M_n / \gamma_{a1}$$

$$F_{1d} \leq \varphi R_{dt}$$

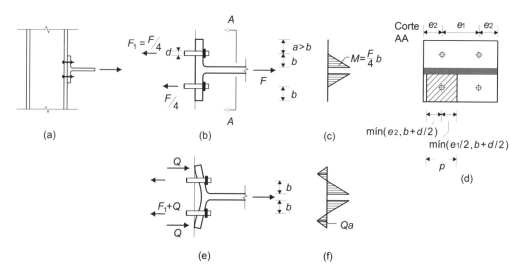

Fig. 3.14 Ligação com parafusos a tração, sem e com deformação dos elementos da ligação (efeito de alavanca). (a) Esquema da ligação; (b) ligação entre placas rígidas à flexão; (c) diagrama de momento fletor da placa da figura a; (d) corte AA; (e) ligação entre placas flexíveis; (f) diagrama de momento fletor da placa da figura d.

em que M_d é o momento fletor solicitante de projeto atuando na chapa em uma largura p em função da força solicitante F_{1d} de um parafuso, R_{dt} é a força resistente de tração de um parafuso e φ é o fator redutor dessa resistência. São admitidas duas situações para estas verificações:

$$M_n = M_{pl} = \frac{pt^2}{4} f_y \text{ e } \varphi = 0{,}67$$

$$M_n = M_y = \frac{pt^2}{6} f_y \text{ e } \varphi = 0{,}75$$

Além disso, a dimensão a deve ser superior à b (ver Fig. 3.14b).

3.4.4 Ligação com Corte e Tração nos Conectores

As Figs. 3.5c,d ilustram tipos de ligação em que os conectores ficam sujeitos a corte e tração. Na Fig. 3.5c alguns parafusos ficam tracionados em razão da ação de um momento na ligação, enquanto na ligação da Fig. 3.5d tem-se um esforço axial de tração.

A força que produz corte nos parafusos pode ser distribuída igualmente entre eles. Já a distribuição de esforços decorrentes do momento depende do tipo de ligação.

Em uma ligação com conectores instalados sem controle de protensão inicial (Fig. 3.15a), a ação do momento na ligação produzirá tração nos parafusos superiores (com separação entre as chapas) e compressão entre as chapas na parte inferior. Supõe-se que o diagrama de tensões seja linear, e transforma-se a soma das áreas dos parafusos tracionados espaçados de a em um retângulo de altura $(h - y_c)$ e largura

$$t = \frac{2A_i}{a}$$

formando a seção em T invertido da Fig. 3.15c. A determinação da posição da linha neutra y_c (Fig. 3.15b) é feita com o equilíbrio de esforços normais

$$f_c \frac{b}{2} y_c = f_t \frac{t}{2}(h - y_c), \text{ com } f_t = \frac{f_c}{y_c}(h - y_c) \tag{3.13}$$

O momento de inércia da seção composta em torno da linha neutra é

$$I = \frac{b y_c^3}{3} + \frac{t}{3}(h - y_c)^3 \tag{3.14}$$

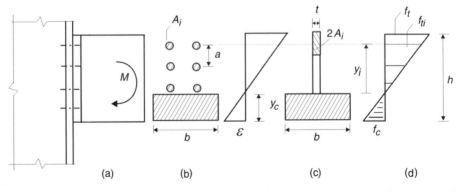

Fig. 3.15 Ligação com conectores instalados sem controle de protensão, sujeitos à corte e tração.

E a força de tração no parafuso mais solicitado é obtida com

$$F_h A_i = \frac{M}{I} y_i \times A_i \qquad (3.15)$$

No caso da ligação viga-pilar com o detalhe da Fig. 3.16a, o centro de rotação da ligação pode ser admitido no nível da mesa inferior do perfil da viga (ponto A da Fig. 3.15c), onde se concentra a força de compressão C. Admitindo que a rigidez à flexão da chapa de extremidade é a mesma em todas as N fileiras de parafusos, tem-se a mesma distribuição linear de forças nos parafusos do caso da Fig. 3.15c. A força T_1 no parafuso mais solicitado pode então ser calculada com:

$$T_1 = \frac{My_1}{2\sum_{i=1}^{N} y_i^2} \qquad (3.16)$$

em que y_i é a distância da fileira i ao centro de rotação.

Em relação à hipótese de uniformidade da rigidez à flexão da chapa de extremidade, observa-se, entretanto, que não se aplica ao caso mostrado já que a parte da chapa que se estende acima da mesa superior do perfil da viga tem rigidez bem menor do que a parte entre as mesas superior e inferior, que está soldada à alma do perfil. Assim, a distribuição de forças de tração nos parafusos é alterada conforme ilustrado na Fig. 3.16d. Para espessuras correntes de chapa, é usual se admitir que a força resultante de tração T (atuando na mesa superior do perfil da viga – ver a Fig. 3.15a) se distribui igualmente entre as fileiras 1 e 2.

Em uma ligação com parafusos protendidos de alta resistência, as chapas estão pré-comprimidas, de modo que a tração oriunda do momento na ligação apenas reduz esta pré-compressão. Neste caso, as chapas estão em contato em toda a altura da ligação, e a linha neutra está a meia altura (Fig. 3.17). A tensão de tração no topo da chapa decorrente do momento

$$f_t = \frac{6M}{bh^2} \qquad (3.17)$$

não deve ultrapassar a tensão de pré-compressão f_{co}.

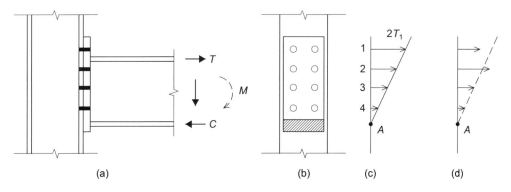

Fig. 3.16 Ligação viga-pilar com chapa de extremidade estendida. (a) Detalhe da ligação em elevação; (b) vista da chapa de extremidade e parafusos; (c) distribuição linear da força de tração entre os parafusos; (d) distribuição alterada em função da variação de rigidez à flexão da chapa de extremidade.

86 Capítulo 3

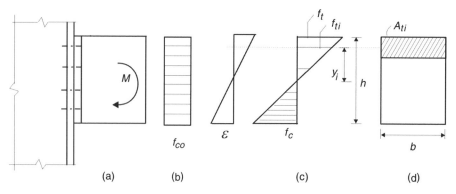

Fig. 3.17 Ligação com parafusos de alta resistência instalados com protensão controlada e sujeitos à corte e tração.

Não havendo separação entre as peças ($f_t < f_{co}$), o acréscimo de força de tração no parafuso em relação à protensão inicial P é pequeno (ver Subseção 3.4.3).

Por outro lado, a resistência ao deslizamento é reduzida pelo fator $(1 - T/0{,}80\,P)$, em que T é a resultante de tração na região do parafuso superior (ver Subseção 3.3.7).

3.5 PROBLEMAS RESOLVIDOS

3.5.1 Duas chapas de 204 mm × 12,7 mm (1/2") em aço ASTM A36 são emendadas com chapas laterais de 9,5 mm (3/8") e parafusos comuns (A307)ϕ22 mm.

As chapas estão sujeitas às forças N_g = 200 kN, oriunda de carga permanente, e N_q = 100 kN, oriunda de carga variável decorrente do uso da estrutura. Verificar a segurança da emenda no estado limite último em combinação normal de ações.

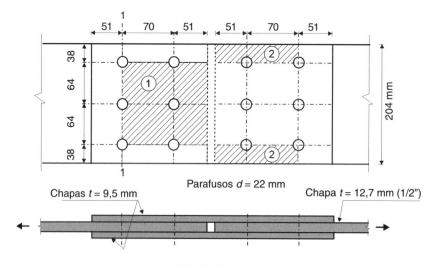

Fig. Probl. 3.5.1

Solução

Esforço solicitante de projeto

$$N_d = 1,4 \times 200 + 1,5 \times 100 = 430 \text{ kN}$$

O esforço resistente de cálculo a tração (R_{dt}) será o menor entre os encontrados nos seguintes casos:

a) Corte (corte duplo dos parafusos)

$$R_{dt} = 0,40 \times 3,88 \times 41,5 \times 2 \times 6/1,35 = 572 \text{ kN}$$

b) Pressão de contato e rasgamento da chapa

Furos externos: $a = 51 - 11,7 = 39,3 \text{ mm} < 2d = 44 \text{ mm}$
$$R_{dt} = 1,2 \times 40 \times 3,93 \times 1,27/1,35 = 177,5 \text{ kN}$$

Furos internos: $a = 70 - 23,5 = 46,5 \text{ mm} > 2d$
$$R_{dt} = 2,4 \times 2,2 \times 1,27 \times 40/1,35 = 198,7 \text{ kN}$$

Resistência da ligação

$$R_{dt} = 3 \times 177,5 + 3 \times 198,7 = 1128,4 \text{ kN}$$

c) Tração na chapa 12,7 mm ($\frac{1}{2}''$)

Ruptura da seção líquida [Eq. (2.1)]

$$A_n = [20,4 - 3(2,22 + 0,35)]\, 1,27 = 16,12 \text{ cm}^2$$

$$R_{dt} = 16,12 \times 40/1,35 = 477,6 \text{ kN}$$

Escoamento da seção bruta

$$R_{dt} = 20,4 \times 1,27 \times 25/1,10 = 588,8 \text{ kN}$$

d) Ruptura por cisalhamento de bloco da chapa de 12,7 mm ($\frac{1}{2}''$) como ilustrado na Fig. Probl. 3.5.1. O modo de ruptura 2 fornece a menor resistência. Utiliza-se a Eq. (2.9):

$$A_{gv} = 12,1 \times 1,27 \times 2 = 30,7 \text{ cm}^2$$

$$A_{nv} = (12,1 - 1,5 \times 2,57) \times 1,27 \times 2 = 20,9 \text{ cm}^2$$

$$A_{nt} = (7,6 - 1,0 \times 2,57) \times 1,27 = 6,4 \text{ cm}^2$$

$$R_{dt} = (0,6 \times 40 \times 20,9 + 40 \times 6,4)\,/1,35 = 560 \text{ kN} >$$

$$(0,6 \times 25 \times 30,7 + 40 \times 6,4)\,/1,35 = 530 \text{ kN}$$

$$R_{dt} = 530 \text{ kN}$$

Comparando os resultados, verifica-se que o esforço resistente de cálculo da tração da emenda é determinado pela ruptura da seção líquida da chapa ($R_{dt} = 478 \text{ kN}$), e que o projeto da emenda é satisfatório para os esforços solicitantes.

3.5.2 O tirante de uma treliça de telhado é constituído por duas cantoneiras de 63 × 6,3 mm (2 1/2" × 1/4") com ligação a uma chapa de nó da treliça com espessura de 9,5 mm, utilizando parafusos de aço A325 ϕ12,7 mm (½"), em ligação do tipo contato. Determinar o esforço normal resistente do tirante, desprezando o pequeno efeito da excentricidade introduzida pela ligação.

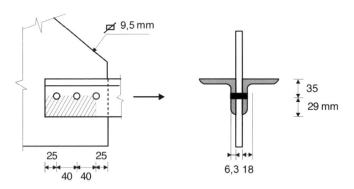

Fig. Probl. 3.5.2

Solução

O esforço resistente de projeto (R_{dt}) é o menor entre os valores encontrados nos casos seguintes:

a) Corte duplo nos parafusos [Eq. (3.1)]

$$R_{dt} = 0,4 \times 1,27 \times 82,5 \times 2 \times 3/1,35 = 186 \text{ kN}$$

b) Pressão de contato e rasgamento da chapa de nó

Furos externos: $a = 25 - 7,1 = 17,9$ mm $< 2d = 25,4$ mm
$$R_{dt} = 1,2 \times 1,8 \times 0,95 \times 40/1,35 = 60,8 \text{ kN}$$

Furos internos: $a = 40 - 14,2 = 25,8$ mm $> 2d$
$$R_{dt} = 2,4 \times 1,27 \times 0,95 \times 40/1,35 = 85,8 \text{ kN}$$

Resistência de ligação

$$R_{dt} = 60,8 + 2 \times 85,8 = 232 \text{ kN}$$

c) Tração nos perfis

Como o esforço de tração é transmitido apenas por uma aba do perfil, calcula-se a seção líquida efetiva de acordo com a Subseção 2.2.6. A área da seção transversal do perfil é igual a 7,68 cm².

Diâmetro dos furos a deduzir = 12,7 + 3,5 = 16,2 mm

$$A_e = 2(7,68 - 0,63 \times 1,62) \times \left(1 - \frac{18}{80}\right) = 10,3 \text{ cm}^3$$

Ruptura da seção líquida

$$R_{dt} = 10,3 \times 40/1,35 = 306 \text{ kN}$$

Escoamento da seção bruta

$$R_{dt} = 15,3 \times 25/1,10 = 349 \text{ kN}$$

d) Colapso por cisalhamento de bloco (Subseção 2.2.7)

Os perfis ($t_0 = 6,3$ mm) podem ainda sofrer colapso por cisalhamento de bloco, conforme ilustrado na Fig. 2.8.

Utiliza-se a Eq. (2.9):

$A_{gv} = (2 \times 4 + 2,5) \times 0,63 \times 2 = 13,2$ cm²

$A_{nv} = (2 \times 4 + 2,5 - 2,5 \times 1,6) \, 0,63 \times 2 = 8,19$ cm²

$A_{nt} = (2,9 - 0,8) \, 0,63 \times 2 = 2,65$ cm²

$R_{dt} = (8,19 \times 0,6 \times 40 + 2,65 \times 40)/1,35 = 224$ kN $< (0,60 \times 25 \times 13,2 +$

$2,65 \times 40)/1,35 = 225$ kN

$R_{dt} = 224$ kN

Comparando-se os resultados, verifica-se que o esforço resistente de projeto é determinado pelo corte dos parafusos ($R_{dt} = 186$ kN).

3.5.3 Dimensionar uma ligação parafusada entre um perfil U e uma chapa, para suportar uma solicitação de tração de projeto igual a 640 kN. Verificar a dimensão do perfil que satisfaz o problema. Aço ASTM A36, parafusos de alta resistência ASTM A325 em ligação do tipo contato.

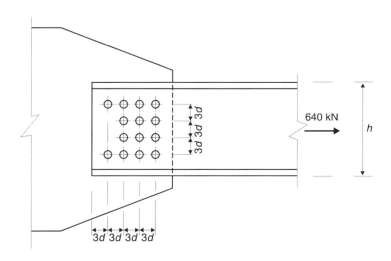

Fig. Probl. 3.5.3

90 Capítulo 3

Solução

Inicialmente, determina-se o número de parafusos necessários. Supondo parafusos $d = 16$ mm (5/8″), a resistência ao corte de um parafuso vale:

$$R_{nv}/\gamma_{a_2} = 0,4 \times 1,98 \times 82,5/1,35 = 48,4 \text{ kN}$$

Número de parafusos necessários

$$n = \frac{640}{48,4} = 13,2$$

Podem-se utilizar 14 parafusos, com a posição indicada na figura.

No caso de perfis laminados, a distância do centro do furo à borda obedece a gabaritos padronizados. Para perfis U 250 (10″) e U 306 (12″), essa distância vale 6,4 cm. A altura necessária do perfil U pode ser estimada em

$$2 \times 6,4 + 3 \times 4,8 = 27,2 \text{ cm (usar } h = 306 \text{ mm} = 12″)$$

Admitindo-se, inicialmente, o perfil U306 (12″) $\times$ 30,7 kg/m, verifica-se se ele satisfaz. A área da seção transversal do perfil é igual a 39,1 cm². Ruptura da seção líquida efetiva do perfil (A_e)

$$A_n = 39,1 - 4(1,6 + 0,35) \times 0,71 = 33,56 \text{ cm}^2$$

$$R_d = A_e f_u/1,35 = (1 - 1,77/14,4) \times 33,56 \times 40/1,35 = 872 \text{ kN} > 640 \text{ kN}$$

Escoamento da seção bruta

$$R_d = A_g f_y/1,10 = 39,1 \times 25/1,10 = 889 \text{ kN} > 640 \text{ kN}$$

É ainda necessário verificar a resistência da chapa da alma à pressão de contato e ao rasgamento, com as Eqs. (3.2a, b). Como no caso em estudo foi tomado $s = 3\,d$, ou seja, $lf \simeq 2,0\,d$, as duas equações fornecem o mesmo resultado:

$$R_d = 2,4 \times 1,6 \times 0,71 \times 40 \times 14/1,35 = 1131 \text{ kN} > 640 \text{ kN}$$

O perfil está sujeito a cisalhamento de bloco na ligação. Com os espaçamentos entre parafusos da Fig. Probl. 3.5.3, tem-se Eq. (2.9)

$$A_{nt} = (3 \times 3 \times 1,6 - 3 \times 1,95) \times 0,71 = 6,1 \text{ cm}^2$$

$$A_{gv} = 12 \times 1,6 \times 0,71 \times 2 = 27,3 \text{ cm}^2$$

$$A_{nv} = 27,3 - 2 \times 3,5 \times 1,95 \times 0,71 = 17,6 \text{ cm}^2$$

$$R_{dt} = (0,6 \times 40 \times 17,6 + 40 \times 6,1)/1,35 = 494 \text{ kN} < (0,60 \times 25 \times 27,3 + 40 \times$$

$$6,1)/1,35 = 484 \text{ kN}$$

A resistência ao cisalhamento de bloco (484 kN) é menor que a solicitação de projeto. Aumentando-se o espaçamento entre os parafusos na direção da força para 4 d, o problema fica resolvido.

O perfil U 306 (12″) × 30,7 kg/m satisfaz.

Espessura mínima necessária da chapa *gusset* para atender a resistência à pressão de contato e ao rasgamento entre furos.

$$t > \frac{640}{2,4 \times 1,6 \times 40 \times 14/1,35} = 0,40 \text{ cm}$$

Por motivos construtivos, a chapa *gusset* é tomada com espessura de 6 a 10 mm. Para garantir a segurança contra a ruptura por cisalhamento de bloco, sua espessura deve ser maior que a da alma do perfil ($t > 7$ mm).

3.5.4 Dimensionar a ligação parafusada do Probl. 3.5.3, agora para uma ligação do tipo atrito.

Solução

A ligação denominada tipo atrito é aquela em que não se permite deslizamento entre as peças para cargas em serviço (caso de furos-padrão). O dimensionamento no estado limite último está feito no Probl. 3.5.3. É necessário, adicionalmente, verificar a resistência ao deslizamento para tração igual a 640 kN/1,4, 457 kN (estado limite de utilização).

Força de protensão mínima no parafuso (Tabela A3.2a, Anexo A).

$$P = 85 \text{ kN}$$

Coeficiente de atrito para superfície laminada, limpa, sem pintura

$$\mu = 0,35$$

Resistência ao deslizamento Eq. (3.6)

$$R_v = 14 \times 0,80 \times 0,35 \times 1 \times 85 = 333 \text{ kN} < 457 \text{ kN}$$

Verifica-se que a resistência ao deslizamento para cargas de serviço é determinante no dimensionamento; seriam necessários

$$n = \frac{457}{0,8 \times 0,35 \times 85} = 20 \text{ parafusos}$$

3.5.5 Em uma ligação do tipo do detalhe da Fig. Probl. 9.10.2, os dois grupos de três parafusos estão sujeitos à carga aplicada com excentricidade. Calcular a carga de projeto Q_d na ligação da figura, com parafusos ASTM A325, de diâmetro igual a 16 mm, e considerando apenas o estado limite de ruptura dos parafusos.

Solução

Os parafusos 1 e 3 serão os mais solicitados, pois, além do esforço vertical, deverão absorver um esforço horizontal que resistirá ao momento produzido pela carga excêntrica Q.

92 CAPÍTULO 3

Fig. Probl. 3.5.5

a) Cálculo do esforço resultante nos parafusos, em serviço

Tomando o parafuso mais desfavorável, número 1, temos:

Componente vertical F_v

$$F_v = \frac{Q}{3}$$

Componente horizontal F_h

$$F_h \times 120 = Q \times 60 \quad F_h = \frac{1}{2}Q$$

Esforço resultante F vale

$$F = \sqrt{F_v^2 + F_h^2} = \sqrt{\left(\frac{Q}{3}\right)^2 + \left(\frac{1}{2}Q\right)^2} = 0,60Q$$

b) Carga de projeto

A carga de projeto da ligação é obtida igualando-se a solicitação de projeto do parafuso mais solicitado, com a resistência de projeto a corte do mesmo.

$$\gamma Q \times 0,60 = 2,01 \times 0,4 \times 82,5/1,35 = 49,1 \text{ kN}$$

$$\gamma Q = 81,9 \text{ kN}$$

3.5.6 Deseja-se projetar a ligação de um consolo metálico com uma coluna, utilizando parafusos de alta resistência ASTM A325. Determinar o diâmetro necessário dos parafusos para absorverem uma carga de 30 kN em serviço (oriunda de carregamento permanente), com uma excentricidade de 200 mm, relativa ao eixo da coluna.

Ligações com Conectores 93

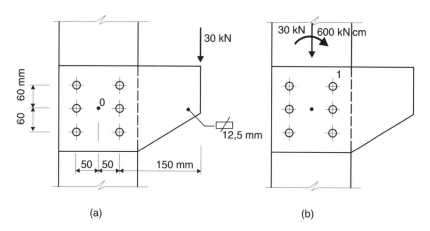

Fig. Probl. 3.5.6

Solução

Este problema pode ser resolvido por superposição de efeitos. Transferindo a linha de ação da força aplicada para o centro de gravidade dos parafusos (ponto 0), aparece um momento decorrente da excentricidade da carga em relação a esse ponto.

Analisaremos separadamente o efeito da força vertical e do momento, admitindo que todos os conectores têm a mesma área.

a) Força vertical

A força vertical se transmite igualmente para os conectores. Cada conector recebe uma carga igual a:

$$\frac{Q}{n} = \frac{30}{6} = 5,0 \text{ kN}$$

b) Momento fletor

Para o cálculo da força de corte atuante nos conectores devida ao momento, considera-se a placa como um disco rígido ligado a conectores elásticos, conforme indicado na Subseção 3.4.2.

Para dimensionamento, basta calcular o esforço no conector 1 que é o mais solicitado.

$$\sum r^2 = 6 \times 5,0^2 + 4 \times 6,0^2 = 294 \text{ cm}^2$$

$$M = 30 \times 20 = 600 \text{ kNcm}$$

$$F_x = \frac{6,0}{294} \times 600 = 12,2 \text{ kN}$$

$$F_y = \frac{5,0}{294} \times 600 = 10,2 \text{ kN}$$

c) Dimensionamento dos parafusos

O esforço total de corte no parafuso mais solicitado será:

$$1,3\sqrt{(5,0+10,2)^2 + 12,2^2} = 25,3 \text{ kN}$$

Determinação da área necessária do parafuso

$$0,4A_g \, 82,5/1,35 = 25,3 \text{ kN}$$

$$A_g = 1,04 \text{ cm}^2$$

Podem-se usar parafusos $d = 12,7$ mm ($\frac{1}{2}''$), ASTM A325.

Como o afastamento entre os parafusos é superior a 3 d, basta verificar a pressão de contato na chapa de 12 mm de espessura.

$$R_d = 2,4 dt f_u / 1,35 = 2,4 \times 1,27 \times 1,25 \times 40/1,35 = 113 \text{ kN} > 25,3 \text{ kN}$$

3.5.7 Verificar as tensões nos conectores do consolo das figuras a e b, usando parafusos ASTM A307. Usar o estado limite de projeto, com o coeficiente de majoração das ações $\gamma = 1,4$. Admite-se que não ocorre efeito de alavanca.

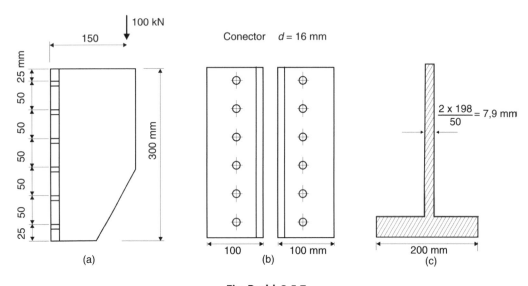

Fig. Probl. 3.5.7

Solução

Sob a ação do momento fletor, os parafusos superiores são tracionados e a resultante de compressão é transferida por contato.

Na zona comprimida podemos considerar as cantoneiras apoiadas na coluna (Fig. 3.15b). Na Fig. 3.15d vemos o diagrama de tensões que se supõe linear.

Para facilitar o cálculo, podemos transformar as áreas resistentes na seção em T invertido da Fig. Probl. 3.5.7c.

Para a determinação da posição da linha neutra, basta fazer a igualdade dos momentos estáticos das duas áreas da Fig. Probl. 3.5.7c.

$$20 \times \frac{y^2}{2} = 0,79 \frac{(30-y)^2}{2}$$

Resolvendo a equação, obtemos $y = 5$ cm.

O momento de inércia da seção em torno do eixo da linha neutra vale

$$\frac{0,79 \times 25^3}{3} + \frac{20 \times 5^3}{3} = 4950 \text{ cm}^4$$

A tensão de tração em serviço no parafuso superior vale

$$f_t = \frac{M}{I} y = \frac{1500}{4950} (27,5 - 5,0) = 6,82 \text{ kN/cm}^2$$

A tensão de corte em serviço nos parafusos vale

$$\tau = \frac{100}{12 \times 1,98} = 4,21 \text{ kN/cm}^2$$

Tensão resistente de projeto ao corte de um parafuso $d = 16$ mm $(5/8'')$

$$0,4 \times 41,5/1,35 = 12,3 \text{ kN/cm}^2$$

Tensão resistente do projeto à tração de um parafuso

$$0,75 \times 41,5/1,35 = 23,0 \text{ kN/cm}^2$$

Interação entre corte e tração no parafuso superior

$$\left(\frac{1,4 \times 4,21}{12,3}\right)^2 + \left(\frac{1,4 \times 6,82}{23,0}\right)^2 = 0,40 < 1,0$$

Concluímos que os parafusos ASTM A307 $d = 16$ mm $(5/8'')$ satisfazem os critérios de segurança.

3.5.8 Na ligação do problema anterior, substituem-se os parafusos comuns por parafusos de alta resistência A325, em ligação tipo atrito. As verificações em estado limite último devem ser efetuadas como no Problema 3.5.7. Verificar a resistência ao deslizamento em estado limite de utilização.

Solução

Admitindo-se que não há deslocamento entre as peças ligadas, o cálculo pode ser feito com seção homogênea igual à área de apoio das cantoneiras, $200 \times 300 \text{ mm}^2$.

Tensão de tração no topo da chapa

$$f_t = \frac{6 \times 1500}{20 \times 30^2} = 0,50 \text{ kN/cm}^2 < f_{co} = \frac{12 \times 85}{20 \times 30} = 1,7 \frac{\text{kN}}{\text{cm}^2}$$

Força solicitante à tração na região do parafuso superior:

$$T \cong (10 \times 5) \times 0,5 = 25 \text{ kN}$$

A força T atua no sentido de descomprimir as peças ligadas. Como não há separação entre as peças $(f_t < f_{co})$, o acréscimo de força de tração no parafuso em relação à protensão inicial é pequeno (ver Subseção 3.4.3). Por outro lado, a resistência ao deslizamento é reduzida com a descompressão.

Esforço resistente ao deslizamento do parafuso superior $d = 16$ mm (5/8") no estado limite de utilização

$$R_v = 0{,}80 \times 0{,}35 \times 85 \left(1 - \frac{25}{68}\right) = 15{,}0 \text{ kN}$$

Força solicitante de corte

$$V = \frac{100}{12} = 8{,}3 \text{ kN}$$

Comparação de resultado

$$8{,}3 < 15{,}0 \text{ kN}$$

3.5.9 Um perfil WT 265 x 46 (obtido por corte do perfil W530 x 92) de aço equivalente ao AR350 é utilizado na ligação de um tirante (ver a Fig. 3.5) sujeito a força de cálculo igual a180kN. Verificar se o perfil atende às condições para a dispensa de consideração do efeito de alavanca no cálculo das forças solicitantes nos 4 parafusos de 16mm de diâmetro e aço A325.

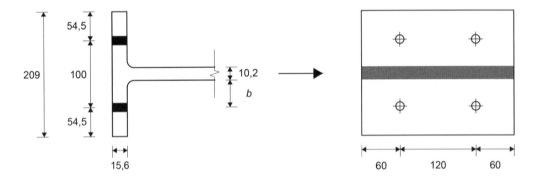

Fig. Probl. 3.5.9

Solução
a) Força solicitante em um parafuso

$$F_{1d} = 180/4 = 45 \text{ kN}$$

b) Força resistente à tração de um parafuso

$$R_{dt} = 0{,}75 \times 2{,}01 \times \frac{82{,}5}{1{,}35} = 92{,}2 \text{ kN}$$

c) Momento fletor solicitante na mesa do perfil

$$b = (100 - 10{,}2)/2 = 44{,}9 \text{ cm}$$

$$M_{1d} = 45 \times 4{,}49 = 202{,}0 \text{ kNcm}$$

d) Momento fletor resistente plástico da mesa do perfil

$$p = 2 \times \min [60 + (44,9 + 16/2)] = 105,8 \text{ mm}$$

$$M_{Rd} = \frac{10,6 \times 1,56^2}{4} \times \frac{35}{1,10} = 205 \text{ kNcm}$$

e) Critérios para a dispensa de consideração do efeito de alavanca

$$F_{1d} = 45 \text{ kN} < 0,67 \times 92,2 = 61,8 \text{ kN}$$

$$M_{1d} = 202,0 < M_{Rd} = 205 \text{ kNcm}$$

$$a > b$$

O perfil atende às condições.

3.6 PROBLEMAS PROPOSTOS

3.6.1 Como funcionam as ligações a corte do tipo apoio e do tipo atrito?

3.6.2 Em que condições podem ser usados parafusos em furos alargados?

3.6.3 Quais os modos de colapso que devem ser verificados em uma ligação a corte com conectores?

3.6.4 Em que condições é válida a hipótese de distribuição uniforme de esforços em parafusos de uma ligação axial por corte?

3.6.5 Determinar o número mínimo de parafusos A325, de diâmetro igual a 22 mm (7/8″), necessários para a ligação a tração da figura. Admitir que o efeito alavanca pode ser desprezado.

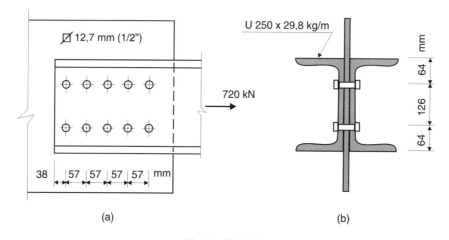

Fig. Probl. 3.6.5

3.6.6 Uma chapa de ligação recebe uma carga inclinada de 120 kN. Os conectores são parafusos A325 em ligação por atrito, diâmetro $d = 12,7$ mm ($\frac{1}{2}''$), com espaçamentos padronizados, mostrados na figura. Calcular o número de parafusos necessários por fila vertical. Determinar a espessura mínima de chapa para que a pressão de apoio não seja determinante.

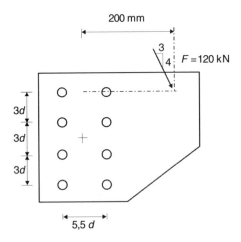

Fig. Probl. 3.6.6

Ligações com Solda

4.1 TIPOS, QUALIDADE E SIMBOLOGIA DE SOLDAS

4.1.1 Definição. Processos Construtivos

A solda é um tipo de união por coalescência do material, obtida por fusão das partes adjacentes.

A energia necessária para provocar a fusão pode ser de origem elétrica, química, óptica ou mecânica.

As soldas mais empregadas na indústria de construção são as de energia elétrica. Em geral, a fusão do aço é provocada pelo calor produzido por um arco voltaico. Nos tipos mais usuais, o arco voltaico se dá entre um eletrodo metálico e o aço a soldar, havendo deposição do material do eletrodo (Fig. 4.1).

O material fundido deve ser isolado da atmosfera para evitar formação de impurezas na solda. O isolamento pode ser feito de diversas maneiras; as mais comuns são indicadas na Fig. 4.1:

Eletrodo manual revestido (*Shielded Metal Arc Welding* – SMAW). O revestimento é consumido juntamente com o eletrodo, transformando-se parte em gases inertes, parte em escória.

Arco submerso em material granular fusível (*Submerged Arc Welding* – SAW). O eletrodo é um fio metálico sem revestimento, porém o arco voltaico e o metal fundido ficam isolados pelo material granular.

Arco elétrico com proteção gasosa (*Gas Metal Arc Welding* – GMAW, também conhecido como *Metal Inert Gas/Metal Active Gas* – MIG/MAG). O eletrodo é um arame sem revestimento, e a proteção da poça de fusão é feita pelo fluxo de um gás (ou mistura de gases) lançado pela tocha de soldagem.

Arco elétrico com fluxo no núcleo (*Flux Cored Arc Welding* – FCAW). O eletrodo é um tubo fino preenchido com o material que protege a poça de fusão.

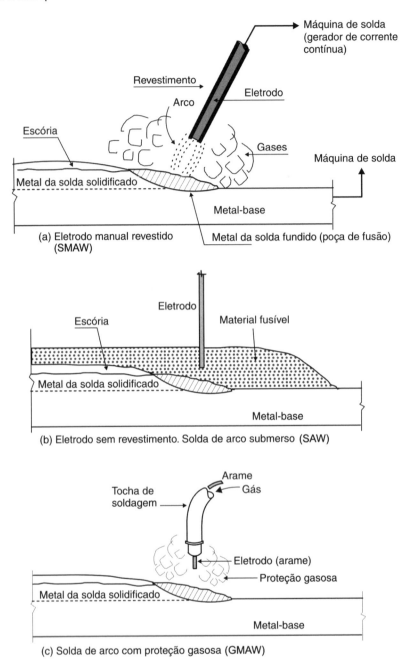

Fig. 4.1 Solda elétrica com eletrodo.

A solda de eletrodo manual revestido é o processo mais antigo; apresenta enorme versatilidade, podendo ser empregado tanto em instalações industriais pesadas quanto em pequenos serviços de campo. A escória, produzida pelas reações químicas do revestimento, tem menor densidade que o metal de solda e, em geral, aflora na superfície, devendo ser retirada após o resfriamento.

O processo de solda por arco voltaico submerso é largamente utilizado em trabalhos de oficina. Ele se presta à automatização, produzindo solda de grande regularidade.

O processo de solda com proteção gasosa é utilizado, principalmente, no modo semiautomático em que a tocha de soldagem é conduzida pelo soldador, mas as outras operações, como alimentação do arame, são automáticas.

Na fabricação de estruturas metálicas soldadas, devem ser tomadas precauções com a retração da solda após seu resfriamento, o que pode resultar em distorção dos perfis. Por isso, a sequência de soldagem deve ser programada de maneira que distorções causadas por uma solda sejam compensadas por outra. Além disso, o aquecimento produzido pela solda e o posterior resfriamento diferenciados entre partes do perfil resultam em tensões residuais internas nos perfis (ver Seção 1.8).

4.1.2 Tipos de Eletrodos

Os eletrodos utilizados nas soldas por arco voltaico são varas de aço-carbono ou aço de baixa liga. Os eletrodos com revestimento são designados, segundo a ASTM, por expressões do tipo E70XY, em que:

E = eletrodo;
70 = resistência à ruptura f_w da solda, em ksi;
X = número que se refere à posição de soldagem satisfatória (1 – qualquer posição; 2 – somente posição horizontal);
Y = número que indica tipo de corrente e de revestimento do eletrodo.

Os principais tipos de eletrodos empregados na indústria são:

$$E60: f_w = 60 \text{ ksi} = 415 \text{ MPa}$$

$$E70: f_w = 70 \text{ ksi} = 485 \text{ MPa}$$

Os eletrodos sem revestimento, utilizados nas soldas com arco submerso, recebem também denominações numéricas convencionais indicativas de resistência (em geral, 60 e 70 ksi) e outras propriedades, iniciadas pela letra F.

4.1.3 Soldabilidade de Aços Estruturais

A soldabilidade dos aços reflete a maior ou a menor facilidade de se obter uma solda resistente e sem trincas.

Dada a enorme importância assumida pela solda nos últimos decênios, as formulações químicas dos aços visam sempre obter produtos soldáveis.

Os aços-carbono até 0,25 % C e 0,80 % Mn são soldáveis sem cuidados especiais. Para teores de carbono superiores a 0,30 %, em geral, faz-se necessário um preaquecimento e um resfriamento lento, pois as soldas sem esse tratamento apresentam ductilidade muito pequena.

Os aços de baixa liga sem e com tratamento térmico são geralmente soldáveis, devendo-se adotar eletrodos adequados e, eventualmente, fazer preaquecimento do metal-base (Subseção 4.1.4).

Para o aço A36, utilizam-se eletrodos E60XX e E70XX do tipo comum ou baixo hidrogênio. Para os aços de baixa liga (A242, A441, A572), recomendam-se eletrodos E70XX ou E80XX do tipo baixo hidrogênio.

A norma brasileira ABNT NBR 8800:2008 apresenta em uma tabela, extraída da norma norte-americana AWS D1.1, os eletrodos compatíveis com os aços mais utilizados na construção civil.

4.1.4 Defeitos na Solda

As soldas podem apresentar grande variedade de defeitos. Entre eles, citam-se (Fig. 4.2):

a) *Trincas a frio*. O calor interno imposto pelo processo de solda afeta a microestrutura tanto do metal da solda quanto do metal-base adjacente à poça de fusão na região conhecida como zona termicamente afetada (ZTA). Esta zona (Fig. 4.2a) atinge temperaturas de fusão e, após o resfriamento, sua microestrutura fica diferente do restante do material-base. Com o resfriamento rápido, em face da absorção de calor pelo metal adjacente à solda, há a tendência à formação de microestruturas mais frágeis do que as do aço original, e, portanto, mais suscetíveis à ocorrência de trincas sob ação mecânica (trincas a frio).

A origem dessas trincas está relacionada também com a absorção de hidrogênio presente, em geral, no revestimento dos eletrodos.

As trincas a frio podem ser evitadas controlando-se a velocidade de resfriamento, por exemplo, com o preaquecimento do metal-base e com a utilização de eletrodos com revestimento de carbonato de sódio (eletrodos de baixo hidrogênio – essenciais no caso de aços de baixa liga).

b) *Trincas a quente*. Estas trincas ocorrem no material da solda durante a solidificação e são decorrentes da presença de impurezas, geralmente enxofre e fósforo, solidificando-se a temperaturas mais baixas que a do aço.

c) *Fusão incompleta, penetração inadequada*. Decorrem, em geral, de insuficiência de corrente.

d) *Porosidade*. Retenção de pequenas bolhas de gás durante o resfriamento; frequentemente causada por excesso de corrente ou distância excessiva entre o eletrodo e a chapa.

e) *Inclusão de escória*. Usual em soldas feitas em várias camadas, quando não se remove totalmente a escória em cada passe.

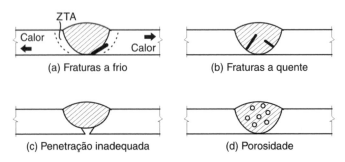

Fig. 4.2 Exemplos de defeitos de solda.

4.1.5 Controle e Inspeção da Solda

Em face da grande sensibilidade a defeitos, a solda deve ser sempre feita em condições controladas. A norma AWS D1.1 da American Welding Society contém as especificações para a execução de solda estrutural, incluindo técnicas, qualificação dos soldadores e procedimentos de inspeção, os quais são também adotados pela norma ABNT NBR 8800:2008.

Nas estruturas comuns, utiliza-se a inspeção visual por inspetor treinado; nessa inspeção, verificam-se as dimensões de solda (geralmente com auxílio de gabaritos especiais) e observa-se a ocorrência de defeitos, como penetração inadequada e trincas superficiais.

Nas indústrias de perfis soldados e nas estruturas de grande responsabilidade (por exemplo, pontes soldadas), utilizam-se ensaios não destrutivos, como ultrassom, raios X ou líquido penetrante.

4.1.6 Classificação de Soldas de Eletrodo Quanto à Posição do Material de Solda em Relação ao Material-base

Na Fig. 4.3 apresentamos os tipos de solda de eletrodos, conforme a posição do material de solda em relação ao material a soldar (material-base).

Nas soldas de **penetração**, o metal de solda é colocado diretamente entre as peças metálicas, em geral dentro de chanfros, daí esse tipo ser também conhecido como solda de entalhe. A solda pode ser de penetração total ou parcial. Os chanfros podem ser de diversas formas, como indicado na Fig. 4.4.

Nas soldas de **filete**, o material de solda é depositado nas faces laterais dos elementos ligados.

Nas soldas de **tampão** e de **ranhura**, o material é depositado em orifícios circulares ou alongados feitos em uma das chapas do material-base.

A execução das soldas pode ser feita com um passe do eletrodo ou passes sobrepostos.

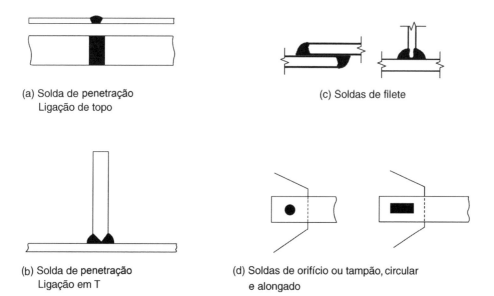

(a) Solda de penetração
    Ligação de topo

(b) Solda de penetração
    Ligação em T

(c) Soldas de filete

(d) Soldas de orifício ou tampão, circular
    e alongado

Fig. 4.3 Tipos de ligações soldadas, segundo a posição da solda em relação ao material-base.

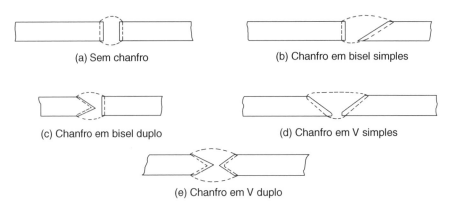

Fig. 4.4 Tipos de entalhe de solda com penetração total.

4.1.7 Classificação Quanto à Posição Relativa das Peças Soldadas

Na Fig. 4.5 apresentamos diversos tipos de ligações soldadas classificadas segundo a posição relativa das peças soldadas.

4.1.8 Posições de Soldagem com Eletrodos

Na Fig. 4.6 indicamos as posições de soldagem que podem ser utilizadas com eletrodos.

A posição plana produz os melhores resultados, sendo utilizada, preferencialmente, nos trabalhos de oficina, quando é possível colocar as peças nas posições adequadas. As posições horizontal e vertical são usadas comumente em trabalhos de oficina e de campo. A posição sobrecabeça é a mais difícil, sendo seu emprego limitado a casos especiais. Trata-se de uma soldagem mais suscetível a defeitos, em particular à ocorrência de inclusão de escória, pela sua menor densidade em relação ao metal da solda.

4.1.9 Simbologia de Solda

A fim de facilitar a representação nos desenhos dos tipos e dimensões de soldas desejados, adotou-se uma simbologia convencional.

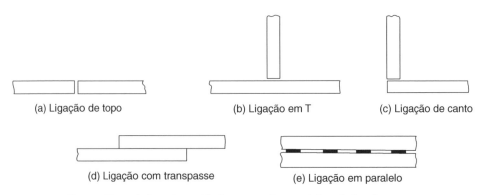

Fig. 4.5 Tipos de ligações soldadas, segundo a posição relativa das peças.

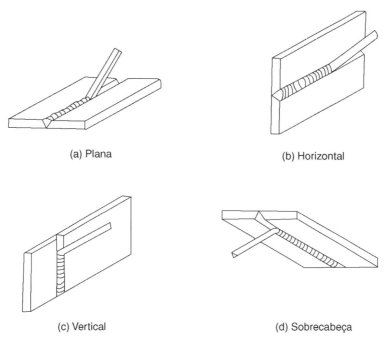

Fig. 4.6 Posições de soldagem com eletrodos.

A simbologia de solda da norma brasileira se baseia nas normas americanas AWS. Na Fig. 4.7 reunimos as principais regras para a representação gráfica dos tipos de soldas.

A Fig. 4.8 ilustra diversos tipos de ligações soldadas com as respectivas simbologias e descrições.

4.2 ELEMENTOS CONSTRUTIVOS PARA PROJETO

4.2.1 Soldas de Penetração

As soldas de penetração são, em geral, previstas para total enchimento do espaço das peças ligadas (penetração total). Utiliza-se então, nos cálculos, a seção do metal-base de menor espessura (Fig. 4.9a).

Quando o projeto prevê enchimento incompleto (penetração parcial), com chanfro em bisel, a espessura efetiva t_e é tomada igual à profundidade y do entalhe menos 3 mm, quando o ângulo da raiz do entalhe fica entre 45° e 60° (exceto na soldagem com proteção gasosa ou com fluxo no núcleo em posições plana e horizontal quando toma-se $t_e = y$); quando este ângulo é maior que 60° em chanfros em V ou bisel, toma-se t_e igual à profundidade do entalhe (Fig. 4.9b). Com chanfros em J ou em U, a espessura efetiva é igual à profundidade do chanfro, exceto nas posições horizontal, vertical e sobrecabeça pelo processo SAW.

Nas ligações de topo de chapas de espessuras diferentes quando a parte saliente da peça mais espessa for superior a 10 mm, deve-se fazer um chanfro, como indicado na Fig. 4.9a,

106 CAPÍTULO 4

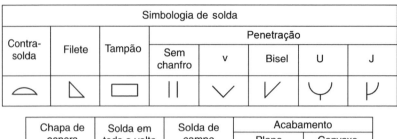

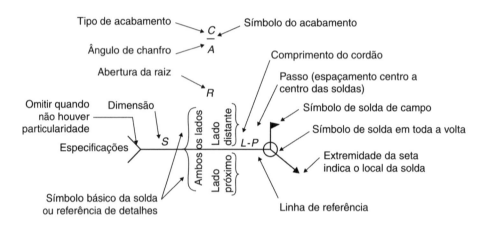

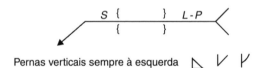

Pernas verticais sempre à esquerda

As soldas dos lados próximos e distante têm a mesma dimensão, salvo especificação em contrário. As dimensões dos filetes devem ser especificadas nos dois lados.

Fig. 4.7 Simbologia das soldas (American Welding Society).

para evitar concentrações de tensões na seção de transição. A ligação de chapas com larguras diferentes se faz com curva de transição, também para evitar concentração de tensões.

As gargantas de solda com penetração parcial (Fig. 4.9b) são projetadas com espessuras mínimas construtivas ($t_{e\,mín}$), a fim de garantir a fusão do metal-base (Tabela 4.1).

As soldas de penetração parcial não podem ser usadas em ligações de peças sob flexão.

Ligações com Solda 107

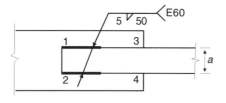

(a) Solda de filete, de oficina, ao longo das faces 1-3 e 2-4; as soldas têm 50 mm de comprimento (deve ser maior que a largura a); o eletrodo a ser usado é E60.

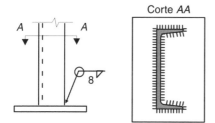

(b) Solda de filete, de oficina, dimensão 8 mm em toda a volta.

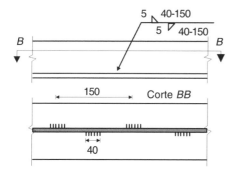

(c) Solda de filete, de oficina, dimensão 5 mm intermitente e alternada, com 40 mm de comprimento (dimensão mínima) e passo igual a 150 mm. As chapas ligadas por soldas intermitentes podem estar sujeitas à flambagem local e corrosão.

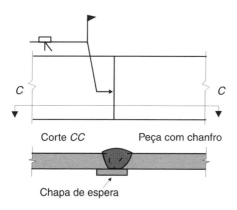

(d) Solda de penetração com chanfro em bisel de um só lado, de campo, com chapa de espera; a seta aponta na direção da peça com chanfro; chapas de espera são indicadas em soldas de um só lado de penetração total, com o intuito de evitar a fuga de material de solda e a consequente penetração inadequada. Chapas de espera não retiradas após a execução da solda produzem concentração de tensões e podem ocasionar fadiga.

Fig. 4.8 Exemplos de ligações soldadas com as respectivas simbologias e descrições. (*continua*)

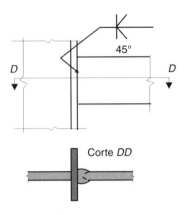

(e) Solda de penetração com chanfro em bisel a 45°.

Fig. 4.8 (*continuação*) Exemplos de ligações soldadas com as respectivas simbologias e descrições.

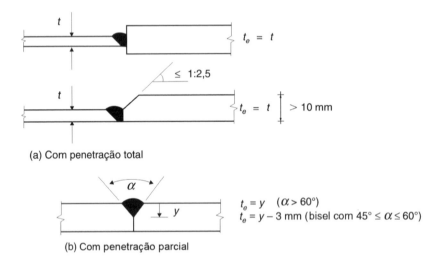

(a) Com penetração total

(b) Com penetração parcial

Fig. 4.9 Emendas de penetração com chanfro em bisel ou em V. Espessuras efetivas da solda, t_e (garganta de solda).

Tabela 4.1 Dimensões mínimas das gargantas de solda com penetração parcial (ABNT NBR 8800:2008)

Espessura da chapa mais fina (mm)	Garganta de solda com penetração parcial (mm) – ver Fig. 4.9 $t_{e\,min}$
Até 6,3	3
6,3-12,5	5
12,5-19	6
19-37,5	8
37,5-57	10
57-152	13
Acima de 152	16

4.2.2 Soldas de Filete

As soldas de filete são assimiladas, para efeito de cálculo, a triângulos. Os filetes são designados pelos comprimentos de seus lados. Assim, um filete de 8 mm significa filete de lados d_w iguais a 8 mm. Um filete 6 mm × 10 mm designa filete com um lado de 6 mm e outro de 10 mm. Na maioria dos casos, os lados dos filetes são iguais. Denominam-se *garganta* do filete a espessura desfavorável t, indicada na Fig. 4.10; *perna*, o menor lado do filete; e *raiz*, a interseção das faces de fusão.

A área efetiva para cálculo de um filete de solda de lados iguais (d_w) e comprimento efetivo (ℓ) vale:

$$t_w \ell = 0{,}7 d_w \ell \qquad (4.1)$$

As soldas de filete realizadas pelo processo de arco submerso são mais confiáveis que as de outros processos. Adotam-se então espessuras efetivas maiores que as indicadas na Fig. 4.10, a saber:

$$\begin{aligned} d_w \leq 10 \text{ mm} &= t_w = d_w \\ d_w \geq 10 \text{ mm} &= t_w = t + 3 \text{ mm} \end{aligned} \qquad (4.2)$$

O comprimento efetivo ℓ na Eq. (4.1) é o comprimento total da solda incluindo os retornos de extremidade, exceto no caso de filetes longitudinais de peças sob esforço axial (Fig. 4.14a), quando ℓ é tomado igual ao comprimento total ℓ_w da solda multiplicado pelo fator de redução β dado por:

$$\beta = 1{,}2 - 0{,}002 \frac{\ell_w}{d_w}, \text{ em que } 0{,}6 \leq \beta \leq 1{,}0 \qquad (4.3)$$

Este fator redutor se aplica a soldas longas ($\ell_w > 100\, d_w$) para levar em conta a não uniformidade na distribuição de tensões, o que contraria a hipótese de uniformidade usualmente adotada no cálculo das solicitações (Fig. 4.14a).

O mesmo efeito ocorre em ligações parafusadas (ver Subseção 3.4.1).

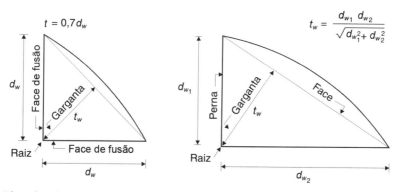

Fig. 4.10 Filete de solda. Seção real e seção teórica da solda. Espessura t_w da garganta do filete, igual à distância da raiz à face teórica da solda. O menor lado é denominado perna do filete (d_w).

Os filetes de solda devem ser tomados com certas dimensões mínimas para evitar o resfriamento brusco da solda por condução de calor e, assim, garantir a fusão dos materiais, evitar a ocorrência de trincas a frio e minimizar distorções. A **dimensão** (perna) **mínima** do filete é determinada em função da chapa mais fina, conforme indicado na Tabela 4.2. Entretanto, a perna do filete não precisa exceder a espessura da chapa mais fina, a não ser por necessidade de cálculo.

As **dimensões máximas** a adotar para os lados dos filetes são condicionadas pela espessura da chapa mais fina (Fig. 4.11). A folga de 1,5 mm entre a espessura t da chapa e a perna d_w da solda se destina a evitar a fusão da quina superior da chapa e a consequente redução da perna e da garganta de solda, o que poderia ocorrer para $t = d_w$.

Em um filete de solda de **comprimento** ℓ_w, em cada extremidade há um pequeno trecho em que a espessura da garganta cai até zero. Levando isso em conta, o comprimento mínimo construtivo do cordão de solda é dado por:

$$\ell_w \geq 4\, d_w \not< 40 \text{ mm} \tag{4.4}$$

Em ligações de extremidade de peças tracionadas feitas unicamente com soldas de filete longitudinais (ver Fig. 4.14a), o comprimento dos filetes (ℓ_w) deve ser maior ou igual à largura a da chapa.

As terminações de filetes de solda requerem certas precauções nos casos em que a formação de descontinuidades pode afetar a resistência estática e/ou a resistência à fadiga quando as cargas cíclicas impõem danos de suficiente magnitude. Um exemplo em que as normas de projeto recomendam que a solda comece a uma pequena distância do bordo do transpasse encontra-se ilustrado na Fig. 4.12. Trata-se de uma emenda em filetes longitudinais em que um dos seus extremos coincide com uma borda tracionada (AISC, 2010).

Tabela 4.2 Dimensões mínimas de filetes de solda (AISC, ABNT NBR 8800:2008)

Espessura da chapa mais fina (mm)	Perna do filete ($d_{w\,min}$)
Até 6,3	3 mm
6,3-12,5	5 mm
12,5-19	6 mm
> 19	8 mm

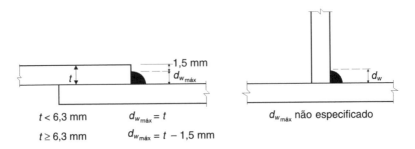

Fig. 4.11 Dimensões máximas dos lados de filetes de solda.

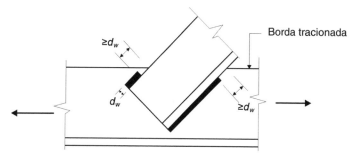

Fig. 4.12 Filetes de solda próximos a bordas tracionadas.

4.3 RESISTÊNCIA DAS SOLDAS

4.3.1 Soldas de Penetração

As resistências de cálculo das soldas são dadas em função de uma área efetiva de solda

$$A_w = t_e \ell \tag{4.5}$$

com

t_e = espessura efetiva (Seção 4.2);
ℓ = comprimento efetivo, igual ao comprimento real l_w.

e pela área A_{MB} do metal-base, igual ao produto do comprimento da solda pela espessura da peça mais delgada da ligação.

Para soldas de penetração total (Fig. 4.9a) sujeitas a tensões de compressão ou tração perpendiculares ao eixo da solda, as resistências de cálculo são obtidas com base no escoamento do metal-base (f_y)

$$R_d = A_{MB} f_y / \gamma_{a_1} \tag{4.6a}$$

em que γ_{a_1} é dado na Tabela 1.7.

Para soldas de penetração parcial sob tração ou compressão, perpendiculares ao eixo da solda, a resistência é determinada com o menor valor entre as Eqs. (4.6b) e (4.6c).

Metal-base

$$R_d = A_{MB} f_y / \gamma_{a_1} \tag{4.6b}$$

Metal da solda

$$R_d = 0{,}60\, A_w f_w / \gamma_{w_1} \tag{4.6c}$$

em que:

f_w = tensão resistente do metal da solda;
γ_{w_1} = 1,25 para combinações normais, especiais ou de construção;
γ_{w_1} = 1,05 para combinações excepcionais de ações.

Na Eq. (4.6c) o fator 0,60 reduz a resistência para levar em conta incertezas na qualidade da solda na raiz e outros efeitos (AISC, 2010).

Para tensões de tração ou compressão paralelas ao eixo da solda de penetração total ou parcial, não é preciso verificar a resistência.

Para tensões de cisalhamento, as tensões atuando em direções diferentes são combinadas vetorialmente. A resistência de projeto R_d é dada pelas seguintes expressões:

Penetração total: Metal-base

$$R_d = A_{MB}\,(0{,}60\,f_y)/\gamma_{a_1} \tag{4.7a}$$

Penetração parcial: Metal da solda

$$R_d = A_w\,(0{,}60\,f_w)/\gamma_{w_2} \tag{4.7b}$$

em que:

$\gamma_{w_2} = 1{,}35$ para combinações normais, especiais ou de construção;
$\gamma_{w_2} = 1{,}15$ para combinações excepcionais.

4.3.2 Soldas de Filete

As resistências das soldas de filete são dadas em função da área

$$A_w = \text{área da solda} = t_w\,\ell \tag{4.8}$$

com t_w = espessura da garganta (Subseção 4.2.2).

Para efeito de resistência de cálculo do filete, não precisam ser considerados esforços solicitantes de tração ou compressão atuando na direção paralela ao eixo longitudinal da solda. Estas solicitações ocorrem em soldas de filete que ligam as chapas componentes de perfis soldados submetidos a momento fletor. Entretanto, deve ser considerada a transferência de esforços de uma chapa à outra por cisalhamento por meio da garganta de solda; o estado limite é o de ruptura do metal da solda [Eq. (4.9a)].

Os esforços solicitantes em qualquer direção perpendicular ao eixo longitudinal da solda (Fig. 4.13) são considerados, para efeito de cálculo, como esforços cisalhantes.

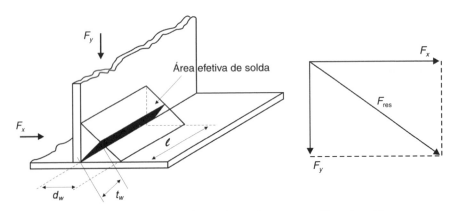

Fig. 4.13 Composição de forças de cisalhamento no filete de solda.

Ligações com Solda **113**

A resistência de cálculo pode ser obtida com a expressão seguinte:

$$R_d = A_w (0,60 f_w)/\gamma_{w_2} \qquad (4.9a)$$

Quando a solda estiver sujeita a tensões não uniformes, a resistência pode ser determinada em termos de esforço por unidade de comprimento:

$$t_w (0,60 f_w)/\gamma_{w_2} \qquad (4.9b)$$

A Eq. (4.9a) subestima a resistência de soldas de filete cujo eixo tem inclinação $\theta > 0$ em relação à força solicitante. Por isso, a ABNT NBR 8800:2008 apresenta uma expressão alternativa de R_d em função do ângulo θ aplicável a soldas ou grupos de soldas paralelas, no mesmo plano da força solicitante. No caso de ligações concêntricas com trechos de solda posicionados longitudinal e transversalmente à força, as resistências R_{dl} e R_{dt} destes trechos calculadas com a Eq. (4.9a) podem ser somadas diretamente para se obter a resistência total R_d; ou se pode tomar R_d como $(0,85 R_{dl} + 1,5 R_{dt})$, caso forneça um valor maior que o anterior.

A resistência das peças na região de ligação (metal-base) é determinada conforme exposto na Subseção 3.3.8.

4.4 DISTRIBUIÇÃO DE ESFORÇOS NAS SOLDAS

4.4.1 Composição dos Esforços em Soldas de Filete

Nas soldas de filete, qualquer que seja a direção do esforço aplicado, admite-se, para efeito de cálculo, que as tensões na solda sejam de cisalhamento na seção da garganta.

A Fig. 4.13 mostra um filete de solda, com garganta t_w e comprimento efetivo ℓ sujeito a um esforço vertical F_y e um horizontal F_x. As tensões de corte na garganta de solda são calculadas com as equações

$$\tau_x = \frac{F_x}{t_w \ell} \qquad \tau_y = \frac{F_y}{t_w \ell}$$

Multiplicando as tensões pela espessura t_w, obtêm-se os esforços por unidade de comprimento. Essas forças são somadas vetorialmente, produzindo uma força resultante que deve ser inferior ao valor dado pela Eq. (4.9b).

4.4.2 Emendas Axiais Soldadas

A Fig. 4.14a ilustra a distribuição de tensões cisalhantes em regime elástico nos filetes longitudinais de solda. Essa distribuição é semelhante à distribuição de esforços de corte em emendas parafusadas (ver Fig. 3.12). As maiores tensões ocorrem nas extremidades do cordão de solda. No estado limite último, próximo à ruptura, as deformações plásticas nas regiões extremas promovem uma redistribuição de tensões que tendem para um diagrama uniforme.

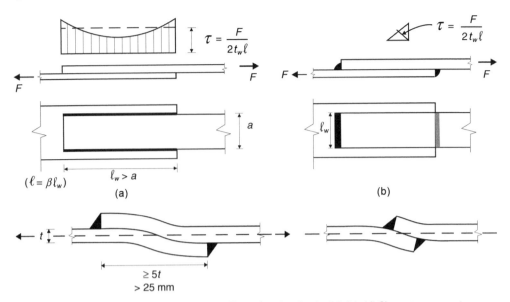

Fig. 4.14 Emendas axiais soldadas: (a) filetes longitudinais; (b), (c), (d) filetes transversais.

Entretanto, se a ligação for longa, a redistribuição de tensões não atingirá a região central da solda antes da ruptura das regiões extremas. Por isso, as normas reduzem o comprimento l_w da solda para o cálculo do comprimento efetivo ℓ [Eq. (4.3)].

Nas emendas com filetes transversais, as tensões também são consideradas uniformemente distribuídas (Fig. 4.14b). Para esse tipo de emenda, as normas (AISC, ABNT NBR 8800:2008) indicam comprimentos mínimos de transpasse (Fig. 4.14c) para evitar rotações excessivas na ligação, como mostrado na Fig. 4.14d.

4.4.3 Ligação Excêntrica por Corte

Na Fig. 4.15a, vemos a ligação soldada de uma chapa em consolo, com uma carga excêntrica. Para efeito de cálculo, consideramos na Fig. 4.15b as áreas das gargantas rebatidas no plano do consolo. A força aplicada F tem uma excentricidade e em relação ao centro de gravidade da área de solda. Ela pode ser reduzida a uma força centrada F e um momento Fe. O dimensionamento se faz com as mesmas hipóteses adotadas nas ligações de conectores com cargas excêntricas. A tensão cisalhante τ_F provocada pelo esforço centrado F em um ponto qualquer do cordão de solda é dada pela equação:

$$\tau_F = \frac{F}{\sum t_w \ell} \qquad (4.10)$$

A tensão cisalhante τ_M provocada pelo momento Fe é calculada com a equação:

$$\tau_M = \frac{Fe}{I_p} r \qquad (4.11)$$

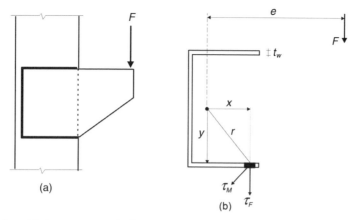

Fig. 4.15 Ligação soldada com carga cisalhante excêntrica: (a) esquema da ligação; (b) área de cálculo do cordão de solda, obtida por rebatimento da garganta sobre o plano da chapa. Admite-se que o eixo do cordão de solda coincide com as bordas da chapa.

ou decompondo-se nas duas direções x e y

$$\tau_x = \frac{Fe}{I_p} y \qquad \tau_y = \frac{Fe}{I_p} x \qquad (4.12)$$

em que I_p é o momento polar da área de solda referida ao centro de gravidade.

O momento polar de inércia I_p pode ser calculado com a soma dos momentos de inércia retangulares I_x e I_y da seção de solda. Os momentos polares I_p para diversas seções de solda são fornecidos na Tabela A8, Anexo A, para espessura da garganta $t_w = 1$ e são proporcionais a t_w, já que a espessura é pequena. Assim, as Eqs. (4.10) e (4.11) podem ser reescritas em termos de esforços por unidade de comprimento:

$$p_F = \tau_F t_w = \frac{F}{\sum \ell} \qquad (4.10a)$$

$$p_M = \tau_M t_w = \frac{Fe}{I_p (t_w = 1)} r \qquad (4.11a)$$

Esses esforços devem ser somados vetorialmente e comparados aos esforços resistentes da Eq. (4.9b).

O método apresentado, conhecido como método elástico, é considerado conservador. Pode-se, alternativamente, utilizar o método denominado centro instantâneo de rotação (Salmon e Johnson, 1990).

4.4.4 Soldas com Esforços Combinados de Cisalhamento e Tração ou Compressão

Soldas longitudinais. Consideremos a seção de perfil I soldado da Fig. 4.16a. A ligação da alma com a mesa pode ser solda de penetração (Fig. 4.16b) ou solda de filete (Fig. 4.16c).

Se, na seção considerada, atuarem um esforço cortante V e um momento fletor M, os diagramas de tensões cisalhante (τ) e normal (σ) são dados pela resistência dos materiais:

$$\tau = \frac{VS}{Ib} \quad (4.13)$$

$$\sigma = \frac{M}{I} y \quad (4.14)$$

em que:
S = momento estático da chapa de mesa do perfil referido ao eixo x;
I = momento de inércia do perfil em relação ao eixo x.

Para solda de penetração (Fig. 4.16b), a largura b na Eq. (4.13) é a espessura t_w da chapa da alma. Para solda de filete (Fig. 4.16c), b representa a soma das gargantas dos dois cordões de solda.

De acordo com as normas AISC e ABNT NBR 8800:2008, esse tipo de ligação pode ser calculado sem consideração das tensões normais, isto é, verificando-se apenas as tensões cisalhantes.

Efeitos locais, como os de carga concentrada (Fig. 4.16e), devem ser levados em conta. Neste caso, a tensão horizontal dada pela Eq. (4.13) deve ser combinada vetorialmente com a tensão vertical nas soldas de filete dada por

$$\tau = \frac{P}{2t_w (\ell_n + 2t_f)} \quad (4.15)$$

Soldas transversais. Na Fig. 4.17, vemos a ligação entre uma viga e uma coluna com chapa de extremidade soldada à viga. A Fig. 4.17b ilustra um corte na seção de solda, com áreas das gargantas rebatidas (no caso de soldas de filete). A ligação transmite um esforço cortante V e um momento M.

O esforço cortante produz tensões de cisalhamento verticais. Como as mesas do perfil transmitem tensões cisalhantes muito baixas, admite-se nesse caso distribuição uniforme ao longo dos cordões de solda da alma da viga (Fig. 4.17c):

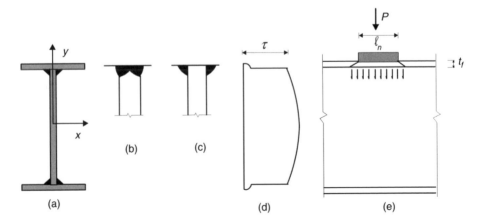

Fig. 4.16 Ligações de alma com mesa de viga (solda longitudinal).

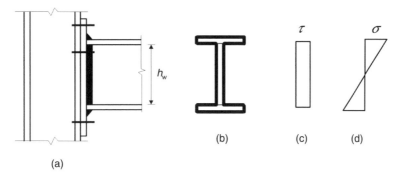

Fig. 4.17 Solda com tensões cisalhantes combinadas com tensões normais (solda transversal).

$$\tau = \frac{V}{2t_w h_w} \quad (4.16)$$

O momento fletor produz tensões σ, dadas pela Eq. (4.14). Com as propriedades geométricas da seção resistente composta das seções da garganta de solda rebatidas utiliza-se a composição vetorial:

$$\tau_{d\,\text{máx}} = \sqrt{\sigma_d^2 + \tau_d^2} \leq \tau_{Rd} \quad (4.17)$$

A tensão normal σ perpendicular à direção do filete é tratada na Eq. (4.17) como tensão cisalhante horizontal, combinando-se vetorialmente com a tensão cisalhante vertical decorrente do esforço cortante.

A Eq. (4.17) também pode ser escrita em termos de esforços por unidade de comprimento.

4.5 COMBINAÇÃO DE SOLDAS COM CONECTORES

O trabalho conjunto de solda e conectores é influenciado pela rigidez de cada um dos tipos de ligação utilizados.

Em construções novas, os parafusos não podem ser considerados atuando em conjunto com soldas, exceto parafusos em ligações por corte. Neste caso, com soldas longitudinais de filete, a contribuição dos parafusos deve ser limitada a 50 % da resistência do grupo de parafusos.

Em construções existentes, reforçadas por soldas, os rebites ou parafusos de alta resistência em ligações por atrito já existentes podem ser considerados para resistir às solicitações da carga permanente já atuando. As solicitações de novos carregamentos devem ser resistidas pelas soldas de reforço que forem acrescentadas à ligação.

4.6 PROBLEMAS RESOLVIDOS

4.6.1 Uma chapa de aço 12 mm, sujeita à tração axial de 40 kN, está ligada a outra chapa 12 mm formando um perfil T, por meio de solda. Dimensionar a solda usando eletrodo E60 e aço ASTM A36.

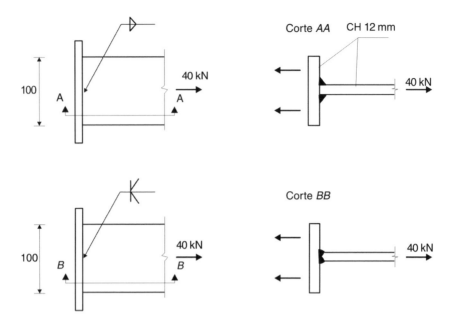

Fig. Probl. 4.6.1

Solução
a) Esforço solicitante de cálculo, admitindo carga variável de utilização

$$S_d = 1{,}5 \times 40 = 60 \text{ kN}$$

b) Dimensionamento com solda de filete
   Admitindo filete de solda com valor mínimo de perna indicado na Tabela 4.2 ($d_w = 5$ mm), obtém-se:
   Metal da solda [Eq. (4.9a)]

$$R_d = A_w (0{,}60 f_w)/\gamma_{w_1} = 2 \times 10 \times 0{,}5 \times 0{,}7 \times 0{,}6 \times 41{,}5/1{,}35 = 129 \text{ kN}$$

   O dimensionamento satisfaz com folga ($R_d > S_d$).
c) Dimensionamento com solda de penetração total [Eq. (4.6a)]

$$R_d = A_{MB} f_y / \gamma_{a_1} = 10 \times 1{,}2 \times 25/1{,}10 = 272 \text{ kN}$$

   O dimensionamento satisfaz com muita folga.

4.6.2 Qual o comprimento e qual a espessura da solda de filete requeridos para a ligação de emenda da figura? Admitir aço ASTM A36 e eletrodo E60. O esforço solicitante de cálculo S_d é igual a 252 kN.

Solução
   Admite-se para o filete de solda o lado mínimo especificado na Tabela 4.2. Para a chapa mais delgada 10 mm, tem-se $d_w = 5$ mm, que é menor que (10-1,5) mm, igual à dimensão máxima de d_w (Fig. 4.11). A área efetiva de solda é:

Ligações com Solda

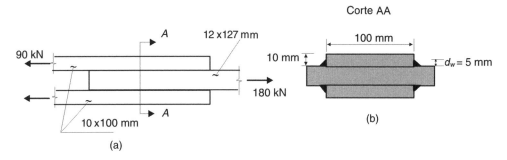

Fig. Probl. 4.6.2

$$A_w = 4 \times 0,7 d_w \ell = 4 \times 0,7 \times 0,5\ell = 1,4\,\ell$$

Esforço resistente de cálculo
Metal da solda

$$R_d = A_w (0,60 f_w)/\gamma_{w_2} = 1,4\ell \times 0,6 \times 41,5/1,35 = 25,8\ell$$

Igualando o esforço resistente ao solicitante, tem-se:

$$25,8\ell = 252 \therefore \ell = 9,76 \text{ cm} \approx 100 \text{ mm} < 100\,d_w$$

Em ligações de chapas com filetes longitudinais apenas, o comprimento dos filetes deve ser maior ou igual à distância entre eles (Fig. 4.14a). Neste caso, então, $\ell = 100$ mm pode ser adotado.

As chapas ligadas estão submetidas à tração axial e devem ser verificadas em relação ao estado limite de escoamento (Subseção 3.3.8).

4.6.3 Calcular a ligação de um perfil L 127 (5″) × 24,1 kg/m, submetido à tração axial permanente de pequena variabilidade, com um *gusset* indicado na figura. Aço MR250; eletrodo E70.

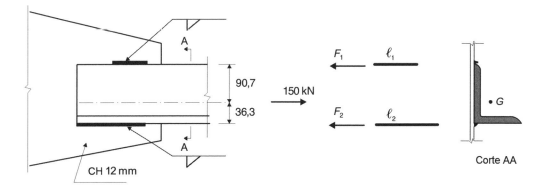

Fig. Probl. 4.6.3

120 CAPÍTULO 4

Solução

Como a espessura da cantoneira é 12,7 mm (1/2″) e a da chapa também, a dimensão mínima da perna do filete é d_w = 5 mm (< $d_{w\,máx}$ = 12,5 − 1,5 = 11 mm), que vamos adotar neste problema.

Os esforços desenvolvidos nas soldas devem ter resultante passando por G (centro de gravidade do perfil L) para que não haja efeitos de flexão na ligação soldada e no perfil. Isto pode ser alcançado com filetes longitudinais de mesmo tamanho de perna (d_w) e comprimentos diferentes (l_1 e l_2); ou ainda, com filetes de mesmo comprimento l e diferentes dimensões d_w. Por outro lado, para favorecer o aspecto construtivo, as soldas podem ser executadas com as mesmas dimensões, caso em que o efeito da excentricidade deve ser levado em consideração no projeto. A exceção é o caso de perfis cantoneiras de barras não sujeitas à fadiga, para as quais o efeito da excentricidade pode ser desprezado (ABNT NBR 8800:2008). Para o presente problema, foi dada a solução ilustrada na Fig. Probl. 4.6.3 (ver Seção 9.4 do Projeto Integrado – Memorial Descritivo)

A equação de equilíbrio de momentos em relação a um ponto no filete inferior fornece:

$$F_1 \times 12,7 - 150 \times 3,63 = 0$$

$$F_1 = \frac{150 \times 3,63}{12,7} = 42,8 \text{ kN}$$

$$F_2 = 150 - 42,8 = 107,2 \text{ kN}$$

O comprimento ℓ_1 pode ser determinado com a solicitação de cálculo 1,3 × 42,8 kN, e a resistência de cálculo dada por:

$$R_d = 0,7 \times 0,5\ell_1 \times 0,6 \times 48,5/1,35 = 7,54\ell_1$$

Igualando a resistência à solicitação, tem-se:

$$7,54\ell_1 = 1,3 \times 42,8 \therefore \ell_1 = 7,38 \text{ cm} \approx 80 \text{ mm} < 100\, d_w$$

$$\ell_2 = \frac{107,2}{42,8} \ell_1 = 18,5 \text{ cm} \approx 190 \text{ mm} > 100\, d_w$$

Os comprimentos dos filetes podem ser reduzidos utilizando-se solda de maior lado. Adotando-se, por exemplo, d_w = 8 mm, tem-se:

$$\ell_1 = 4,61 \text{ cm} \approx 50 \text{ mm}$$

$$\ell_2 = 11,5 \text{ cm} \approx 120 \text{ mm}$$

A verificação de segurança da cantoneira à tração deve ser feita com as Eqs. (2.2a,b), sendo a área líquida efetiva [ver Eq. (2.6)] calculada com o coeficiente da Eq. (2.7).

A chapa *gusset* deve ser verificada também à tração em uma área efetiva que considera o espalhamento das tensões (ver Problema Resolvido 8.7.1).

4.6.4 Resolver o mesmo problema anterior considerando o detalhe de solda dado na figura. Aço MR250; eletrodo E70.

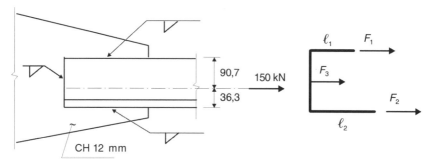

Fig. Probl. 4.6.4

Solução

Neste problema, o esforço solicitante (150 kN) é equilibrado pelos esforços resistentes de três cordões de solda (F_1, F_2 e F_3).

Admitindo-se filete de solda com perna $d_w = 5$ mm, têm-se as seguintes resistências de projeto (determinadas pelo metal de solda, Eq. (4.9a)):

$$F_{3d} = 0{,}7 \times 0{,}5 \times 12{,}7 \times 0{,}6 \times 48{,}5/1{,}35 = 95{,}8 \text{ kN}$$

$$F_{1d} = 0{,}7 \times 0{,}5\ell_1 \times 0{,}6 \times 48{,}5/1{,}35 = 7{,}54\ell_1$$

$$F_{2d} = 7{,}54\ell_2$$

Os valores de F_{1d} e F_{2d} são determinados com as duas equações de equilíbrio:

$$F_{1d} + F_{2d} + F_{3d} = 1{,}3 \times 150$$

$$F_{1d} \times 12{,}7 + F_{3d} \times 6{,}35 - 1{,}3 \times 150 \times 3{,}63 = 0$$

$$7{,}54(\ell_1 + \ell_2) + 95{,}8 = 195 \therefore \ell_1 + \ell_2 = 13{,}16 \text{ cm}$$

$$95{,}8\ell_1 + 608{,}3 - 707{,}9 = 0$$

$$\ell_1 = 1{,}04 \text{ cm}$$

$$\ell_2 = 12{,}1 \text{ cm}$$

Adotam-se então $\ell_1 = 20$ mm e $\ell_2 = 130$ mm, a serem executados em um único passe com ℓ_3.

4.6.5 Verificar a segurança da solda de filete na ligação do consolo dado na figura. Admitir aço MR250, eletrodo E60. Carga atuante do tipo variável.

Solução

A carga vertical de 60 kN pode ser transportada para o centro de gravidade G dos cordões de solda (Fig. Probl. 4.6.5b). Com isso, são aplicados uma carga de 60 kN e um momento $M = 60(40 - x_g)$.

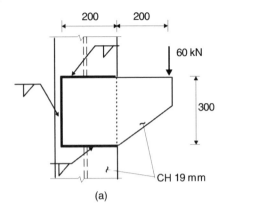
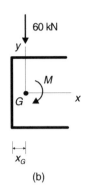

Fig. Probl. 4.6.5

a) Determinação de x_g

Calculando o momento estático dos cordões de solda em relação ao eixo vertical passando por G, tem-se:

$$2 \times 20(10 - x_g) - 30x_g = 0$$

$$x_g = 5{,}71 \text{ cm}$$

b) Esforço solicitante por unidade de comprimento devido ao cortante $V = 60$ kN.

Consultando a Tabela 4.2, tomaremos como primeira tentativa $d_w = 6$ mm $< d_{w\,máx} = 19 - 1{,}5 = 17{,}5$ mm

$$p_v = \frac{V}{\sum \ell} = \frac{60}{2 \times 20 + 30} = 0{,}857 \text{ kN/cm}$$

c) Esforço solicitante por unidade de comprimento em função do momento M

$$M = 60(40 - x_g) = 60(40 - 5{,}71) = 2057{,}4 \text{ kN cm}$$

$$I_x = 0{,}7 \times 0{,}6 \times 20 \times 15^2 \times 2 + \frac{0{,}7 \times 0{,}6 \times 30^3}{12} = 4725 \text{ cm}^4$$

$$I_y = 0{,}7 \times 0{,}6 \times 30 \times 5{,}71^2 + 2 \times 0{,}7 \times 0{,}6 \times 20^3/12 +$$
$$+ 2 \times 0{,}7 \times 0{,}6 \times 20\,(10 - 5{,}71)^2 = 1280 \text{ cm}^4$$

$$I_p = I_x + I_y = 6005 \text{ cm}^4$$

Por outro lado, pode-se usar a Tabela A8.1, Anexo A, para calcular

$$I_p(t = 1) = \frac{80 \times 20^3 + 6 \times 20 \times 30^2 + 30^3}{12} - \frac{20^4}{2 \times 20 + 30} = 14{.}297 \frac{\text{cm}^4}{\text{cm}}$$

e verificar que

$$I_p \cong tI_p(t = 1) = 0{,}7 \times 0{,}6 \times 14{.}297 = 6004 \text{ cm}^4$$

Os pontos mais solicitados serão os mais afastados de G. Nas extremidades livres dos filetes horizontais, obtemos:

$$p_{Mx} = \tau_x t = \frac{2057,4}{14.297} \times 15 = 2,16 \text{ kN/cm}$$

$$p_{My} = \tau_y t = \frac{2057,4}{14.297} \times (20 - 5,71) = 2,06 \text{ kN/cm}$$

d) Esforço combinado
Somando os efeitos do momento e do cortante no ponto considerado, teremos

$$p = \sqrt{(0,86 + 2,06)^2 + 2,16^2} = 3,62 \text{ kN/cm}$$

Esforço solicitante de cálculo

$$p_d = 1,4 \times 3,63 = 5,07 \text{ kN/cm}$$

e) Esforço resistente de projeto [Eq. (4.9b)]
 – Metal da solda

$$p_{Rd} = 0,7 \times 0,6 \times 0,6 \times 41,5/1,35 = 7,75 \text{ kN/cm}$$

f) Conclusão: Como $p_{Rd} > p_d$, o dimensionamento da solda está satisfatório. A chapa do consolo precisa ser verificada à flexão e corte combinados.

4.6.6 Um perfil VS de 500 mm × 61 kg/m (Tabela A5.3, Anexo A) está solicitado em uma seção por um momento $M = 170$ kNm e um esforço cortante $V = 200$ kN (solicitações de carga variável). A junção da mesa com a alma é feita por solda de filete com 5,0 mm de perna. Verificar esta ligação, sem considerar a existência de tensões na alma oriundas de efeitos locais, por exemplo, cargas concentradas. Aço ASTM A36 (MR250); eletrodo E60.

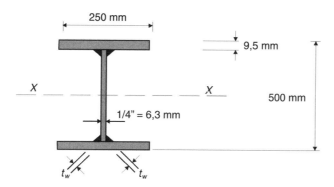

Fig. Probl. 4.6.6

Solução
a) Tensão de cisalhamento atuante na garganta da solda [Eq. (4.13)]

$$S = 25 \times 0,95 \times 24,525 = 582,5 \text{ cm}^3$$

$$\tau_d = 1,4 \frac{200 \times 582,5}{2 \times 0,7 \times 0,5 \times 34.416} = 6,77 \text{ kN/cm}^2 = 67,7 \text{ MPa}$$

b) Tensão resistente de projeto, referida à garganta da solda
   – Metal da solda

$$\tau_{Rd} = 0.6 \times 415/1.35 = 184 \text{ MPa} > \tau_d$$

Para a verificação do perfil, as tensões cisalhantes junto à solda não são determinantes, uma vez que são menores do que as tensões cisalhantes na altura da linha neutra da seção.

c) Combinação de tensões normais e de cisalhamento na solda

De acordo com a ABNT NBR 8800:2008, nas soldas de ligação de mesas e almas de perfis soldados, o dimensionamento da solda pode ser feito com as tensões de cisalhamento, sem considerar as tensões normais de tração ou compressão, paralelas ao eixo da solda.

4.6.7 A ligação do perfil VS 850 × 120 com a chapa de extremidade, dada na figura, foi feita por meio de solda de filete. Pede-se para verificar as tensões na solda. Aço MR250. Eletrodo E60. Cargas variáveis.

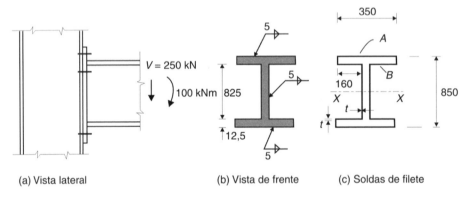

Fig. Probl. 4.6.7

Solução

a) Tensões solicitantes em serviço

Como o esforço cortante no perfil é resistido pela alma, admite-se que ele seja transferido, na ligação, pelos filetes verticais da alma.

Os pontos críticos da peça são os pontos A e B. No ponto A atuam tensões provenientes do momento; no ponto B há tensões decorrentes do momento e do esforço cortante. Faremos então uma verificação nesses dois pontos.

Na Fig. Probl. 4.6.7c, vê-se a projeção das gargantas da solda, que será tratada como um perfil para fins de verificação da solda. O momento de inércia da área de solda, em relação ao eixo x, vale:

$$I_x = 2(35 \times 0.5 \times 0.7 \times 42.5^2 + 34.2 \times 0.5 \times 0.7 \times 41.25^2) +$$

$$2\left(\frac{0.5 \times 0.7 \times 82.5^3}{12}\right) = 117.744 \text{ cm}^4$$

A tensão normal de flexão no ponto A produz uma tensão cisalhante no filete de solda:

$$\tau_A = \frac{M}{I_x} y = \frac{10.000}{117.744} \times 42,5 = 3,61 \text{ kN/cm}^2 = 36,1 \text{ MPa}$$

Tensão cisalhante resultante do esforço cortante no ponto B:

$$\tau = \frac{V}{2t_w h_w} = \frac{250}{2 \times 0,5 \times 0,7 \times 82,5} = 4,33 \text{ kN/cm}^2 = 43,3 \text{ MPa}$$

Tensão cisalhante em decorrência do momento fletor no ponto B:

$$\tau_B = \frac{10.000}{117.744} \times 41,25 = 3,50 \text{ kN/cm}^2 = 35 \text{ MPa}$$

A tensão resultante no ponto B será a soma vetorial das tensões obtidas:

$$\tau_B = \sqrt{43,3^2 + 35^2} = 55,7 \text{ MPa}$$

b) Tensões solicitantes de cálculo
A tensão mais desfavorável se dá no ponto B

$$\tau_B = 1,4 \times 55,7 = 78,0 \text{ MPa}$$

c) Tensões resistentes de projeto, referidas à garganta da solda
– Metal da solda

$$\tau_{Rd} = 0,6 \times 415/1,35 = 184 \text{ MPa} > \tau_d$$

d) Conclusão: Como $\tau_{Rd} > \tau_d$, o dimensionamento está satisfatório.

4.6.8 Calcular a conexão da viga I no *gusset* indicado na figura a seguir, usando solda de penetração e de filete. O perfil é cortado com maçarico, retirando-se a alma e a parte central da mesa, em um comprimento de 12 cm. A mesa é soldada à chapa com solda de filete (Fig. 4.6.8*b*); a alma é soldada à chapa com solda de penetração (Fig. 4.6.8*c*). Material: aço MR250 e eletrodo E60.

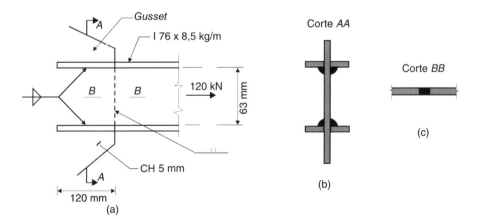

Fig. Probl. 4.6.8

126 Capítulo 4

Solução

a) Soldas de filete ligando as mesas com a chapa *gusset*.

Usaremos filetes de solda com lado 4 mm, comprimento 120 mm.

Área das gargantas de solda (A_w) nos quatro filetes de solda, correspondente a duas mesas.

$$A_w = 4 \times 0,7 \times 0,4 \times 12 = 13,4 \text{ cm}^2$$

Esforço de cálculo transmitido pelas mesas

$$\gamma \frac{2A_f}{A_g} F = 1,4 \frac{2 \times 5,92 \times 0,66}{10,8} 120 = 122 \text{ kN}$$

Resistência de projeto dos filetes de solda:

$$13,4 \times 0,6 \times 41,5/1,35 = 248 \text{ kN} > 122 \text{ kN}$$

Resistência ao cisalhamento da chapa *gusset* na região dos filetes de solda

$$2 \times 0,5 \times 12 \times 0,6 \times 25/1,10 = 164 \text{ kN} > 122 \text{ kN}$$

A resistência da ligação é maior que a solicitação.

b) Solda de penetração ligando a alma ao *gusset*

Trata-se de solda de entalhe com penetração total, sujeita a um esforço de tração normal ao eixo da solda.

Esforço de cálculo transmitido pela alma

$$1,4 \times 120 - 122 = 46 \text{ kN}$$

Esforço resistente da solda

$$(7,6 - 2 \times 0,66)0,432 \times 25/1,10 = 62 \text{ kN}$$

A solda de entalhe satisfaz.

4.7 PROBLEMAS PROPOSTOS

4.7.1 Quais os principais efeitos indesejáveis que surgem no processo de solda?

4.7.2 Por que o esfriamento rápido de uma solda é indesejável?

4.7.3 Quais os aços que podem ser soldados sem precauções especiais?

4.7.4 Qual a posição de solda que produz melhores resultados?

4.7.5 Definir garganta do filete de solda.

4.7.6 O que se deve fazer em uma ligação de chapas de topo com espessuras diferentes?

4.7.7 Por que se estabelecem dimensões transversais mínimas para os filetes de solda?

4.7.8 Determinar a dimensão d_w da perna do filete de solda necessária para desenvolver o esforço resistente de cálculo das peças nas ligações esquematizadas. Aço MR250; eletrodo E60.

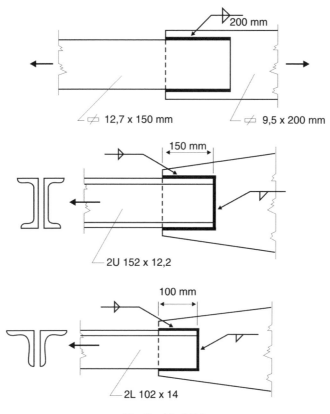

Fig. Probl. 4.7.8

4.7.9 Determinar a dimensão da perna do filete de solda necessária para fixar o consolo indicado na Fig. 4.7.9a. Admitir aço MR250 e eletrodo E60. A carga é do tipo permanente.

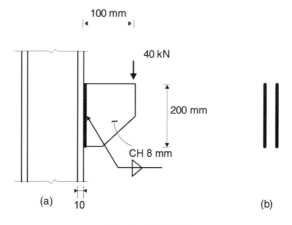

Fig. Probl. 4.7.9

4.7.10 Dimensionar a ligação do consolo da figura, isto é, determinar o comprimento L para um valor adotado do lado d_w do filete. Admitir aço ASTM A36, eletrodo E60. Carga atuante do tipo variável de utilização.

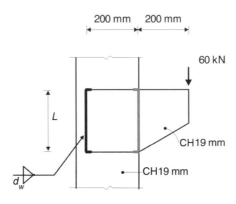

Fig. Probl. 4.7.10

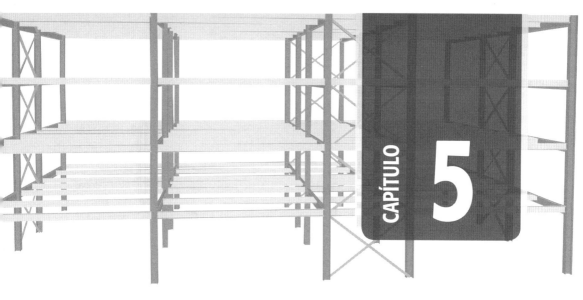

Peças Comprimidas

5.1 INTRODUÇÃO

Denomina-se coluna uma peça vertical sujeita à compressão centrada. Peças comprimidas axialmente são encontradas em componentes de treliças, sistemas de travejamento e em pilares de sistemas contraventados de edifícios com ligações rotuladas (ver Figs. 1.30b e 1.31b).

Ao contrário do esforço de tração, que tende a retificar as peças, o esforço de compressão tende a acentuar o efeito de curvaturas iniciais existentes. Os deslocamentos laterais produzidos compõem o processo conhecido por *flambagem por flexão* (Fig. 5.1a), que, em geral, reduz a capacidade de carga da peça em relação ao caso da peça tracionada. As peças comprimidas podem ser constituídas de seção simples ou de seção múltipla, conforme ilustram as Figs. 5.1b,c. As peças múltiplas podem estar justapostas (Fig. 5.1c) ou afastadas e ligadas por treliçados ao longo do comprimento.

As chapas componentes de um perfil comprimido podem estar sujeitas à *flambagem local*, que é uma instabilidade caracterizada pelo aparecimento de deslocamentos transversais à chapa, na forma de ondulações. A ocorrência de flambagem local depende da esbeltez da chapa b/t (Fig. 5.1b).

Este capítulo apresenta o critério de dimensionamento de peças em compressão simples, considerando os efeitos de flambagem por flexão e de flambagem local, em peças de seção simples e de seção múltipla. As hastes submetidas à flexocompressão são tratadas no Cap. 7.

5.2 FLAMBAGEM POR FLEXÃO

Os primeiros resultados teóricos sobre instabilidade foram obtidos pelo matemático suíço Leonhardt Euler (1707-1783), que investigou o equilíbrio de uma coluna comprimida na

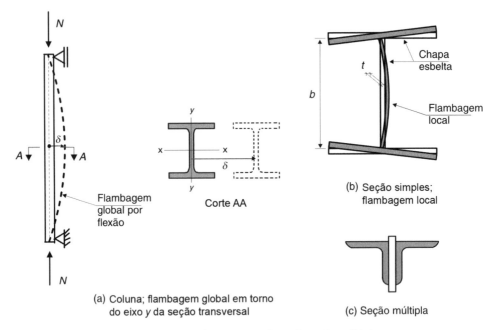

Fig. 5.1 Colunas de seção simples e de seção múltipla.

posição deformada com deslocamentos laterais, como mostrado na Fig. 5.2a. O resultado obtido está ilustrado pelas duas retas identificadas no gráfico carga N × deslocamento lateral δ_t (Fig. 5.2d) por coluna idealmente perfeita, já que este é válido para as seguintes condições:

- Coluna isenta de imperfeições geométricas e tensões residuais
- Material de comportamento elástico linear
- Carga perfeitamente centrada.

Nestas condições, a coluna inicialmente reta mantém-se com deslocamentos laterais nulos ($\delta = 0$) até a carga atingir a carga crítica ou carga de Euler dada por (Gere; Timoshenko, 1994):

$$N_{cr} = \frac{\pi^2 E I}{\ell^2} \tag{5.1}$$

em que I é o momento de inércia da seção da haste em torno do eixo de flambagem. Por exemplo, na Fig. 5.1a, a flambagem se dá em torno do eixo y da seção. Utiliza-se, então, o momento de inércia em torno desse eixo: I_y.

A partir desta carga não é mais possível o equilíbrio na configuração retilínea. Aparecem então deslocamentos laterais, e a coluna fica sujeita à flexocompressão. Em função da hipótese de pequenos deslocamentos e rotações, ficou indeterminada a função carga N versus deslocamento δ para $N > N_{cr}$, e por isso o aparecimento dos deslocamentos é representado na Fig. 5.2d por uma linha tracejada horizontal.

Dividindo-se a carga crítica pela área A da seção reta da haste, obtém-se a tensão crítica

$$f_{cr} = \frac{N_{cr}}{A} = \frac{\pi^2 E\, I}{A\ell^2} = \frac{\pi^2 E}{(\ell/r)^2} \qquad (5.2)$$

em que:

ℓ/r = índice de esbeltez da haste;

$r = \sqrt{I/A}$, raio de giração da seção, em relação ao eixo de flambagem.

As colunas reais possuem imperfeições geométricas, tais como desvios de retilinidade, oriundas dos processos de fabricação e nem sempre pode-se garantir na prática a perfeita centralização do carregamento. Nas Figs. 5.2b,c estão mostrados os casos de coluna com imperfeição geométrica (δ_0) e de coluna com excentricidade de carga (e_0). Nestes casos, o processo de flambagem ocorre com a flexão da haste desde o início do carregamento, como indica a curva 1 da Fig. 5.2d.

O esforço normal N em uma coluna com imperfeição geométrica representada por δ_0 produz uma excentricidade adicional δ, chegando-se a uma flecha total δ_t que, em regime elástico de tensões, é expressa por (Gere; Timoshenko, 1994):

$$\delta_t = \frac{\delta_0}{1 - N/N_{cr}} \qquad (5.3)$$

O gráfico $N \times \delta_t$ da Eq. (5.3) corresponde à curva 1 da Fig. 5.2d. A evolução das tensões normais na seção mais solicitada de uma coluna de seção H em flambagem em torno do eixo y está ilustrada na Fig. 5.2e. Para a coluna imperfeita de material elástico (curva 1), observa-se a ocorrência de flexocompressão em toda a extensão do caminho de equilíbrio com as tensões máximas na seção dadas por

$$\sigma = \frac{N}{A} \pm \frac{N\delta_t}{W} \qquad (5.4)$$

em que $N\delta_t$ representa o momento fletor atuante na seção do meio do vão, e W é o módulo elástico a flexão [ver Eq. (6.1) e Fig. 6.5]. Se o material da coluna for elastoplástico, a máxima tensão solicitante obtida com a Eq. (5.4) atinge a tensão de escoamento f_y no ponto E da Fig. 5.2d, e a coluna experimenta uma redução de rigidez em virtude da plastificação progressiva da seção mais solicitada, passando a seguir o caminho da curva 2. No ponto F, a coluna atinge sua resistência pela plastificação total da seção central.

As colunas fabricadas em aço, além de possuírem imperfeições geométricas, estão sujeitas, previamente à ação do carregamento (ponto B da Fig. 5.2d), a tensões oriundas dos processos de fabricação, denominadas tensões residuais σ_r (ver Seção 1.8). Essas tensões se somam às tensões devidas ao carregamento, induzindo o início da plastificação sob ação da carga N_y correspondente ao ponto D da Fig. 5.2d; a coluna passa, então, a seguir o caminho da curva 3, atingindo sua resistência sob ação da carga N_c no ponto G (ver também a evolução das tensões normais na seção central na Fig. 5.2e).

A carga N_c é denominada carga última ou resistente e, como se observa na Fig. 5.2d, pode ser bem menor do que a carga crítica (N_{cr}) da coluna de Euler correspondente. A tensão última nominal f_c é obtida admitindo-se somente a ação do esforço normal N_c (sem flexão) na seção transversal de área A:

$$f_c = \frac{N_c}{A} \qquad (5.5)$$

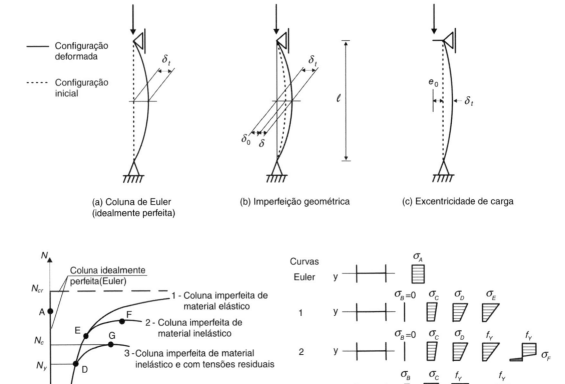

Fig. 5.2 Comportamento de colunas sob cargas crescentes. Efeitos da imperfeição geométrica inicial, da excentricidade de carga, e das tensões residuais.

Assim como a tensão crítica f_{cr} [Eq. (5.2)], a tensão última f_c também depende da esbeltez ℓ/r da coluna em torno do eixo em que se dá a flambagem, como mostra a Fig. 5.3. Quanto mais esbelta a coluna, mais deformável será seu comportamento e menor será a tensão última.

A Fig. 5.4 apresenta a variação da tensão última f_c dividida pela tensão de escoamento f_y do material, em função do índice de esbeltez ℓ/r. A curva tracejada poderia representar um critério de resistência para colunas geometricamente perfeitas com material elástico perfeitamente plástico, onde se notam duas regiões:

- Para $f_{cr} < f_y$, a tensão última f_c é a própria tensão crítica f_{cr};
- Para $f_{cr} > f_y$, a tensão última f_c pode ser tomada igual a f_y.

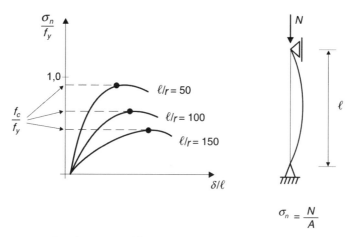

Fig. 5.3 Comportamento de colunas com diferentes índices de esbeltez sob ação de carga crescente até atingir a tensão última nominal f_c.

Entretanto, como já observado na Fig. 5.2d, em razão dos efeitos de imperfeições geométricas e de tensões residuais, o conjunto de valores de tensões últimas obtido em resultados experimentais tem a distribuição ilustrada na Fig. 5.4, estando abaixo da curva da coluna perfeita (para colunas curtas os valores experimentais de f_c são maiores que f_y em virtude do encruamento do aço).

A curva em linha cheia da Fig. 5.4 (denominada curva de resistência à compressão com flambagem ou simplesmente **curva de flambagem**) representa o critério de resistência de uma coluna considerando-se os efeitos mencionados anteriormente. Observam-se três regiões:

- Colunas muito esbeltas (valores elevados de ℓ/r), onde ocorre flambagem em regime elástico $f_{cr} < f_y$ e com $f_c \cong f_{cr}$;
- Colunas de esbeltez intermediária, nas quais há maior influência das imperfeições geométricas e das tensões residuais;
- Colunas curtas (valores baixos de ℓ/r), nas quais a tensão última f_c é tomada igual à de escoamento do material f_y.

No sentido de permitir a comparação entre as resistências de perfis com diferentes aços, a curva em linha cheia da Fig. 5.4 deve ser apresentada com as coordenadas f_c / f_y e o índice de esbeltez reduzido, λ_0:

$$\lambda_0 = \frac{K\ell/r}{(\pi^2 E/f_y)^{1/2}} = \frac{K\ell}{r}\sqrt{\frac{f_y}{\pi^2 E}} \qquad (5.6a)$$

em que K é o coeficiente que define o comprimento efetivo de flambagem. O índice de esbeltez reduzido pode ainda ser escrito na forma:

$$\lambda_0 = \sqrt{\frac{A_g f_y}{N_{cr}}} \qquad (5.6b)$$

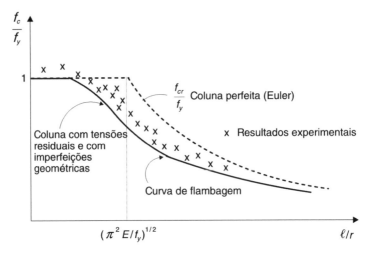

Fig. 5.4 Variação de resistência de uma coluna comprimida, em função do índice de esbeltez ℓ/r.

em que N_{cr} é a carga crítica de flambagem dada pela Eq. (5.1) para colunas birrotuladas e pela Eq. (5.7) para outras condições de contorno. O texto da NBR 8800:2008 utiliza a notação N_e para a carga crítica de flambagem.

Para os aços de uso corrente obtêm-se, com a expressão de λ_0,

$$\text{MR 250} \quad \lambda_0 = 0{,}0113\,(K\ell/r)$$
$$\text{AR 250} \quad \lambda_0 = 0{,}0133\,(K\ell/r)$$

5.3 COMPRIMENTO DE FLAMBAGEM $\ell_{f\ell} = K\ell$

5.3.1 Conceito

Comprimento de flambagem de uma haste é a distância entre os pontos de momento nulo da haste comprimida, deformada lateralmente como indicado na Fig. 5.2a. Para uma haste birrotulada, o comprimento da flambagem é o próprio comprimento da haste.

Na Fig. 5.5 encontram-se indicados os comprimentos de flambagem teóricos de hastes com extremos rotulados, engastados ou livres. Esses comprimentos podem ser visualizados pela forma da elástica da haste deformada, portanto, por considerações puramente geométricas. Eles podem também ser obtidos por processos analíticos.

Como nos pontos de inflexão o momento fletor é nulo, a carga crítica de uma haste com qualquer tipo de apoio é igual à carga crítica da mesma haste, birrotulada, com comprimento $\ell_{f\ell}$. Para qualquer haste, a carga crítica é dada em regime elástico, pela fórmula de Euler escrita na forma:

$$N_{cr} = N_E = \frac{\pi^2 EI}{\ell_{f\ell}^2} \qquad (5.7)$$

com $\ell_{f\ell} = K\ell$, em que K é o coeficiente de flambagem.

Peças Comprimidas

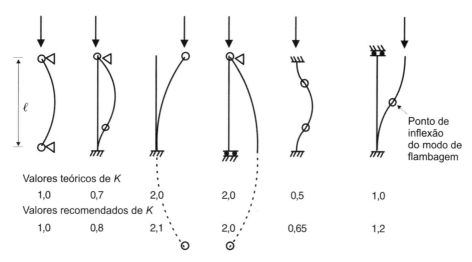

Fig. 5.5 Comprimentos de flambagem $\ell_{fl} = K\ell$.

5.3.2 Indicações Práticas

O conceito de comprimento de flambagem de uma haste para cálculo de sua carga crítica por equivalência a uma haste birrotulada pode também ser utilizado para a determinação de sua resistência. Se a curva de flambagem da Fig. 5.4 foi desenvolvida para uma coluna birrotulada, pode-se considerar razoável aplicá-la para uma coluna com diferentes condições de apoio utilizando-se seu comprimento de flambagem no cálculo do índice de esbeltez equivalente.

Em face da dificuldade prática de se materializarem as condições de apoio ideais, especialmente o engaste, as normas recomendam, em alguns casos, valores de K superiores aos teóricos, conforme ilustra a Fig. 5.5.

Os desenvolvimentos teóricos expostos na Seção 5.2 se referem a colunas isoladas. Na prática, as peças comprimidas pertencem a um sistema estrutural, e o processo de flambagem, em geral, envolve todos seus componentes. Existem, entretanto, algumas situações em que as colunas podem ser tratadas, para efeito de cálculo de seu esforço resistente à compressão, como peças isoladas com condições de apoios extremos bem definidas, por exemplo, os casos ilustrados nas Figs. 5.6a,b,c.

Para as peças comprimidas de treliças (Fig. 5.6d), pode-se adotar conservadoramente $K = 1$ para flambagem no plano e fora do plano da treliça. O comprimento de flambagem fora do plano de treliça depende do sistema de contraventamento (ver Fig. 1.33c). O valor $K = 1$ é considerado conservador para os banzos comprimidos de treliças, pois os trechos menos solicitados à compressão oferecem certa restrição à rotação nos nós do trecho mais solicitado, reduzindo, portanto, seu comprimento de flambagem. No caso específico de montantes ou diagonais de treliças formadas por cantoneiras isoladas conectadas por uma aba à chapa de nó ou ao banzo (corda) da treliça (Fig. 5.6e), o esforço axial é introduzido com excentricidade no elemento sujeitando-o à flexocompressão. Em casos especiais, descritos no Anexo E da ABNT NBR 8800:2008, pode-se verificar o elemento à compressão simples utilizando-se

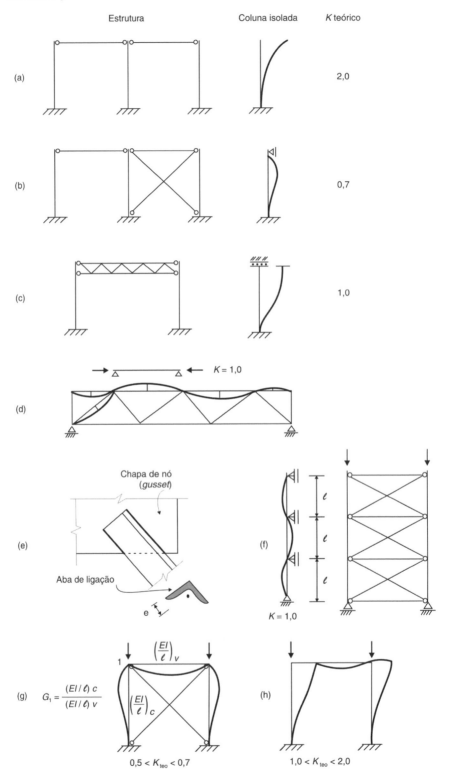

Fig. 5.6 Coeficiente K de flambagem de peças comprimidas em diversos sistemas estruturais.

um comprimento de flambagem equivalente que considera indiretamente o efeito negativo da excentricidade e também o efeito benéfico da restrição à rotação oferecida pela ligação à chapa de nó ou ao banzo (Galambos, 1998).

Para colunas com apoios intermediários (Fig. 5.6*f*), o cálculo da carga crítica fornece um comprimento de flambagem igual ao espaçamento entre apoios. Essas colunas podem representar colunas pertencentes a uma estrutura contraventada (Fig. 1.29), desde que o contraventamento tenha suficiente rigidez lateral. A determinação deste valor de rigidez pode ser efetuada com o critério indicado na Seção 7.5.

No caso dos pórticos com ligações rígidas (ver Fig. 1.21), o parâmetro K depende da razão G entre a rigidez da viga e das colunas (Fig. 5.6*g*). Nos pórticos contraventados com a base engastada, K teórico varia entre 0,5 (caso em que G tende a infinito) e 0,7 ($G = 0$); já para os pórticos não contraventados, K é sempre maior ou igual a 1,0, variando entre 1,0 e 2,0 no caso de base engastada.

As colunas pertencentes a pórticos com ligações rígidas ou semirrígidas ficam sujeitas a esforços combinados de força axial e momento fletor (ver Figs. 1.25*a* e 1.26*a*) e sua verificação de resistência deve ser efetuada com as fórmulas de interação, Eqs. (7.11). Tradicionalmente, a aplicação dessas fórmulas é feita com os esforços solicitantes calculados por análise linear (ou de 1ª ordem – ver Seção 11.1) e com o esforço normal resistente determinado com base na esbeltez $K\ell/r$, sendo K obtido da teoria da estabilidade elástica, por exemplo, os valores indicados na Fig. 5.6*h* ($K >$ 1,0). Na prática, utilizam-se gráficos como ábacos de pontos alinhados aplicáveis a situações bastante restritas. Na atual abordagem adotada por algumas normas de projeto incluídas na ABNT NBR 8800:2008, o esforço normal resistente das colunas pertencentes a pórticos pode ser obtido com base na esbeltez obtida com $K = 1,0$; este procedimento impõe o cálculo dos esforços solicitantes por meio de análise de 2ª ordem já incluindo-se os efeitos das imperfeições geométricas referentes aos desvios de prumo da estrutura e da inelasticidade do material (ver Seção 7.4).

5.4 DIMENSIONAMENTO DE HASTES EM COMPRESSÃO SIMPLES SEM FLAMBAGEM LOCAL

5.4.1 Esforço Resistente de Projeto

O esforço resistente de projeto, para hastes metálicas, sem efeito de flambagem local, sujeitas à compressão axial, é dado pela equação:

$$N_{Rd} = \frac{N_c}{\gamma_{a1}} = \frac{\chi A_g f_y}{\gamma_{a1}} \qquad (5.8a)$$

em que:

$\chi f_y = f_c$, tensão resistente (ou tensão última) à compressão simples com flambagem global por flexão;

$\chi =$ fator redutor da resistência associado à flambagem global;

$A_g =$ área da seção transversal bruta da haste;

$\gamma_{a1} =$ 1,10 para combinações normais de ações (ver Tabela 1.7).

A tensão f_c considera o efeito de imperfeições geométricas e excentricidade de aplicação das cargas dentro das tolerâncias de norma, além das tensões residuais existentes nos diferentes tipos de perfis.

5.4.2 Curva de Flambagem

Inúmeros trabalhos de pesquisa sobre resistência à compressão de colunas realizados na América do Norte e na Europa a partir de 1970 resultaram no conceito de múltiplas curvas de flambagem de modo a abranger toda a gama de perfis, tipos de aço e processos de fabricação utilizados na indústria da construção. Por exemplo, Bjorhovde (1972, *apud* Galambos, 1998) estudou numérica e experimentalmente 112 colunas. A Fig. 5.7*a* ilustra o aspecto da faixa de variação das curvas de flambagem desenvolvidas considerando-se a imperfeição geométrica inicial δ_0 igual a L/1000. Todas essas curvas foram posteriormente agrupadas em três, tornando-se as curvas recomendadas pelo Structural Stability Research Council (SSRC) na América do Norte. Cada um dos três grupos é formado por diferentes tipos de perfis, processos de fabricação e tipos de aço. Por exemplo, o grupo 2 inclui os perfis leves tipos I e H laminados em aço A36, enquanto no grupo 3, de menor resistência, estão inseridos os perfis de mesmo tipo, porém de maior espessura (perfis pesados) e, portanto, com maiores tensões residuais.

Bjorhovde (1972, *apud* Galambos 1998) também desenvolveu três curvas de flambagem considerando a imperfeição geométrica inicial igual a L/1470, que foi o valor médio encontrado no estudo estatístico correspondente. Essas curvas são referidas como curvas 1P, 2P e 3P do SSRC. A norma norte-americana AISC e a brasileira ABNT NBR 8800:2008 adotaram a curva 2P (ilustrada na Fig. 5.7*b*) como curva única de flambagem, a qual é descrita como uma relação entre o parâmetro adimensional χ e o índice de esbeltez reduzido λ_0 [Eq. (5.6*a*) ou (5.6*b*)]:

$$\chi = 0{,}658^{\lambda_0^2} \text{ para } \lambda_0 \le 1{,}50 \tag{5.9a}$$

$$\chi = \frac{0{,}877}{\lambda_0^2} \text{ para } \lambda_0 > 1{,}50 \tag{5.9b}$$

Os perfis tubulares laminados a quente ou tratados termicamente apresentam tensões residuais de menor magnitude que os perfis dos grupos 2 e 3 já citados. Por essa razão, a ABNT NBR 16239:2013 indica uma expressão alternativa para o fator χ, a qual conduz a valores de resistência mais elevados do que os da Eq. 5.9 para este tipo de perfil (Araujo *et al.*, 2016).

5.4.3 Valores Limites do Coeficiente de Esbeltez

As normas fixam limites superiores do coeficiente de esbeltez $(K\ell/r)$ com a finalidade de evitar a grande flexibilidade de peças excessivamente esbeltas.

Os limites geralmente adotados são:

Edifícios (AISC, ABNT NBR 8800:2008)   200
Pontes (AASHTO)   120

5.5 FLAMBAGEM LOCAL

5.5.1 Conceito

Denomina-se flambagem local a flambagem das placas componentes de um perfil comprimido. A Fig. 5.8 mostra uma coluna curta (não sofre flambagem global por flexão), cujas placas componentes comprimidas apresentam deslocamentos laterais na forma de ondulações

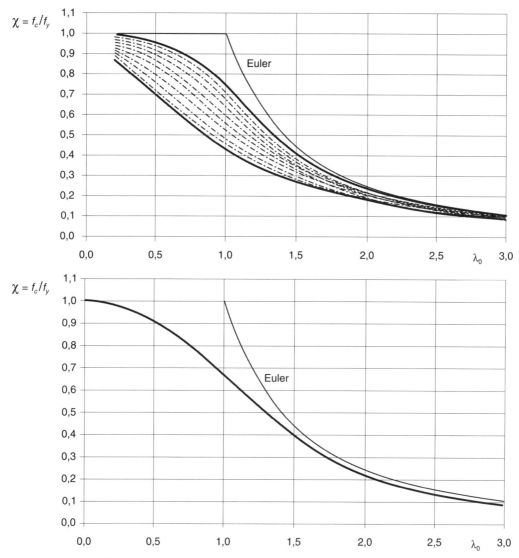

Fig. 5.7 Curvas de flambagem: (a) faixa de variação das curvas de flambagem (adaptada de Galambos, 1998); (b) curva única de flambagem das normas AISC (2005) e ABNT NBR 8800:2008.

(flambagem local). Em uma coluna esbelta composta de chapas esbeltas, os processos de flambagem por flexão da coluna (global) e de flambagem local (das chapas) ocorrem de forma interativa reduzindo a carga última da coluna sem consideração de flambagem local (carga N_c da Fig. 5.2d).

5.5.2 Flambagem da Placa Isolada

O comportamento, sob cargas crescentes, de uma placa isolada, comprimida uniformemente e apoiada em seus bordos laterais, é mostrado na Fig. 5.9. Se a placa é compacta, isto é, com baixa relação b/t, o encurtamento Δ aumenta linearmente com a carga P até a

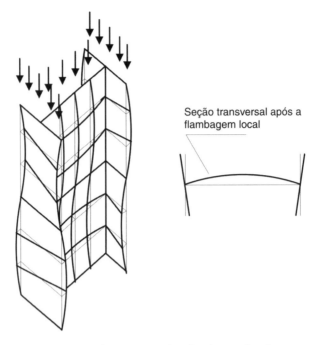

Fig. 5.8 Coluna curta após a flambagem local.

plastificação da seção ($P = P_y$). Entretanto, se a chapa é esbelta (elevado valor b/t), ocorre a flambagem local ($P = P_{cr}$) caracterizada pelo aparecimento de deflexões laterais e a consequente redução da rigidez da placa. O saldo de carga aplicada entre a carga crítica local (P_{cr}) e a carga última da placa (P_u) é considerado uma *reserva de resistência pós-flambagem*, e será tanto maior quanto mais esbelta for a placa.

Destaca-se, na Fig. 5.9, a distribuição de tensões na seção transversal, que passa de uniforme a não uniforme após a carga crítica local ($P > P_{cr}$). Essa distribuição, caracterizada pela progressiva redução de tensões no trecho central da placa e o acréscimo de tensões nos bordos, deu origem ao *conceito de largura efetiva* utilizado no dimensionamento de colunas com chapas esbeltas.

A tensão crítica de flambagem local de uma placa perfeita foi obtida por Timoshenko (1959):

$$\sigma_{cr} = \frac{P_{cr}}{bt} = k\frac{\pi^2 E}{12(1-v^2)(b/t)^2} \tag{5.10}$$

em que k é um coeficiente que depende das condições de apoio da placa e da relação b/a largura/altura.

5.5.3 Critérios para Impedir Flambagem Local

Considerando-se o caso de placa isolada perfeita, o valor limite de esbeltez da placa $(b/t)_{lim}$ para impedir que a flambagem local ocorra antes da plastificação da seção é obtido igualando-se a tensão crítica elástica [σ_{cr} da Eq. (5.10)] à tensão f_y

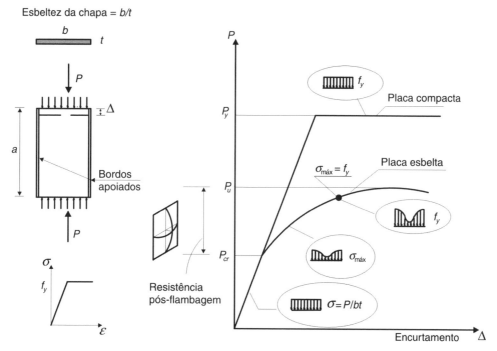

Fig. 5.9 Comportamento da placa isolada perfeita sob compressão.

$$\left(\frac{b}{t}\right)_{\lim} = \sqrt{\frac{k\pi^2 E}{12(1-v^2)f_y}} = 0{,}95\sqrt{k}\sqrt{\frac{E}{f_y}} \qquad (5.11)$$

em que:

$k = 4$ para bordos apoiados;

$k = 0{,}425$ para um bordo apoiado e outro livre.

Para considerar os efeitos de imperfeições e de tensões residuais, as normas apresentam valores limites de (b/t) menores que $(b/t)_{\lim}$ da Eq. (5.11). Os valores limites de b/t para placas componentes de alguns tipos de perfis são mostrados na Tabela 5.1. Os valores diferenciados para os diversos casos têm origem nas condições de apoio das placas [coeficiente k da Eq. (5.11)].

Por exemplo, as abas do perfil cantoneira (Grupo 3 da Tabela 5.1) e as mesas dos perfis T e I (Grupo 4) têm um bordo livre e outro "apoiado". Entretanto, os apoios nos perfis T e I oferecem maior restrição à rotação da mesa do que o apoio da aba do perfil cantoneira. Já as almas dos perfis I, H e U (Grupo 2) têm dois bordos "apoiados".

Se as placas componentes de um perfil tiverem valores de (b/t) inferiores aos da Tabela 5.1, não haverá flambagem local e o esforço resistente de compressão da coluna será calculado com a Eq. (5.8). No caso contrário, deve-se levar em conta a redução do esforço resistente da coluna em razão da ocorrência de flambagem local.

142 CAPÍTULO 5

Tabela 5.1 Valores limites de b/t em chapas componentes de perfis em compressão axial para impedir que a flambagem local ocorra antes do escoamento do material (ABNT NBR 8800; AISC)

Elemento	Grupo	Exemplos		$(b/t)_{lim}$	
				MR250	AR350
Enrijecido (AA)	1	t (uniforme)	$1,40\sqrt{\dfrac{E}{f_y}}$	39,6	33,4
	2	$t_{médio}$	$1,49\sqrt{\dfrac{E}{f_y}}$	42,1	35,6
Não enrijecido (AL)	3		$0,45\sqrt{\dfrac{E}{f_y}}$	12,7	10,7
	4	Perfis laminados	$0,56\sqrt{\dfrac{E}{f_y}}$	15,8	13,4
	5	Perfil soldado	$0,64\sqrt{\dfrac{E}{f_y/k_c{}^*}}$		
	6		$0,75\sqrt{\dfrac{E}{f_y}}$	21,2	17,9

$^*k_c = \dfrac{4}{\sqrt{h/t_w}}$, $0,35 \leq k_c \leq 0,76$. O coeficiente k_c considera a influência da esbeltez da alma na rigidez à rotação

oferecida como apoio à placa da mesa do perfil; h é a altura da alma e t_w é a espessura da alma do perfil I (ver a Fig. 6.8).

5.5.4 Esforço Resistente de Hastes com Efeito de Flambagem Local

A redução na capacidade de carga das colunas em função da ocorrência de flambagem local é considerada pelas normas por meio do coeficiente redutor Q. As expressões para Q são baseadas no comportamento das placas isoladas (ver Subseção 5.5.2). As placas componentes de um perfil são classificadas como:

- Placa não enrijecida: com um bordo apoiado e outro livre (Grupos 3 a 6 da Tabela 5.1); por isso são denominadas também por placas tipo AL (apoio livre);
- Placa enrijecida: com dois bordos apoiados (Grupos 1 e 2 da Tabela 5.1), placas tipo AA.

No caso de *placas enrijecidas*, a redução de rigidez da coluna é considerada por meio do coeficiente Q_a, baseado no conceito de largura efetiva. Esse conceito está ilustrado nas Figs. 5.10c,d. Na Fig. 5.10c vê-se a distribuição não linear de tensões após a flambagem local na seção transversal da placa (ver também Fig. 5.9). Para descrever o comportamento da placa, o diagrama não linear de tensões é substituído por um diagrama de tensão uniforme, igual à tensão máxima $\sigma_{máx}$, de maneira que a resultante seja a mesma força P. As tensões uniformes se distribuem em dois trechos de largura $b_{ef}/2$, e a placa original de largura b passa a ser representada por uma placa de largura efetiva b_{ef}. Dessa forma, tem-se:

$$P = \sigma_{máx} A_{ef} = \int_0^b \sigma(x) t \; dx$$

com A_{ef} = área efetiva da placa = $b_{ef} t$ e $Q_a = \dfrac{A_{ef}}{A_g}$.

Observa-se que a largura efetiva b_{ef} depende da intensidade da tensão $\sigma_{máx}$.

As *placas não enrijecidas* (Figs. 5.10a,b) possuem resistência pós-flambagem muito pequena, de modo que é prudente reduzir a tensão média no perfil e evitar a flambagem local. Essa redução é feita por meio de um fator Q_s aplicado à tensão última da coluna χf_y.

O esforço axial resistente de cálculo em hastes com efeito de flambagem local é então dado por:

$$N_{Rd} = \frac{N_c}{\gamma_{a1}} = \frac{\chi Q A_g f_y}{\gamma_{a1}} \tag{5.8b}$$

em que:

$Q = Q_a \cdot Q_s$ = coeficiente de redução, aplicável a seções em que uma ou mais placas componentes têm relação b/t superior aos valores da Tabela 5.1.

χ = fator redutor associado à flambagem global determinado pela Eq. (5.9a) em função do índice de esbeltez reduzido da Eq. (5.6a) modificado pelo fator Q:

$$\lambda_0 = \frac{K\ell}{r}\sqrt{\frac{Qf_y}{\pi^2 E}} = \sqrt{\frac{QA_g f_y}{N_{cr}}} \tag{5.6c}$$

No cálculo da força crítica de flambagem por flexão N_{cr}, toma-se o raio de giração r da *seção bruta*, em relação ao eixo de flambagem global.

5.5.4.1 Seções com Placas Não Enrijecidas

Nas placas não enrijecidas (Fig. 5.10a), não existe reserva de resistência após a flambagem; o cálculo é feito em uma situação anterior à flambagem local, com uma tensão média $\sigma_{média} = Q_s \sigma_{máx}$ (Fig. 5.10b). O coeficiente Q_s pode ser obtido com equações no formato a seguir:

- Flambagem local inelástica

$$\left(\frac{b}{t}\right)_{lim} < \frac{b}{t} < \left(\frac{b}{t}\right)_e$$

$$Q_s = A - B\frac{b}{t}\sqrt{\frac{f_y}{E}} \leq 1 \tag{5.12a}$$

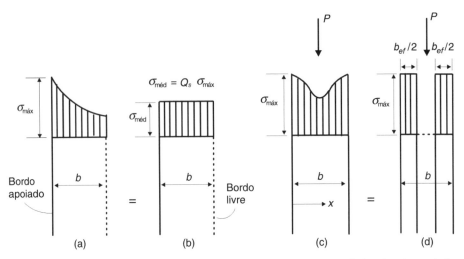

Fig. 5.10 Efeito de flambagem local em placas isoladas. (a) Placa não enrijecida (um bordo apoiado e um bordo livre); variação das tensões entre $\sigma_{máx}$ no bordo apoiado e σ_{min} no bordo livre; (b) tensão média na placa não enrijecida $\sigma_{média} = Q_s \, \sigma_{máx}$; (c) placa enrijecida (dois bordos laterais apoiados); variação das tensões de compressão entre $\sigma_{máx}$ no bordo lateral e σ_{min} no meio da placa; (d) largura efetiva $b_{ef} = Q_a b$.

- Flambagem local elástica

$$\frac{b}{t} > \left(\frac{b}{t}\right)_e \quad Q_s = \frac{CE}{f_y \left(\dfrac{b}{t}\right)^2} \qquad (5.12b)$$

As equações para o coeficiente Q_s e os valores limites de esbeltez para os diferentes tipos de placas não enrijecidas encontram-se na Tabela 5.2.

5.5.4.2 Seções com Placas Enrijecidas

Nas placas enrijecidas (Fig. 5.10c), existe reserva de resistência após flambagem; o cálculo é então feito em uma situação pós-flambagem, admitindo-se uma largura efetiva b_{ef}, trabalhando com a tensão máxima (Fig. 5.10d). A largura efetiva pode ser obtida com a equação a seguir:

$$b_{ef} = 1{,}92 t \sqrt{\frac{E}{\sigma}} \left[1 - \frac{C}{b/t} \sqrt{\frac{E}{\sigma}} \right] \leq b \qquad (5.13)$$

com:
 $C = 0{,}34$ para placas enrijecidas em geral;
 $C = 0{,}38$ para mesas ou almas de seções tubulares retangulares ou quadradas.

Na Eq. (5.13), σ é a máxima tensão nominal de compressão atuante na área efetiva:

$$\sigma = \frac{N_c}{A_{ef}} = \frac{Q A_g f_c}{A_{ef}} = Q_s \chi f_y$$

Tabela 5.2 Expressões do fator Q_s aplicáveis a placas não enrijecidas (tipo AL).

Grupo (ver Tabela 5.1)	Limites			$Q_s \leq 1$
		MR250	AR350	
3	$0,45\sqrt{\dfrac{E}{f_y}} < \dfrac{b}{t} \leq 0,91\sqrt{\dfrac{E}{f_y}}$	$12,7 < \dfrac{b}{t} \leq 25,7$	$10,7 < \dfrac{b}{t} \leq 21,7$	$Q_s = 1,340 - 0,76\dfrac{b}{t}\sqrt{\dfrac{f_y}{E}}$
	$\dfrac{b}{t} > 0,91\sqrt{\dfrac{E}{f_y}}$	$\dfrac{b}{t} > 25,7$	$\dfrac{b}{t} > 21,7$	$Q_s = \dfrac{0,53E}{f_y\,(b/t)^2}$
4	$0,56\sqrt{\dfrac{E}{f_y}} < \dfrac{b}{t} \leq 1,03\sqrt{\dfrac{E}{f_y}}$	$15,8 < \dfrac{b}{t} \leq 29,1$	$13,4 < \dfrac{b}{t} \leq 24,6$	$Q_s = 1,415 - 0,74\dfrac{b}{t}\sqrt{\dfrac{f_y}{E}}$
	$\dfrac{b}{t} > 1,03\sqrt{\dfrac{E}{f_y}}$	$\dfrac{b}{t} > 29,1$	$\dfrac{b}{t} > 24,6$	$Q_s = \dfrac{0,69E}{f_y\,(b/t)^2}$
5	$0,64\sqrt{\dfrac{E}{f_y/k_c}} < \dfrac{b}{t} \leq 1,17\sqrt{\dfrac{E}{f_y/k_c}}$ *			$Q_s = 1,415 - 0,65\dfrac{b}{t}\sqrt{\dfrac{f_y}{k_c E}}$
	$\dfrac{b}{t} > 1,17\sqrt{\dfrac{E}{f_y/k_c}}$ *			$Q_s = \dfrac{0,90\, Ek_c\,^*}{f_y\,(b/t)^2}$
6	$0,75\sqrt{\dfrac{E}{f_y}} < \dfrac{b}{t} \leq 1,03\sqrt{\dfrac{E}{f_y}}$	$21,2 < \dfrac{b}{t} \leq 29,1$	$17,9 < \dfrac{b}{t} \leq 24,6$	$Q_s = 1,908 - 1,22\dfrac{b}{t}\sqrt{\dfrac{f_y}{E}}$
	$\dfrac{b}{t} > 1,03\sqrt{\dfrac{E}{f_y}}$	$\dfrac{b}{t} > 29,1$	$\dfrac{b}{t} > 24,6$	$Q_s = \dfrac{0,69\, E}{f_y\left(\dfrac{b}{t}\right)^2}$

* $k_c = \dfrac{4}{\sqrt{h/t_w}}$ $0,35 \leq k_c \leq 0,76$

O cálculo é iterativo, já que o esforço normal resistente nominal N_c [ver Eq. (5.8a)] depende da largura efetiva que, por sua vez, depende da tensão σ, função N_c. De acordo com as normas ABNT NBR 8800:2008 e AISC, no caso de placas enrijecidas em geral, o processo iterativo pode ser dispensado tomando-se $\sigma = \chi f_y$, em que χ é calculado com $Q = 1,0$. Em qualquer caso, pode-se evitar o processo iterativo adotando-se conservadoramente $\sigma = f_y$.

5.5.4.3 Seções com Placas Enrijecidas e Não Enrijecidas

Nas seções contendo placas enrijecidas e não enrijecidas, o coeficiente Q é dado pela equação:

$$Q = Q_s Q_a = Q_s \frac{A_g - \sum(b-b_{ef})t}{A_g} \tag{5.14}$$

5.6 PEÇAS DE SEÇÃO MÚLTIPLA

5.6.1 Conceito

Denominam-se *peças de seção múltipla*, ou simplesmente peças múltiplas, as formadas pela associação de peças simples, com ligações descontínuas.

Em geral, identificam-se três tipos de colunas em seção múltipla (ver Fig. 5.11):

- Peças ligadas por arranjos treliçados;
- Peças ligadas por chapas igualmente espaçadas;
- Peças justapostas, com afastamento igual à espessura de chapas espaçadas.

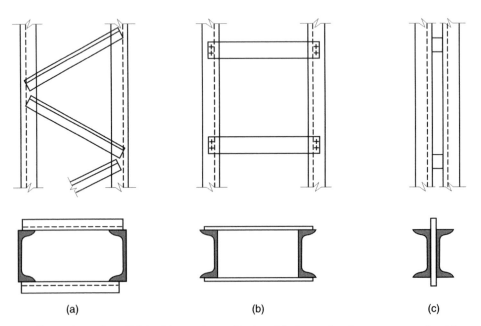

Fig. 5.11 Peças de seção múltipla: (a) arranjos treliçados; (b) chapas igualmente espaçadas; (c) peças justapostas.

Peças Comprimidas

A determinação do esforço normal de uma coluna de seção múltipla envolve três aspectos:

- A flambagem da coluna como um todo;
- A flambagem das peças componentes;
- As forças atuantes nas ligações.

O comportamento da coluna como um todo depende da flexibilidade decorrente da flexão e do cisalhamento, assim como da deformabilidade das ligações. O efeito das deformações cisalhantes está ilustrado na Fig. 5.12, que mostra a distorção de uma seção originalmente reta na flambagem de uma coluna múltipla.

Na Fig. 5.12a vemos duas hastes sem ligação entre si, sob efeito de uma compressão N; havendo deformação lateral, uma seção originalmente plana das duas hastes se transforma em dois planos. Na Fig. 5.12b vemos as mesmas hastes com ligação contínua; uma seção originalmente plana das duas hastes mantém-se plana após a deformação lateral, assegurando o trabalho das hastes como se fosse um perfil simples. No caso das hastes sem ligação, a carga última da coluna é calculada com um momento de inércia igual à soma dos momentos de inércia das seções isoladas. No caso das hastes com ligação contínua, o momento de inércia é muito superior ao das seções isoladas, resultando em uma carga última muito maior.

Na Fig. 5.12c vemos as duas hastes ligadas por barras horizontais. Para tratar esta estrutura com ligações discretas como uma peça contínua e de seção uniforme é preciso levar em conta as deformações por cisalhamento que são as distorções da seção reta. Na figura em que as hastes estão deformadas, nota-se que uma seção originalmente plana das duas hastes apresenta-se em dois planos distintos, porém com deslocamento relativo bem menor do que no caso das hastes sem ligação. A ligação descontínua funciona como uma ligação contínua de menor eficiência e, para certos tipos de treliçados, produz um momento de inércia quase tão grande quanto o da ligação contínua. Nestas condições, as peças metálicas com ligações descontínuas têm grande importância em estruturas metálicas.

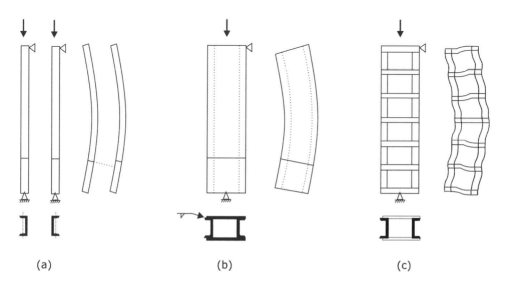

Fig. 5.12 Flambagem de peças múltiplas.

148 CAPÍTULO 5

5.6.2 Critério de Dimensionamento de Peças Múltiplas

Admitindo-se um modelo de peça contínua, a carga crítica N_{cr}^* de uma coluna com seção múltipla é obtida, teoricamente, considerando-se as deformações por cisalhamento existentes em função do tipo de arranjo treliçado utilizado. A menor eficiência das ligações, em relação ao caso de ligações contínuas, pode ser considerada utilizando-se um índice de esbeltez fictício $(\ell_{fl}/r)^*$, superior ao calculado admitindo-se ligação contínua. Aumentar o índice de esbeltez equivale a reduzir a carga crítica, uma vez que a tensão crítica decresce quando (ℓ_{fl}/r) cresce [Eq. (5.2)]. O Eurocódigo 3 apresenta critérios para projetos de colunas de seção múltipla (sujeitas a requisitos construtivos e geométricos) considerando o modelo de peça contínua com deformações por cisalhamento.

No caso de peças múltiplas ligadas por barras ou cantoneiras, formando planos treliçados, comparando-se alguns possíveis arranjos treliçados conclui-se que os arranjos em laços simples (Fig. 5.11a) e duplo, se respeitadas algumas condições geométricas, produzem um índice de esbeltez fictício $(\ell_{fl}/r)^*$ muito próximo do índice de esbeltez da coluna com ligações contínuas. Por isso, a norma norte-americana AISC permite se determinar a carga última dessas colunas como se as peças fossem unidas por ligações contínuas, desde que seja considerado o efeito da deformabilidade das ligações. Outros tipos de arranjos treliçados podem também ser usados, mas, no cálculo da carga última, não se pode desprezar o efeito das deformações por cisalhamento.

As colunas compostas por peças justapostas podem ser analisadas como colunas de seção simples (ver Fig. 5.13), desde que o espaçamento ℓ_1 entre os pontos de ligação restrinja o índice de esbeltez máximo da peça isolada a 1/2 do índice de esbeltez da peça composta (ABNT NBR 8800:2008):

$$\frac{\ell_1}{r_1} < \frac{1}{2}\left(\frac{K\ell}{r}\right)_{\text{máx, conjunto}}$$

em que r_1 é o menor raio de giração da peça isolada.

5.7 FLAMBAGEM POR FLEXÃO E TORÇÃO DE PEÇAS COMPRIMIDAS

Na flambagem por flexão e torção de peças comprimidas, a deformação transversal da haste é mais complexa: a seção transversal sofre flexão em torno do eixo principal $(I_{mín})$ e torção em torno de um ponto chamado centro de cisalhamento ou centro de torção.

Em perfis laminados I, H ou perfis compostos com seção celular, a flambagem por flexão produz cargas críticas menores que os outros tipos de flambagem, não havendo, portanto, necessidade de verificar flambagem por torção ou por flexotorção.

Em perfis laminados U, L ou perfis compostos abertos, a verificação da flambagem por flexão e torção ou por torção só precisa ser feita nos casos de pequena esbeltez, pois para valores mais elevados de (ℓ_{fl}/r) a flambagem por flexão é determinante.

Praticamente, a flambagem por torção não intervém nas construções metálicas usuais. Nas estruturas metálicas leves, feitas com chapas finas dobradas, a flambagem por flexotorção é, frequentemente, determinante do dimensionamento.

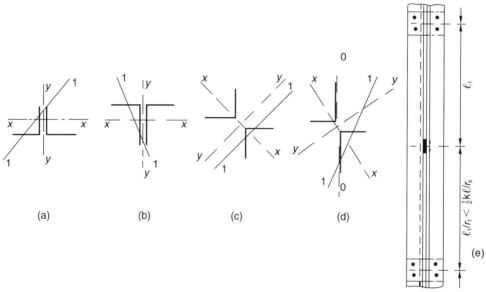

Fig. 5.13 Peças comprimidas formadas por associação de cantoneiras justapostas com ligações descontínuas: (a) cantoneiras de abas iguais; (b) cantoneiras de abas desiguais, lado a lado; (c) cantoneiras de abas iguais, opostas pelo vértice; (d) cantoneiras de abas desiguais, opostas pelo vértice; (e) vista longitudinal da coluna, mostrando as chapas de ligação.
ℓ_1 = comprimento livre da peça individual;
1 – 1 = eixo em torno do qual se dá flambagem da peça individual;
x – x = eixo em torno do qual se dá flambagem da peça composta.

As expressões de carga crítica (N_{cr}) de flambagem em torção e flexotorção para hastes de seção aberta encontram-se em Timoshenko e Gere (1961). De acordo com a ABNT NBR 8800:2008, o dimensionamento pode ser feito utilizando-se a curva de flambagem, sendo o índice de esbeltez reduzido λ_0 Eq. (5.6c) obtido com a carga crítica correspondente ao modo de flambagem.

A flambagem lateral de vigas envolve também ação simultânea de momentos de flexão e de torção. O problema será tratado no estudo de vigas (Subseção 6.2.3).

5.8 PROBLEMAS RESOLVIDOS

5.8.1 Determinar a resistência de cálculo à compressão do perfil W 150 × 37,1 kg/m de aço ASTM A36 com comprimento de 3 m, sabendo-se que suas extremidades são rotuladas e que há contenção lateral impedindo a flambagem em torno do eixo y.

Comparar com o resultado obtido para uma peça sem contenção lateral, podendo flambar em torno do eixo y-y.

Solução
a) Peça com contenção lateral
   A flambagem só poderá ocorrer em torno do eixo x.

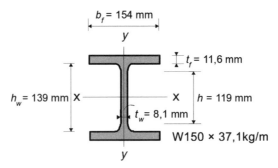

Fig. Probl. 5.8.1

Como o perfil é rotulado nas extremidades, o comprimento de flambagem é o próprio comprimento do perfil:

$$\ell_{fl} = 300 \text{ cm}$$

Na Tabela A4.9, Anexo A, obtemos $r_x = 6,85$ cm.

$$\frac{\ell_{fl}}{r} = \frac{300}{6,85} = 43,80$$

$$\lambda_0 = 0,0113 \times 43,80 = 0,49 < 1,50$$

$$\chi = 0,658^{0,49^2} = 0,904$$

$$N_{Rd} = \frac{\chi A_g f_y}{\gamma_{a1}} = 0,904 \times 47,8 \times 25,0 / 1,10 = 982,1 \text{ kN}$$

Os valores de esbeltez das chapas

$$\text{mesa } \frac{b_f}{2t_f} = \frac{154}{2 \times 11,6} = 6,6 < 15,8$$

$$\text{alma } \frac{h}{t_w} = \frac{119}{8,1} = 14,7 < 42,1$$

indicam que não há flambagem local.

b) Peça sem contenção lateral

Flambagem em torno do eixo y

$$\left(\frac{\ell_{fl}}{r}\right)_y = \frac{300}{3,84} = 78,1$$

Comparando-se a esbeltez em torno dos dois eixos, conclui-se que a flambagem se dará em torno do eixo y.

$$\lambda_0 = 0,88 \quad \chi = 0,658^{0,88^2} = 0,723$$

$$N_{Rd} = \frac{\chi A_g f_y}{\gamma_{a1}} = 0,723 \times 47,8 \times 25,0 / 1,10 = 786 \text{ kN}$$

Este resultado é aproximadamente 20 % menor que o obtido para a peça com contenção lateral.

5.8.2 Calcular o esforço normal resistente no mesmo perfil do Problema 5.8.1, sem contenção lateral, considerando-o engastado em uma extremidade e livre na outra. Comparar o resultado obtido para uma peça engastada em uma extremidade e rotulada na outra.

Solução

A flambagem ocorrerá na direção de menor raio de giração, que, no caso é r_y, já que os comprimentos de flambagem são iguais nas duas direções.

Os resultados são aqui apresentados.

Condição de apoio	Engaste e livre	Engaste e rótula
Comprimento de flambagem $\ell_{fl} = K\ell$	2 × 300 = 600 cm	0,70 × 300 = 210 cm
Índice de esbeltez ℓ_{fl}/r_y	600 / 3,84 = 156	210 / 3,84 = 54,7
Índice de esbeltez adimensional λ_0	1,76	0,62
Fator redutor χ [Eqs. (5.9)]	0,283	0,851
Esforço resistente de projeto N_{Rd}	308 kN	921 kN

Observa-se a grande influência das condições de apoio na resistência à compressão com flambagem.

5.8.3 Calcular o esforço resistente de projeto à compressão em dois perfis H 152 (6″) × 40,9 kg/m, sem ligação entre si, e comparar o resultado com o obtido para os perfis ligados por solda longitudinal. Considerar uma peça de 4 m, rotulada nos dois planos de flambagem, nas duas extremidades. Material: aço ASTM A36.

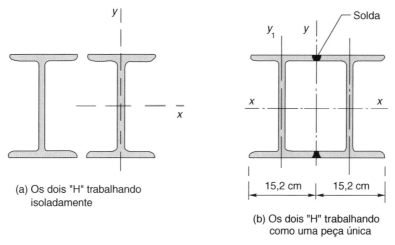

Fig. Probl. 5.8.3

Solução

a) Perfis sem ligação

O esforço resistente do conjunto será o dobro do esforço resistente para cada perfil isolado.

152 CAPÍTULO 5

Da Tabela A4.1, Anexo A, tiramos o raio de giração mínimo do perfil H.

$$r_{min} = 3,57 \text{ cm}$$

Como a peça é birrotulada,

$$\ell_{f\ell} = \ell = 400 \text{ cm}$$

$$\frac{\ell_{f\ell}}{r_y} = \frac{400}{3,57} = 112 \quad \lambda_0 = 1,27$$

$$\chi = 0,658^{1,27^2} = 0,509$$

Para os dois perfis isolados, calculamos então o esforço normal resistente de projeto

$$N_{Rd} = 2 \times 52,1 \times 0,509 \times 25,0/1,10 = 1203 \text{ kN}$$

b) Perfis ligados por solda

Neste caso, devemos determinar o raio de giração mínimo do conjunto, o que poderá ocorrer na direção x ou na direção y.

O momento de inércia do conjunto, em relação ao eixo x, é o dobro do momento de inércia de um perfil em relação ao mesmo eixo. Como a área do conjunto também é o dobro da área de um perfil, o valor de r_x do conjunto é o mesmo do perfil isolado,

$$r_x = 6,27 \text{ cm}$$

O momento de inércia do perfil composto em relação ao eixo vertical y se obtém utilizando o teorema de translação de eixos

$$I_y = 2(664 + 52,1 \times 7,7^2) = 7506 \text{ cm}^4$$

$$r_y = \left(\frac{7506}{2 \times 52,1}\right)^{1/2} = 8,49 \text{ cm}$$

Flambagem em torno do eixo x

$$\frac{\ell_{f\ell}}{r_x} = \frac{400}{6,27} = 64$$

Com a curva de flambagem, obtém-se

$$\chi = 0,658^{0,723^2} = 0,805$$

Flambagem em torno do eixo y

$$\frac{\ell_{f\ell}}{r_y} = \frac{400}{8,49} = 47,1$$

Com a curva de flambagem, obtém-se

$$\chi = 0,658^{0,532^2} = 0,889$$

A flambagem em torno de x é determinante, e $N_{Rd} = 2 \times 52{,}1 \times 0{,}805 \times 25{,}0/1{,}10 = 1904$ kN.

5.8.4 A figura deste problema mostra diversas formas de seção transversal com a mesma área (41,2 cm²).

Admitindo o comprimento de flambagem $\ell_{fl} = 350$ cm nos dois planos de flambagem, compare a eficiência das seções em hastes submetidas à compressão. Utilize aço A36.

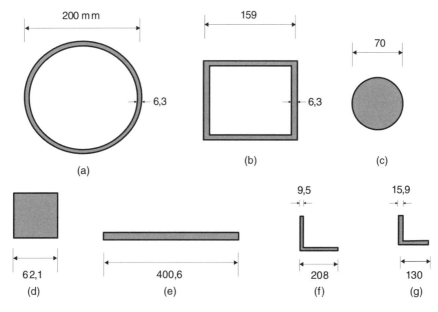

Fig. Probl. 5.8.4

Solução

Faz-se uma comparação em termos da tensão normal resistente de compressão f_c calculada de acordo com a ABNT NBR 8800:2008, e a eficiência é medida como um percentual da tensão de escoamento f_y. Os valores do raio de giração r_{min} são aproximados.

Caso	a	b	c	d	e	f	g
r_{min} (cm)	6,78	6,11	1,75	1,80	0,27	4,10	2,56
ℓ_{fl}/r_{min}	51,6	57,3	200	194	1296	85,4	136,7
$\chi = f_c/f_y$	0,869	0,838	0,172	0,183	–	–	0,370

Com os resultados, podemos fazer as seguintes considerações:

1. Os perfis de maior eficiência são os das seções (a) e (b) com maior raio de giração.
2. A seção (c) tem índice de esbeltez $\ell_{fl}/r = 200$, limite permitido pela ABNT NBR 8800:2008.
3. A seção (e) apresenta esbeltez tão elevada que seu emprego como peça comprimida torna-se inviável.

154 CAPÍTULO 5

4. A seção (f) é composta de chapas esbeltas com $b/t = 21,9$, valor maior que o limite fornecido na Tabela 5.2, indicando que há flambagem local. A tensão resistente, então, deve ser reduzida pelo coeficiente Q_s.

5. O perfil (g) é uma cantoneira como o perfil (f), mas não há flambagem local, já que

$$\frac{b}{t} = \frac{130}{15,9} = 8,2 < 12,7$$

5.8.5 Calcular a resistência de projeto à compressão com flambagem para o perfil W 310 × 21,0 kg/m com um comprimento de flambagem de 3,00 m nos dois planos de flambagem. Verificar se o perfil de aço AR350 é mais econômico que o de aço MR250.

Solução

a) Perfil de aço MR250

Consultando a Tabela A4.8, Anexo A, tiramos $r_{mín} = r_y = 1,90$ cm

$$\frac{\ell_{f\ell}}{r_{mín}} = \frac{300}{1,90} = 157$$

$$\lambda_0 = 1,77$$

$$\chi = 0,280$$

A carga axial de projeto vale:

$$N_{Rd} = 27,2 \times 0,280 \times 25,0/1,10 = 173,1 \text{ kN}$$

b) Perfil de aço AR350

Como as propriedades da seção são as mesmas, o valor de $\ell_{f\ell}/r$ não se altera. Para $\ell_{f\ell}/r = 157$, obtêm-se:

$$\lambda_0 = 0,0133 \times 157 = 2,09$$

$$\chi = 0,201$$

$$N_{Rd} = 27,2 \times 0,201 \times 35,0/1,10 = 173,9 \text{ kN}$$

c) Conclusão

A resistência de projeto do perfil em aço AR350 é igual à do perfil em aço MR250, em razão da esbeltez elevada. A solução em aço MR250 é mais econômica.

5.8.6 Calcular o esforço de compressão resistente de projeto de duas cantoneiras 203(8″) × 102(4″) × 55,66 kg/m trabalhando isoladamente e comparar com o resultado obtido para os perfis ligados por solda formando um tubo retangular. Admitir $l_f = 300$ cm nos dois planos de flambagem e aço MR250.

Solução

a) Para os perfis isolados, a esbeltez será calculada pelo raio de giração mínimo r_z de uma cantoneira.

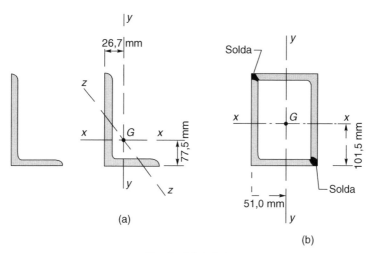

Fig. Probl. 5.8.6

De acordo com a Tabela A4.5, Anexo A, temos:

$$r_{mín} = r_z = 2{,}16 \text{ cm}$$
$$A_g = 70{,}97 \text{ cm}^2$$
$$\ell_{fl}/r = 300/2{,}16 = 139$$
$$\lambda_0 = 1{,}57$$
$$\chi = 0{,}356$$

Para os dois perfis isolados, obtemos:

$$N_{Rd} = 2 \times 70{,}97 \times 0{,}356 \times 25{,}0/1{,}10 = 1148 \text{ kN}$$

b) Estando os dois perfis soldados, eles passam a trabalhar como uma peça única. O centro de gravidade se situa a meia-altura e a meia-largura do perfil e, sendo a peça simétrica, seus eixos de simetria coincidirão com os eixos principais de inércia. Como, para os dois planos de flambagem, o comprimento de flambagem ℓ_{fl} é o mesmo, bastará verificarmos qual das duas direções principais terá o menor momento de inércia e, consequentemente, o menor raio de giração.

Aplicando o teorema de translação de eixos, obtemos os valores dos momentos principais de inércia do perfil composto:

$$I_x = 2[2897 + 70{,}97(10{,}15 - 7{,}75)^2] = 6612 \text{ cm}^4$$
$$I_y = 2[482{,}8 + 70{,}97(5{,}10 - 2{,}67)^2] = 1804 \text{ cm}^4$$

156 CAPÍTULO 5

A flambagem se dará em torno do eixo y.

$$r_{min} = r_y = \left(\frac{I_y}{A}\right)^{1/2} = \left(\frac{1804}{2\times 70,97}\right)^{1/2} = 3,57 \text{ cm}$$

$$\frac{\ell_{f\ell}}{r_{min}} = \frac{300}{3,57} = 84,15$$

$$\lambda_0 = 0,95$$

$$\chi = 0,685$$

$$N_{Rd} = 2 \times 70,97 \times 0,685 \times 25,0 / 1,10 = 2206 \text{ kN}$$

Verificamos que o perfil composto tem uma carga axial resistente praticamente igual ao dobro dos dois perfis isolados.

5.8.7 Uma coluna é engastada na base nos dois planos de flambagem e, no topo, tem condições de apoio diferentes em cada plano: rotulado no plano xz e livre no plano yz. Admitindo-se um perfil soldado CS, posicionar o perfil da melhor maneira (Posição 1 ou Posição 2 da Fig. Probl. 5.8.7).

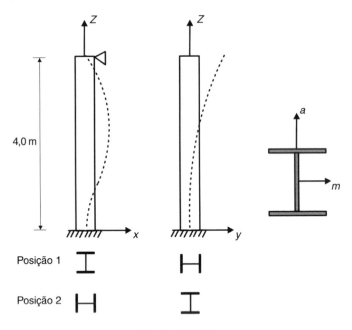

Fig. Probl. 5.8.7

Solução

Inspecionando-se a Tabela A5.1, Anexo A, verifica-se que para qualquer perfil CS o raio de giração em torno do eixo paralelo à mesa do perfil (eixo m da Fig. Probl. 5.8.7) é maior do que o raio de giração em torno do eixo paralelo à alma:

$$r_m > r_a$$

Os comprimentos de flambagem são:

- no plano xz, *isto é*, flambagem em torno de y; $\ell_{fl\,y} = 0,8\ell$
- no plano yz, *isto é*, flambagem em torno de x; $\ell_{fl\,x} = 2,1\ell$

Cada posição irá fornecer dois índices de esbeltez $(\ell/r)_y$ e $(\ell/r)_x$. A melhor posição é aquela que fornece o menor índice de esbeltez máximo. Portanto, para o maior comprimento de flambagem (neste caso, $\ell_{fl\,x}$), a seção deve trabalhar com o maior raio de giração (r_m). Conclui-se que a Posição 1 é a mais eficiente.

5.8.8 Selecionar um perfil soldado CS de aço A36 para a coluna do Problema 5.8.7 com 4,0 m de altura e que deve suportar as seguintes cargas:

$$\text{Permanente } N_g = 300 \text{ kN}$$

$$\text{Utilização } N_q = 300 \text{ kN}$$

Solução

a) Esforço solicitante de projeto

$$N_d = 1,4 \times 300 + 1,5 \times 300 = 870 \text{ kN}$$

b) Comprimento de flambagem e índices de esbeltez

Flambagem no plano xz (em torno de y) $\ell_{fy} = 0,8\ell$

Flambagem no plano yz (em torno de x) $\ell_{fx} = 2,1\ell$

Observa-se na Tabela A5.1, Anexo A, que, para qualquer altura de perfil CS, a relação $r_x/r_y \cong 1,7$. Tem-se então:

$$\left(\frac{\ell_{fl}}{r}\right) = \frac{0,80\ell}{r_y} \qquad \left(\frac{\ell_{fl}}{r}\right)_x = \frac{2,1\ell}{1,7r_y} = 1,2\frac{\ell}{r_y}$$

A esbeltez em torno de x é 50 % maior que a esbeltez em torno de y; portanto, pode-se concluir que a flambagem em torno de x é determinante.

c) Perfil para a primeira tentativa

Adotando-se uma estimativa para o fator de redução de resistência χ igual a 0,65, obtém-se a área necessária do perfil

$$A_g = \frac{870}{0,65 \times 25/1,10} = 59 \text{ cm}^2$$

Toma-se o perfil CS 250 × 52 ($A_g = 66 \text{ cm}^2$) como primeira tentativa.

d) Tentativa com o perfil CS 250 × 52 (Tabela A5.1, Anexo A)

Flambagem local

$$\text{Mesa } \quad \frac{250}{2 \times 9,5} = 13,1 < 15,8$$

$$\text{Alma } \quad \frac{231}{8} = 28,9 < 42,1$$

Não haverá flambagem local
Esforço normal resistente
Flambagem em torno de x

$$\left(\frac{\ell_{f\ell}}{r}\right)_x = \frac{2,1 \times 400}{10,8} = 77,8 < 200$$

com a curva de flambagem, obtém-se $\chi = 0,723$.

$$N_{Rd} = 66 \times 0,723 \times 25/1,10 = 1084 \text{ kN}$$

O perfil CS 250 × 52 satisfaz os requisitos de projeto.

(Ver Seção 6.3 do Projeto Integrado – Memorial Descritivo)

5.8.9 Uma diagonal de treliça tem o comprimento de 3,00 m, sendo formada por duas cantoneiras 64 × 64 × 6,3. Determinar o esforço resistente de projeto para compressão axial, para as disposições indicadas na figura. Material: aço MR250.

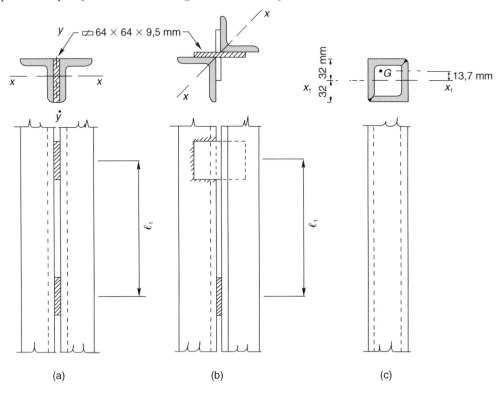

Fig. Probl. 5.8.9

Solução

Vamos determinar o esforço resistente de projeto para as três seções indicadas na figura.

a) A diagonal da Fig. Probl. 5.8.9a é formada por duas cantoneiras ligadas por chapas soldadas de 9,5 mm (3/8"). De acordo com o critério da ABNT NBR 8800:2008, quando a maior esbeltez de uma cantoneira isolada, ℓ_1/r_1, for menor que a metade da maior esbeltez da coluna composta, a peça poderá ser dimensionada como se tivesse ligações contínuas (ver Fig. 5.13). Neste caso, com os dados da Tabela A4.4, Anexo A, e adotando-se $K = 1$, como é usual para elementos componentes de treliças, tem-se:

$$\ell_1 < \left(\frac{r_1}{2}\right)\left(\frac{K\ell}{r_x}\right) = \frac{1,24}{2}\left(\frac{300}{195}\right) = 95,4 \text{ cm}$$

Atendida esta condição, a flambagem do perfil dupla cantoneira em torno do eixo x será determinante. O cálculo do esforço resistente de projeto é feito com os dados das Tabelas A4.4 e A2, Anexo A, como a seguir:

$$\ell_{f\ell}/r_x = 300/1,95 = 154$$

$$\lambda_0 = 1,74$$

$$\chi = 0,290$$

$$N_{Rd} = 2 \times 7,68 \times 7,25/1,10 = 101,3 \text{ kN}$$

b) Na Fig. Probl. 5.8.9*b* temos as duas cantoneiras opostas pelo vértice. O espaçamento ℓ_1 das barras de ligação deve atender à mesma condição do item (a). O eixo x da Fig. Probl. 5.8.9*b* é o eixo de menor inércia do perfil composto:

$$r_1 = 2,45 \text{ cm}$$

$$\ell_{f\ell}/r = 300/2,45 = 122$$

$$\lambda_0 = 1,38$$

$$\chi = 0,451$$

$$N_{Rd} = 2 \times 7,68 \times 11,3/1,10 = 158 \text{ kN}$$

c) Na Fig. Probl. 5.8.9*c* as cantoneiras são ligadas por solda, formando um perfil fechado. O momento de inércia em relação ao eixo x_1 desta figura se calcula com o teorema de translação dos eixos, que conduz à relação:

$$r_{x1} = \sqrt{r_x^2 + \Delta y^2}$$

No nosso caso, $r_x = 1,95$ cm

$$\Delta_y = 3,20 - 1,83 = 1,37 \text{ cm}$$

$$r_{x1} = \sqrt{1,95^2 + 1,37^2} = 2,38 \text{ cm}$$

$$\ell_{f\ell}/r = 300/2,38 = 126$$

$$\lambda_0 = 1,42$$

$$\chi = 0,430$$

$$N_{Rd} = 2 \times 7,68 \times 10,75/1,10 = 150,1 \text{ kN}$$

5.8.10 Uma coluna tem seção em forma de perfil H, fabricado com duas chapas 8 mm × 300 mm para as mesas e uma chapa 8 mm × 400 mm para a alma, todas em aço ASTM

A36. O comprimento de flambagem é $K\ell = 9{,}8$ m. Calcular a resistência de projeto para compressão axial, considerando flambagem em torno do eixo mais resistente $(x-x)$. Admite-se que a peça tenha contenção lateral impedindo flambagem em torno do eixo de menor resistência $(y-y)$.

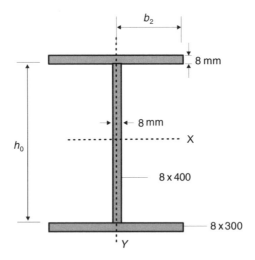

Fig. Probl. 5.8.10

Solução
a) Propriedades geométricas da seção

$$A_g = 2 \times 0{,}8 \times 30 + 0{,}8 \times 40 = 80 \text{ cm}^2$$
$$I_x = 2 \times 0{,}8 \times 30 \times 20{,}4^2 + 0{,}8 \times 40^3/12 = 24.242 \text{ cm}^4$$
$$r_x = \sqrt{I/A} = 17{,}4 \text{ cm}$$

b) Cálculo do esforço axial resistente sem consideração de flambagem local ($Q = 1$)

$$\left(\frac{K\ell}{r}\right)_x = \frac{980}{17{,}4} = 56{,}3 \therefore \lambda_0 = 0{,}0113 \times 56{,}3 = 0{,}636$$
$$\chi = 0{,}842$$
$$N_{Rd} = 80 \times 0{,}842 \times 25{,}0/1{,}10 = 1527 \text{ kN}$$

c) Flambagem local, valores de b/t

Alma $\quad h/t_w = 400/8 = 50 > 42{,}1$

Mesa $\quad b/t = 150/8 = 18{,}75 > 0{,}64\sqrt{\dfrac{200.000}{250/k_c}} = 13{,}5$

em que $k_c = \dfrac{4}{\sqrt{400/8}} = 0{,}56$

d) Flambagem local, coeficiente Q_s

$$\text{Mesa} \quad 13,5 < 18,75 < 1,17\sqrt{\frac{E}{f_y/k_c}} = 24,8$$

$$Q_s = 1,415 - 0,65 \times \frac{150}{8}\sqrt{\frac{250}{200.000 \times 00,56}} = 0,839$$

e) Flambagem local, largura efetiva da alma

Adotando-se a tensão σ na Eq. (5.13) igual a f_c obtido com $Q = 1$ ($\sigma = 211$ MPa) obtém-se:

$$b_{ef} = 1,92 \times 0,8\sqrt{\frac{200.000}{211}}\left[1 - \frac{0,34}{\dfrac{40}{0,8}}\sqrt{\frac{200.000}{211}}\right] = 37,4 \text{ cm} < 40 \text{ cm}$$

Área efetiva:

$$A_{ef} = 2 \times 0,8 \times 30 + 0,8 \times 37,4 = 77,9 \text{ cm}^2$$

$$Q_a = \frac{A_{ef}}{A} = \frac{77,9}{80} = 0,97$$

f) Parâmetro de flambagem local

$$Q = Q_a Q_s = 0,97 \times 0,84 = 0,81$$

g) Índice de esbeltez reduzido

$$\lambda_0 = \frac{K\ell}{r}\sqrt{\frac{Qf_y}{\pi^2 E}} = \frac{980}{17,4}\sqrt{\frac{0,81 \times 250}{\pi^2 \times 200.000}} = 0,57$$

h) Tensão resistente f_c e tensão de cálculo σ da Eq. (5.13)

$$f_c = 0,873 \times 250 = 218 \text{ MPa}$$

$$\sigma = 0,84 \times 218 = 183 \text{ MPa}$$

Verifica-se que o cálculo da largura efetiva da alma com a tensão σ do item (b) é conservador.

i) Esforço axial resistente de projeto

$$N_{Rd} = QA_g \chi f_y/\gamma_{a_1} = 0,81 \times 0,873 \times 80 \times 25,0/1,10 = 1284 \text{ kN}$$

Comparando-se N_{Rd} dos itens (b) e (i), observa-se a redução de resistência em face da ocorrência de flambagem local.

5.8.11 No plano transversal (plano 1-3), a estrutura do galpão ilustrado na figura é composta de pilares associados a uma viga de cobertura treliçada por meio das ligações mostradas no

Detalhe A. Na direção longitudinal (eixo 2), os pilares são ligados a vigas de perfil I no topo e nos terços da altura por ligações de dupla cantoneira de alma (ver Detalhe B). Na base o perfil do pilar é soldado a uma chapa de base ligada à fundação por meio de chumbadores conforme mostrado no Detalhe C. Para o pilar do galpão ilustrado selecionou-se perfil W 460 × 68 de aço AR350. Calcule o esforço normal resistente de compressão axial da coluna, segundo a ABNT NBR 8800:2008.

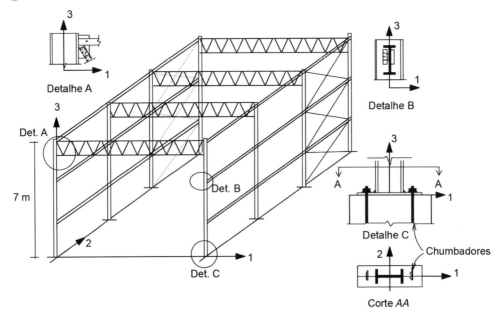

Fig. Probl. 5.8.11

Solução
a) Propriedades geométricas da seção do pilar
   Dimensões (ver notação na Fig. Probl. 5.8.11):

$t_w = 9,1$ mm $\quad\quad A = 87,6$ cm²
$h = 404$ mm $\quad\quad I_1 = 941$ cm⁴
$b_f = 154$ mm $\quad\quad r_1 = 3,28$ cm
$t_f = 15,4$ mm $\quad\quad I_2 = 29.851$ cm⁴
$\quad\quad\quad\quad\quad\quad\quad r_2 = 18,46$ cm.

b) Flambagem global

Para a determinação dos índices de esbeltez para flambagem por flexão, é preciso identificar as condições de extremidade da coluna. Na base, o posicionamento dos chumbadores permite a consideração de engaste no plano 1-3 e apoio simples no plano 2-3 (ver Corte *AA*). No topo, a ligação com a viga treliçada se dá apenas pelo banzo superior de modo que a ligação não impede a rotação do pilar. Assim, no plano 1-3 a estrutura corresponde ao esquema da Fig. 5.6*a* e a coluna pode ser tratada como peça isolada engastada na base e livre no topo. Já no plano 2-3, a presença do contraventamento vertical permite que se considerem pontos de apoio lateral nos terços da altura e no topo, e que o esquema estrutural da coluna seja tomado igual ao da Fig. 5.6f. O sistema de contraventamento deve ser dimensionado de modo que tenha rigidez suficiente para garantir a validade da hipótese de contenção lateral (ver a Seção 7.5).

Esbeltez no plano 1-3 (flambagem em torno do eixo 2)

$$\frac{l_{fl2}}{r_2} = \frac{2,1 \times 700}{18,46} = 79,6$$

Esbeltez no plano 2-3 (flambagem em torno do eixo 1)

$$\frac{l_{fl1}}{r_1} = \frac{700/3}{3,28} = 71,1$$

Tensão resistente sem considerar a flambagem local

A flambagem em torno do eixo 2 é determinante do dimensionamento. Tem-se então:

$$N_{cr2} = \frac{\pi^2 EI_2}{l_{fl2}^2} = \frac{\pi^2 \times 20.000 \times 29.851}{1470^2} = 2727 \text{ kN}$$

$$\lambda_0 = \sqrt{\frac{87,6 \times 35}{2727}} = 1,060$$

$$\chi f_y = 0,658^{1,06^2} \times 35 = 21,9 \text{ kN/cm}^2$$

c) Flambagem local

Esbeltez das placas

$$\text{Mesa} \quad \frac{b_f}{2t_f} = \frac{154}{2 \times 15,4} = 5,0 < 13,4$$

$$\text{Alma} \quad \frac{h}{t_w} = \frac{404}{9,1} = 44,4 > 35,6$$

Poderá ocorrer flambagem local da alma

Largura efetiva da alma

$$b_{ef} = 1,92 \times 0,91 \sqrt{\frac{20.000}{21,9}} \left[1 - \frac{0,34}{44,4} \sqrt{\frac{20.000}{21,9}} \right] = 40,6 \text{ cm} > h = 40,4 \text{ cm}$$

Apesar da esbeltez da alma ser maior do que a esbeltez limite para evitar a flambagem local, a largura efetiva encontrada foi maior do que a largura real da placa de alma, indicando que não ocorre flambagem local. Isto decorre do baixo valor de tensão resistente à compressão com flambagem global, a qual é atingida antes da ocorrência da flambagem local. Neste caso, não há interação entre as flambagens local e global:

$$Q = Q_s Q_a = 1,0$$

d) Esforço normal resistente de projeto

$$N_{Rd} = 87{,}6 \times 26{,}9 / 1{,}10 = 1744 \text{ kN}$$

5.9 PROBLEMAS PROPOSTOS

5.9.1 Por que a curva tracejada da Fig. 5.4 não é adequada para definir a tensão resistente de colunas de aço?

5.9.2 Qual a diferença entre a carga crítica (N_{cr}) e a carga última ou resistente (N_c da Fig. 5.2d)?

5.9.3 O que são curvas de flambagem e como foi obtida a curva apresentada pela NBR 8800:2008?

5.9.4 Qual o comprimento de flambagem dos pilares dos pórticos ilustrados na figura?

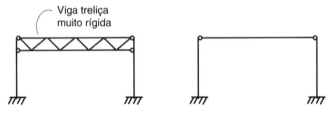

Fig. Probl. 5.9.4

5.9.5 Levando-se em conta o aspecto econômico, qual deve ser a relação entre os momentos de inércia dos eixos principais de um perfil que trabalha a compressão axial sem contenção lateral com condições de apoio iguais nos dois planos de flambagem?

5.9.6 Uma escora de comprimento de flambagem 10 m deve suportar uma carga de 300 kN do tipo permanente. Dimensionar a escora utilizando aço MR250 e os seguintes perfis:
a) Perfil soldado VS (Fig. 6.2g);
b) Duplo I (Fig. 6.2b);
c) Duplo U aberto (Fig. 6.2e);
d) Duplo U fechado formando um tubo retangular (Fig. 6.2f).

5.9.7 O que é flambagem local e em quais circunstâncias ocorre este fenômeno?

5.9.8 A ocorrência de flambagem local de um perfil tubular retangular em compressão axial representa o colapso da coluna?

5.9.9 Como é considerado o efeito de flambagem local no cálculo do esforço resistente à compressão de uma coluna?

5.9.10 Uma diagonal de treliça, formada por dois perfis justapostos de aço MR250, tem um comprimento de flambagem de 2,50 m e uma carga axial de 150 kN, em serviço. Dimensionar a diagonal utilizando duas cantoneiras ou dois perfis U justapostos (ver Fig. Probl. 8.9a e Fig. 5.11c). Indicação: os perfis podem ser considerados de ligação contínua.

Vigas de Alma Cheia

6.1 INTRODUÇÃO

6.1.1 Conceitos Gerais

Os tipos de seções transversais mais adequados para o trabalho à flexão são aqueles com maior inércia no plano da flexão, isto é, com as áreas mais afastadas do eixo neutro. O ideal, portanto, é concentrar as áreas em duas chapas, uma superior e uma inferior, ligando-as por uma chapa fina. Concluímos assim que as vigas em forma de I são as mais funcionais, devendo, entretanto, seu emprego obedecer às limitações de flambagem. Os perfis com área concentrada próxima ao eixo neutro, por exemplo, peças maciças de seção quadrada ou circular, trabalham com menor eficiência na flexão, isto é, para o mesmo peso de viga, têm menor capacidade de carga. Todo material deste capítulo está voltado para as vigas de perfil I em flexão no plano da alma.

No projeto no estado limite último de vigas sujeitas à flexão simples calculam-se, para as seções críticas, o momento fletor e o esforço cortante resistentes de projeto para compará-los aos respectivos esforços solicitantes de projeto. Além disso, devem-se verificar a segurança para ação de carga concentrada e os deslocamentos no estado limite de utilização.

A resistência à flexão das vigas pode ser afetada pela flambagem lateral com torção e pela flambagem local.

Na **flambagem lateral com torção**, a viga perde seu equilíbrio no plano principal de flexão (em geral, vertical) e passa a apresentar deslocamentos laterais e rotações de torção (Fig. 6.1). Para evitar a flambagem de uma viga de perfil I, cuja rigidez à torção é muito pequena, é preciso prover contenção lateral à viga.

A **flambagem local** é a perda de estabilidade das chapas comprimidas componentes do perfil (ver Seção 5.5), a qual pode se manifestar em diversas configurações, dependendo dos esforços solicitantes, conforme ilustra a Fig. 6.2. Sob a ação de momento fletor positivo, a

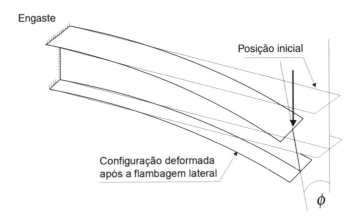

Fig. 6.1 Flambagem lateral com torção (FLT) em vigas.

mesa superior e a parte superior da alma de um perfil I encontram-se sujeitas à compressão longitudinal de modo que estes componentes podem sofrer flambagem local (dependendo de sua esbeltez), com redução do momento fletor resistente da seção em relação à resistência de plastificação total.

A resistência ao esforço cortante de uma viga pode também ser reduzida pela ocorrência de flambagem da chapa de alma sujeita às tensões principais (inclinadas) de compressão (ver Fig. 6.2b). A aplicação de cargas concentradas também pode conduzir à flambagem local da alma que fica sujeita a tensões transversais de compressão (Fig. 6.2c).

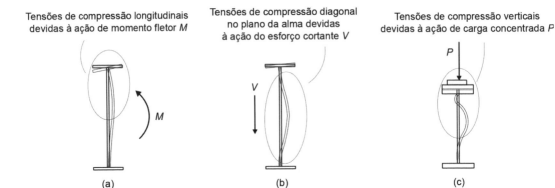

Fig. 6.2 Modos de flambagem local.

6.1.2 Tipos Construtivos Usuais

Na Fig. 6.3 indicamos os tipos de perfis mais utilizados para vigas. No passado, os perfis I utilizados eram da série S (Fig. 6.3a) laminados até 508 mm (20″). Atualmente, os perfis W, de abas com espessura constante (Fig. 6.3d), são os mais utilizados em estruturas de edifícios, sendo fabricados no Brasil com alturas até 610 mm.

As Figs. 6.3b,e,f mostram seções de vigas formadas por associação de perfis laminados simples. A Fig. 6.3g mostra um perfil I formado por chapas soldadas.

Para obras de grandes vãos, como pontes, usam-se vigas de alma cheia fabricadas em forma de I ou de seção celular (Fig. 1.29).

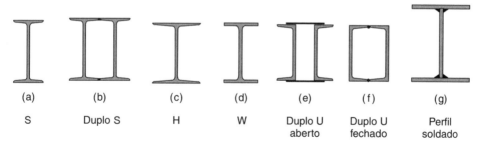

Fig. 6.3 Tipos usuais de perfis para vigas.

As vigas fabricadas, soldadas e de grandes dimensões (Fig. 6.4) têm o mesmo aspecto da Fig. 6.3g. As mesas são formadas por chapas grossas, podendo ter largura variável. A alma é formada por uma chapa fina, geralmente com enrijecedores, para evitar flambagem local. Tanto as chapas das mesas quanto a da alma são emendadas, em oficina, com solda de penetração, na posição de topo.

6.2 DIMENSIONAMENTO A FLEXÃO

6.2.1 Momento de Início de Plastificação M_y e Momento de Plastificação Total M_p

Na Fig. 6.5 apresenta-se o comportamento de uma viga de aço biapoiada sob carga distribuída crescente, por meio da relação momento × curvatura da seção mais solicitada e diagramas de tensões normais, nesta seção, em vários pontos ao longo da curva. Admite-se que não há flambagem local ou flambagem lateral da viga. O comportamento é linear, enquanto a máxima tensão é menor do que a tensão de escoamento do aço, isto é, enquanto

$$\sigma_{máx} = \frac{M}{I} y_{máx} = \frac{M}{W} < f_y \tag{6.1}$$

em que:

$y_{máx}$ = distância ao centroide do elemento de área mais afastado (ver Fig. 6.6b);
I = momento de inércia da seção em torno do eixo de flexão;
W = módulo elástico da seção.

O momento fletor para o qual $\sigma_{máx}$ atinge a tensão de escoamento é denominado momento de início de plastificação, M_y. Este momento não representa a capacidade resistente da viga, já que é possível continuar aumentando a carga após atingi-lo. Entretanto, a partir de M_y o comportamento da viga passa a ser não linear (ver gráfico da Fig. 6.5), pois as "fibras" mais internas da seção vão também plastificando-se progressivamente até ser atingida a plastificação total da seção.

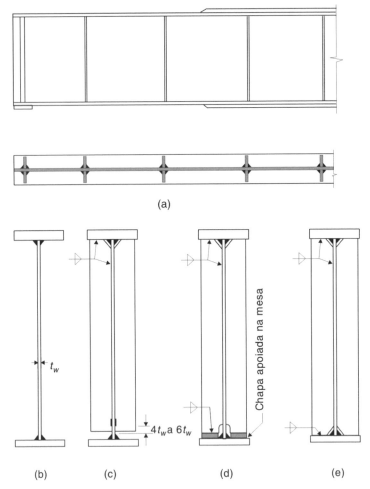

Fig. 6.4 Viga de alma cheia soldada (a, b), com enrijecedores intermediários transversais (c) e enrijecedor de apoio (d, e).

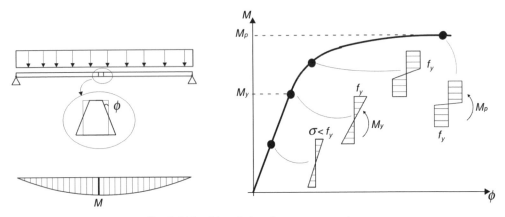

Fig. 6.5 Viga biapoiada sob carga crescente.

O momento resistente, igual ao momento de plastificação total da seção M_p, corresponde a grandes rotações desenvolvidas na viga. Neste ponto, a seção do meio do vão transforma-se em uma rótula plástica (ver Cap. 11).

Uma viga de seção duplamente simétrica sujeita à flexão pura é mostrada nas Figs. 6.6a,b. O momento de início de plastificação M_y é o esforço resultante das tensões do diagrama da Fig. 6.6c. A equação de equilíbrio das forças horizontais impõe a igualdade das resultantes de tração e de compressão, já que não há esforço normal aplicado. Esta equação fornece a posição da linha neutra elástica (LNE), que, neste caso, passa pelo centroide G. A equação de equilíbrio de momentos fornece

$$\sum M = 0 \qquad M_y = \int y\, \sigma(y)\, dA = f_y W \tag{6.2}$$

com

$$W = \frac{I}{y_{\text{máx}}}$$

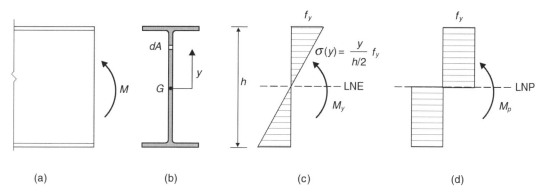

Fig. 6.6 Momento de início de plastificação e momento de plastificação total.

Na situação de plastificação total (Fig. 6.6d), o equilíbrio das forças horizontais define a posição da linha neutra plástica (LNP) como o eixo que divide a seção em duas áreas iguais, uma tracionada A_t e outra comprimida A_c. Na seção simétrica, as linhas neutras elástica e plástica coincidem, ao contrário do que ocorre em seções não simétricas.

O momento de plastificação total M_p é o esforço resultante do diagrama de tensões da Fig. 6.6d. Com a equação de equilíbrio de momentos, tem-se:

$$\sum M = 0 \qquad M_p = \int y f_y\, dA = f_y Z \tag{6.3}$$

com

$$Z = A_t y_t + A_c y_c$$

Z é o módulo plástico da seção.

Na expressão de Z, y_t e y_c são, respectivamente, as distâncias dos centros de gravidade das áreas A_t e A_c ($A_t = A_c$) até a linha neutra plástica.

A relação entre os momentos de plastificação total e incipiente denomina-se coeficiente de forma de seção:

$$\text{Coeficiente de forma} = \frac{M_p}{M_y} = \frac{Z}{W} \quad (6.4)$$

Na Tabela A.9 apresentam-se valores do módulo plástico e do coeficiente de forma de vários tipos de seções.

Exemplo 6.2.1

Para o perfil soldado da figura, calcular o coeficiente de forma para flexão em torno do eixo x-x.

Momento de inércia $I_x = 2(20 \times 0{,}95 \times 44{,}52^2) + 0{,}8 \times 88{,}1^3/12 = 120.903$ cm^4
Módulo elástico $= W_x = 120.903/45{,}0 = 2686{,}7$ cm^3
Módulo plástico $Z_x = 2(20 \times 0{,}95 \times 44{,}52) + 2(0{,}8 \times 44{,}05^2/2) = 3244$ cm^3
Coeficiente de forma $Z_x/W_x = 1{,}21$

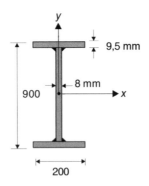

Fig. Ex. 6.2.1

6.2.2 Momento Fletor Resistente de Vigas com Contenção Lateral

As vigas com contenção lateral contínua não estão sujeitas ao fenômeno de flambagem lateral com torção, que será examinado na Subseção 6.2.3.

A resistência das vigas à flexão pode ser reduzida por efeito de flambagem local das chapas que constituem o perfil (ver Seção 5.5 e Fig. 6.2).

6.2.2.1 Classificação das Seções Quanto à Ocorrência de Flambagem Local

A flambagem local pode se manifestar na mesa comprimida pelo momento fletor ou na alma, conduzindo a situações de estados limites de flambagem local da mesa (FLM) e flambagem local da alma (FLA), respectivamente.

De acordo com as normas norte-americana (AISC) e brasileira (ABNT NBR 8800:2008), as seções das vigas podem ser divididas em três classes conforme a influência da flambagem local sobre os respectivos momentos fletores resistentes nominais (M_n):

Seção compacta – é aquela que atinge o momento de plastificação total ($M_n = M_p$) e exibe suficiente capacidade de rotação inelástica para configurar uma rótula plástica (ver Cap. 11), ou seja, é aquela em que não há ocorrência de flambagem local.

Seção semicompacta – é aquela em que a flambagem local ocorre após ter desenvolvido plastificação parcial ($M_n > M_y$), mas sem apresentar significativa rotação.

Seção esbelta – seção na qual a ocorrência da flambagem local impede que seja atingido o momento de início de plastificação ($M_n < M_y$), ou seja, há ocorrência de flambagem local em regime elástico.

A Fig. 6.7 apresenta curvas momento × rotação de seções de viga metálica, com seções compacta, semicompacta e esbelta, sujeitas a carregamento crescente, mostrando a influência da flambagem local sobre o momento fletor resistente das seções e sobre suas deformações.

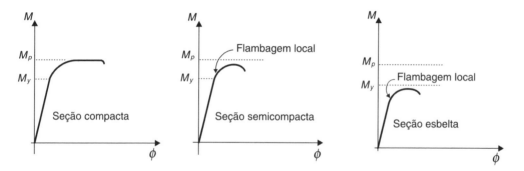

Fig. 6.7 Comportamento de vigas com seções compacta, semicompacta e esbelta.

As classes de seções são definidas por valores limites das relações largura-espessura λ das chapas componentes do perfil:

$\lambda \leq \lambda_p$ – Seção Compacta
$\lambda_p < \lambda \leq \lambda_r$ – Seção Semicompacta
$\lambda_r < \lambda$ – Seção Esbelta

O cálculo da esbeltez local λ das chapas está detalhado na Fig. 6.8.

Para perfis I fletidos no plano da alma, os limites λ_p e λ_r encontram-se na Tabela 6.1.

O valor limite λ_p para a relação $\dfrac{1}{2}\dfrac{b_f}{t_f}$ em vigas de seção compacta é inferior à relação correspondente em colunas (Tabela 5.1), porque nas vigas a plastificação total exige rotação adicional da seção, enquanto nas colunas, cujas seções encontram-se em compressão axial, o início da plastificação coincide aproximadamente com a plastificação total.

Os elementos comprimidos de um perfil podem estar em diferentes classes. O perfil como um todo é classificado pelo caso mais desfavorável.

Tabela 6.1 Valores limites da relação largura-espessura (esbeltez local λ) de seções I ou H, com um ou dois eixos de simetria, fletidas no plano da alma (ver notação na Fig. 6.8)

		Valores limites de λ	
	Aço	λ_p	λ_r
Flambagem local da mesa $\lambda = \dfrac{1}{2}\dfrac{b_f}{t_f}$	Geral	$0,38\sqrt{E/f_y}$	$C\sqrt{\dfrac{E}{0,7 f_y/k_c}}$
	MR250	10,7	28 (perfis laminados)
	AR350	9,1	24 (perfis laminados)
Flambagem local da alma $\lambda = h/t_w$	Geral	$D\sqrt{E/f_y} < \lambda_r$	$5,70\sqrt{E/f_y}$
	MR250	106 (dupla simetria)	161
	AR350	90 (dupla simetria)	136

*Para perfis laminados: $C = 0,83$; $k_c = 1$; para perfis soldados: $C = 0,95$; $k_c = \dfrac{4}{\sqrt{h/t_w}}$, com $0,35 < k_c < 0,76$ (ver nota da Tabela 5.1).

**Para perfis com dupla simetria: $D = 3,76$; para perfis monossimétricos: $D = \dfrac{(h_c/h_p)}{(0,54 M_p/M_r - 0,09)^2}$.

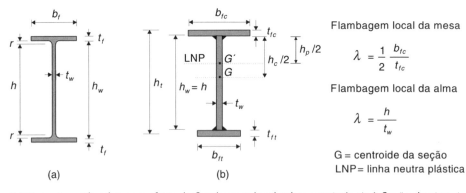

Fig. 6.8 Notações utilizadas para efeito de flambagem local sobre a resistência à flexão de vigas I ou H com um ou dois eixos de simetria. (a) perfil laminado; (b) perfil soldado.

Exemplo 6.2.2

Verificar a classe dos perfis laminados em aço MR250 a seguir:

$I\ 508(20'') \times 121,2$; IPE 550; W 530. Usar as dimensões das Tabelas A4.2 e A4.8, Anexo A.

Perfil	$\dfrac{1}{2}\dfrac{b_f}{t_f}$	$\dfrac{h}{t_w}$	Seção
I 508 × 121,2	3,8	(461,4 − 2 × 44,4)/15,2 = 24,5	Compacta
W 530 × 66,0	7,2	[525 − 2 (11,4 + 12,1)]/8,9 = 53,7	Compacta

Vigas de Alma Cheia **173**

Exemplo 6.2.3

Verificar a classe dos perfis soldados a seguir:

CS 250×52; CS 650×305; VS 400×49; VS 1400×260.

Usar as dimensões das Tabelas A3.1 e A3.3, Anexo A. Aço MR250.

Perfil	$\dfrac{1}{2}\dfrac{b_f}{t_f}$	$\dfrac{h}{t_w}$	Seção
CS 250×52	13,2	28,9	Semicompacta
CS 650×305	14,5	37,5	Semicompacta
VS 400×49	10,5	60,5	Compacta
VS 1400×260	15,6	109	Semicompacta

6.2.2.2 Momento Resistente de Projeto

O momento resistente de projeto (M_{Rd}) é dado por:

$$M_{Rd} = M_n / \gamma_{a1}, \text{ com } \gamma_{a1} \text{ dado na Tabela 1.7} \tag{6.5}$$

em que M_n é o momento resistente nominal, sendo o valor determinado conforme indicado na Tabela 6.2 e ilustrado na Fig. 6.9.

Tabela 6.2 Momento Fletor Resistente Nominal M_n

Classe	Momento nominal (M_n)
Seções compactas	$M_p = Zf_y$
Seções semicompactas	Interpolação linear entre M_p e M_r [Eq. (6.7)]
Seções esbeltas	$M_{cr} = Wf_{cr}$

f_{cr} = tensão resistente à flexão determinada pela flambagem local elástica da mesa ou da alma do perfil (tensão crítica no caso de flambagem local da mesa).
M_r = momento resistente nominal para a situação limite entre as classes de seções semicompacta e esbelta, isto é, $\lambda = \lambda_r$ (Tabela 6.1).

Nas seções compactas, atinge-se a plastificação total da seção $(M_n = M_p)$. Para as seções esbeltas, o momento resistente é dado pelo momento fletor crítico (flambagem em regime elástico), conforme se trate de flambagem local de mesa (FLM) ou flambagem local de alma (FLA). Para as seções semicompactas, aplica-se uma interpolação linear entre os limites de esbeltez λ_p e λ_r.

Na situação limite entre seções semicompactas e seções esbeltas, isto é, para $\lambda = \lambda_r$ o momento resistente nominal denomina-se M_r igual ao momento de início de plastificação considerando-se a presença de tensões residuais. Para perfis I ou H, com um ou dois eixos de simetria, M_r é dado pelas Eqs. (6.6).

Flambagem local da mesa (FLM)

$$M_r = W_c(f_y - \sigma_r) < W_t f_y \tag{6.6a}$$

em que:
σ_r = tensão residual de compressão nas mesas tomada igual a $0,3 f_y$;
W_c, W_t = módulos elásticos da seção referidos às fibras mais comprimida e mais tracionada, respectivamente.

Flambagem local da alma (FLA)

$$M_r = W f_y \tag{6.6b}$$

em que
W é o menor módulo resistente elástico da seção.

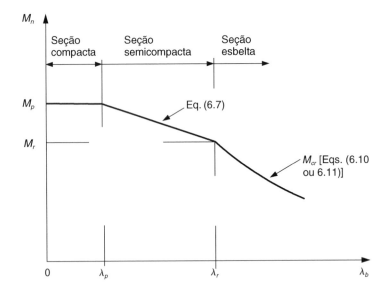

Fig. 6.9 Variação do momento resistente nominal de vigas I ou H, carregadas no plano da alma, com efeito de flambagem local da mesa ou da alma (admite-se contenção lateral que elimina a flambagem lateral). O parâmetro λ é definido na Fig. 6.8.

Nas seções semicompactas, os momentos nominais podem ser interpolados linearmente entre os valores limites M_r e M_p:

$$M_n = M_p - \frac{\lambda - \lambda_p}{\lambda_r - \lambda_p}(M_p - M_r) \tag{6.7}$$

6.2.2.3 Limitação do Momento Resistente

Quando a determinação dos esforços solicitantes, deslocamentos, flechas etc. é feita com base no comportamento elástico, o momento resistente de projeto fica limitado a

$$M_{Rd} < 1{,}50\ W f_y / \gamma_{a1} \tag{6.8a}$$

em que W é o menor módulo elástico da seção.

6.2.2.4 Influência de Furos na Resistência da Seção

Na determinação das propriedades geométricas de vigas laminadas ou soldadas, com ou sem reforço de mesa, podem ser desprezados furos para ligações com parafusos em qualquer das mesas, desde que a resistência à ruptura da área líquida da mesa tracionada seja maior que a resistência ao escoamento da seção bruta da mesa:

$$f_u A_{fn} \geq \Upsilon_t f_y A_{fg} \tag{6.9}$$

em que A_{fn} e A_{fg} são, respectivamente, as áreas líquida Eq. (2.5) e bruta da mesa tracionada.

$$\Upsilon_t = 1{,}0 \text{ para } f_y/f_u \leq 0{,}8$$

$$\Upsilon_t = 1{,}10 \text{ para } f_y/f_u > 0{,}8$$

Se não for atendida a condição da Eq. (6.9), o momento resistente da viga fica limitado pela ruptura à tração na área líquida da mesa tracionada:

$$M_{Rd} \leq \frac{1}{\gamma_{a1}} \frac{f_u A_{fn}}{A_{fg}} W_t \tag{6.8b}$$

em que W_t é o módulo elástico da seção no lado tracionado.

Exemplo 6.2.4

Calcular o momento resistente de projeto de um perfil W 530 × 66,0 em aço MR250, com contenção lateral contínua.

O perfil é compacto, como se viu no Exemplo 6.2.2.

$$M_{Rd} = Zf_y/\gamma_{a1} = 1558 \times 25/1{,}10 = 35.409 \text{ kNcm} = 354{,}1 \text{ kNm}$$

Exemplo 6.2.5

Calcular o momento resistente de projeto de um perfil soldado VS 400 × 49, com contenção lateral contínua.

O perfil dado é compacto, como se viu no Exemplo 6.2.3. Com as dimensões da Tabela A.5.3 tem-se.

$$Z = 2 \times 20 \times 0{,}95 \times 19{,}53 + 2 \times 19{,}05 \times 0{,}63 \times 9{,}53 = 971 \text{ cm}^3$$

$$M_{Rd} = Zf_y/\gamma_{a1} = 971 \times 25/1{,}10 = 22.045 \text{ kNcm} = 220{,}45 \text{ kNm}$$

Exemplo 6.2.6

Calcular o momento resistente de projeto de um perfil soldado VS 1400 × 260, com contenção lateral contínua.

O perfil é semicompacto em razão das dimensões da mesa (ver Exemplo 6.2.3).

176 CAPÍTULO 6

$$Z = 2 \times 50 \times 1,6 \times 69,2 + 2 \times 68,4^2 \times 1,25 / 2 = 16.920 \text{ cm}^3$$

$$M_p = 16.920 \times 25 = 423.005 \text{ kNcm} = 4230,0 \text{ kNm}$$

$$M_r(\text{FLM}) = 14.756(25 \times 0,7) = 258.230 \text{ kNcm} = 2582,3 \text{ kNm}$$

$$\lambda_r = 0,95\sqrt{\frac{20.000}{0,7 \times 25 / 0,38}} = 19,9$$

$$M_n = 4230,0 - \frac{15,6 - 10,7}{19,9 - 10,7}(4230,0 - 2582,8) = 3352,7 \text{ kNm}$$

$$M_{Rd} = M_n / \gamma_{a1} = 3352,7 / 1,10 = 3047,9 \text{ kNm}$$

6.2.2.5 Momento Resistente de Cálculo de Vigas I com Mesa Esbelta

O modo de flambagem local da mesa está ilustrado na Fig. 6.10. Sob a ação do momento fletor, a mesa comprimida fica sujeita a tensões de compressão quase uniformes ao longo da espessura, podendo ser assimilada a uma placa não enrijecida (do tipo AL) da Fig. 5.10a. Assim, nas vigas I contidas lateralmente com alma atendendo ao limite para seção semicompacta, porém com mesas esbeltas, o momento resistente pode ser calculado com a tensão resistente na mesa reduzida pelo valor Q_s de flambagem local elástica de placas não enrijecidas submetidas à compressão axial (ver Seção 5.4).

Tem-se então:

$$M_n = Q_s f_y W_c \tag{6.10a}$$

Por exemplo, para mesas de perfis laminados, tem-se (ver Tabela 5.2):

$$Q_s = \frac{0,69E}{f_y \lambda^2}$$

com $\lambda = \dfrac{b_f}{2t_f}$

De acordo com a ABNT NBR 8800:2008, utiliza-se para:

– Perfis laminados

$$M_n = \frac{0,69E}{\lambda^2} W_c \tag{6.10b}$$

– Perfis soldados

$$M_n = \frac{0,90Ek_c}{\lambda^2} W_c \tag{6.10c}$$

em que

$$k_c = \frac{4}{\sqrt{h / t_w}} \text{ e } 0,35 \le k_c \le 0,763$$

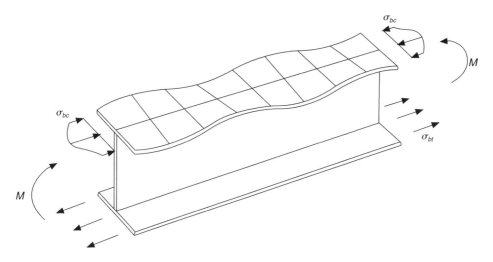

Fig. 6.10 Flambagem local da mesa comprimida em vigas I fletidas no plano da alma. As tensões normais de compressão da mesa (σ_{bc}) variam entre um valor máximo sobre a alma e um valor mínimo na borda (ver também Figs. 5.10a,b).

6.2.2.6 Momento Resistente de Cálculo de Vigas I com Alma Esbelta

Nas vigas I com alma esbelta e contidas lateralmente, em que

$$\frac{h}{t_w} > 5{,}7\sqrt{\frac{E}{f_y}}, \quad \frac{h}{t_w} < \left(\frac{h}{t_w}\right)_{máx}$$

dado pelas Eqs. (6.39b) e (6.42), porém cujas mesas atendam aos limites da Tabela 6.1 para seção compacta, o momento resistente de projeto pode ser calculado com M_n/γ_{a1}, com γ_{a1} dado na Tabela 1.7 e M_n o menor entre os valores obtidos com as expressões

$$M_n = W_t f_y \tag{6.11a}$$

$$M_n = W_c k_{pg} f_y \tag{6.11b}$$

com k_{pg} o coeficiente da redução da resistência decorrente da flambagem da alma sob tensões normais de flexão

$$k_{pg} = 1 - \frac{a_r}{1200 + 300 a_r}\left(\frac{h_c}{t_w} - 5{,}7\sqrt{\frac{E}{f_y}}\right)$$

em que:

a_r = razão entre as áreas da alma e da mesa comprimida (menor ou igual a 10);
h_c = dobro da distância entre o centro geométrico da seção e a face interna da mesa comprimida (ver Fig. 6.8).

A flambagem da alma transfere tensões para a mesa comprimida, reduzindo o momento fletor resistente (Fig. 6.11).

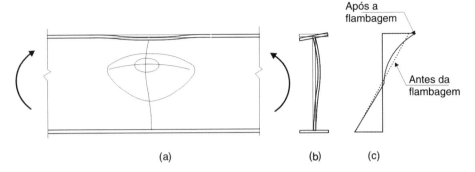

Fig. 6.11 Flambagem local da alma decorrente da ação do momento fletor: (a) esquema da viga, com o momento solicitante *M*; (b) seção transversal mostrando a alma após a flambagem; (c) diagramas de tensões elásticas antes e depois da flambagem, mostrando a transferência de tensões da alma para a mesa comprimida.

6.2.2.7 Momento Resistente de Cálculo de Vigas com Alma e Mesa Esbeltas

Nas seções com alma e mesa esbeltas, o momento resistente é calculado com fórmulas que consideram a interação das flambagens locais das duas chapas. As fórmulas para dimensionamento podem ser encontradas no Anexo H da norma ABNT NBR 8800:2008.

6.2.3 Resistência à Flexão de Vigas sem Contenção Lateral Contínua. Flambagem Lateral com Torção

6.2.3.1 Conceitos Gerais

O fenômeno da flambagem lateral com torção pode ser entendido a partir da flambagem por flexão de uma coluna. Na viga da Fig. 6.12 a seção composta da mesa superior e de um pequeno trecho da alma funciona como uma coluna comprimida entre pontos de apoio lateral, podendo flambar em torno do eixo y. Como a mesa tracionada é estabilizada pelas tensões de tração, ela dificulta o deslocamento lateral (u) da mesa comprimida, de modo que o fenômeno se processa com torção (ϕ) da viga. Sob efeito de torção as seções sofrem rotações acompanhadas de deformações longitudinais, causando o empenamento: uma seção originalmente plana se deforma deixando de ser plana.

Em uma viga, o momento fletor que causa flambagem lateral com torção (FLT) depende da esbeltez da mesa comprimida no seu próprio plano (a flambagem da mesa no plano da alma é impedida por esta). São de grande importância as disposições construtivas de contenção lateral, de que existem dois tipos bem definidos:

a) Embebimento da mesa comprimida em laje de concreto (Fig. 6.13*a*) ou ligação mesa-laje por meio de conectores (Fig. 6.13*b*); nesse caso, tem-se contenção lateral contínua (Subseção 6.2.2).

b) Apoios laterais discretos (Figs. 6.13*c,d,e*) formados por quadros transversais, treliças de contraventamento etc., com rigidez suficiente; nesse caso, a contenção lateral atua nos pontos de contato da mesa comprimida com os elementos do contraventamento; a distância entre esses pontos de contato constitui o comprimento de flambagem lateral ℓ_b da viga.

Vigas de Alma Cheia 179

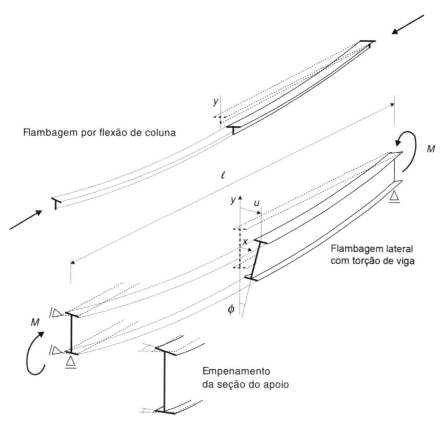

Fig. 6.12 Flambagem lateral com torção de viga biapoiada.

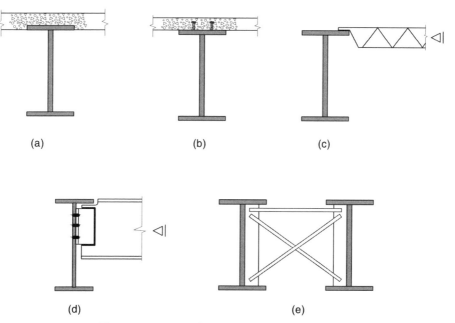

Fig. 6.13 Esquemas de contenção lateral de vigas.

As vigas e treliças de contraventamento (Figs. 6.13c,d) precisam estar devidamente ancoradas.

Nos pontos de apoio vertical das vigas, admite-se sempre a existência de contenção lateral, que impede a rotação de torção do perfil.

As vigas sem contenção lateral contínua podem ser divididas em três categorias, dependendo da distância entre os pontos de apoio lateral (Fig. 6.13).

Nas *vigas curtas*, o efeito de flambagem lateral pode ser desprezado. A viga atinge o momento fletor resistente definido por plastificação total da seção mais solicitada ou flambagem local (ver Fig. 6.14).

As *vigas longas* atingem o estado limite de flambagem lateral com torção ainda em regime elástico, com atuação do momento M_{cr}.

As *vigas intermediárias* apresentam ruptura por flambagem lateral inelástica, a qual é influenciada por imperfeições geométricas da peça e pelas tensões residuais embutidas durante o processo de fabricação da viga.

As formulações rigorosas de flambagem lateral são apresentadas em Timoshenko e Gere (1961) e Pfeil (1986).

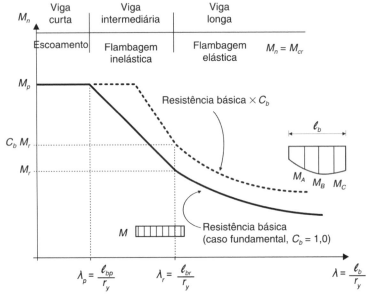

Fig. 6.14 Momento nominal de ruptura de vigas por flambagem lateral. O momento crítico de flambagem elástica (M_{cr}) depende da variação do momento solicitante no segmento ℓ_b, obtendo-se o menor valor para momento constante. No trecho inelástico, a curva é geralmente substituída por uma reta.

6.2.3.2 Flambagem Lateral com Torção de Viga Biapoiada com Momento Fletor Constante

O caso fundamental de análise de flambagem lateral elástica encontra-se ilustrado na Fig. 6.12. Trata-se de uma viga I duplamente simétrica, biapoiada com contenção lateral e torcional nos extremos ($u = \phi = 0$) e sujeita a um momento fletor constante no plano da alma (em torno do eixo x). Nos apoios, a viga não tem restrição a empenamento da seção

Vigas de Alma Cheia **181**

transversal. Neste caso, a solução exata (Timoshenko; Gere, 1961) da equação diferencial de equilíbrio na posição deformada fornece o valor do momento fletor crítico:

$$M_{cr} = \frac{\pi}{\ell} \sqrt{EI_y \, GJ + \frac{\pi^2}{\ell^2} EI_y \, EC_w}$$

(6.12)

em que:

ℓ = comprimento da viga;

I_y = momento de inércia da seção em torno do eixo y;

J = constante de torção pura (Saint-Venant);

C_w = constante de empenamento;

G = módulo de deformação transversal ou módulo de cisalhamento [Eq. (1.5)].

Para um perfil I ou H duplamente simétrico, as constantes J e C_w são expressas por

$$J = \frac{1}{3}(2b_f t_f^3 + h_w t_w^3)$$

(6.13a)

$$C_w = (h_t - t_f)^2 \frac{I_y}{4}$$

(6.13b)

Identificam-se na Eq. (6.12) as rigidezes à flexão lateral (EI_y) e à torção (GJ e EC_w) da viga compondo a resistência à flambagem lateral com torção. Por isso, a flambagem lateral não é, em geral, determinante no dimensionamento de vigas de seção tubular e de vigas I fletidas em torno do eixo de menor inércia, as quais apresentam grande rigidez à torção e à flexão lateral, respectivamente.

Para vigas sujeitas a um momento fletor não uniforme, a força de compressão não é mais constante ao longo do comprimento da mesa comprimida, como no caso fundamental de análise, e o momento crítico é maior do que se se a viga estivesse sujeita a um momento fletor uniforme. Esse efeito é considerado por meio de um fator C_b multiplicador do lado direito da Eq. (6.12).

6.2.3.3 Resistência à Flexão de Vigas I com Dois Eixos de Simetria, Fletidas no Plano da Alma

De acordo com a ABNT NBR 8800:2008, a resistência à flexão de vigas I duplamente simétricas fletidas no plano da alma é dada por M_n/γ_{a1} [Eq. 6.5], com γ_{a1} dado na Tabela 1.7. O momento resistente nominal depende do comprimento ℓ_b entre dois pontos de contenção lateral. A Fig. 6.14 ilustra a variação do momento fletor resistente nominal em função do parâmetro de esbeltez lateral λ. Apresentam-se, a seguir, os limites de cada categoria e as expressões do momento resistente nominal:

a) Viga curta

$$M_n = M_p = Z f_y$$

(6.14)

Condição para se obter viga curta

$$\ell_b \le \ell_{bp} = 1,76 r_y \sqrt{\frac{E}{f_y}}$$

(6.15)

182 CAPÍTULO 6

(49,8r_y para aço MR250 e 42,1r_y para aço AR350)

em que r_y é o raio de giração em torno do eixo de menor inércia.

De modo alternativo, esta condição pode ser escrita em termos de esbeltez lateral

$$\lambda = \frac{\ell_b}{r_y} < \lambda_p = 1,76\sqrt{\frac{E}{f_y}} \tag{6.15a}$$

b) Viga longa

No caso de viga longa, o momento resistente nominal é o próprio momento crítico da Eq. (6.12), que pode ser escrito em outro formato:

$$M_n = M_{cr} = C_b \frac{\pi^2 EI_y}{\ell_b^2}\sqrt{\frac{C_w}{I_y}\left(1+0,039\frac{J\ell_b^2}{C_w}\right)} \tag{6.16}$$

em que C_b é o coeficiente que leva em conta o efeito favorável de o momento não ser uniforme no segmento ℓ_b (ver Fig. 6.14) dado por

$$C_b = \frac{12,5M_{máx}}{2,5M_{máx}+3M_A+4M_B+3M_C} \leq 3,00 \tag{6.17a}$$

em que $M_{máx}$ é o momento fletor máximo (em valor absoluto) no trecho da viga de comprimento ℓ_b, entre dois pontos de contenção lateral.

M_A, M_B e M_C são momentos fletores (em valor absoluto) no segmento de viga de comprimento ℓ_b, respectivamente, nos pontos situados às distâncias de $\ell_b/4$, $\ell_b/2$ e $3\ell_b/4$ de um dos dois pontos de contenção lateral.

No caso de vigas sujeitas a cargas transversais, a Eq. (6.16) do momento crítico com C_b dado pela Eq. (6.17a) é válida para seção com as duas mesas sem contenção lateral contínua e para cargas aplicadas ao longo do centroide da seção.

As cargas aplicadas ao longo da mesa comprimida têm efeito desestabilizante, reduzindo o valor de C_b da Eq. (6.17a), ao contrário das cargas aplicadas por meio da mesa tracionada, que produzem um aumento no momento fletor crítico (Galambos, 1998).

Em geral, C_b pode ser tomado conservadoramente igual a 1,0, exceto em alguns casos de vigas sem pontos de contenção lateral entre apoios e carregadas transversalmente por meio da mesa comprimida (AISC, 2005).

Adota-se $C_b = 1$ nos trechos em balanço entre o extremo livre e uma seção com deslocamento lateral e torção restringidos.

Condição para se obter viga longa:

$$\ell_b > \ell_{br} \tag{6.18}$$

com ℓ_{br} obtido igualando-se a expressão do momento crítico Eq. (6.16) ao momento M_r, Eq. (6.21), como ilustrado na Fig. 6.14. Tem-se então:

$$\ell_{br} = \frac{1,38\sqrt{I_y J}}{J\beta_1}\sqrt{1+\sqrt{1+\frac{27C_W\beta_1^2}{I_y}}} \tag{6.19a}$$

com $\beta_1 = \dfrac{(f_y-\sigma_r)W}{EJ}$.

Por outro lado, a condição para se obter viga longa pode ser escrita em termos de esbeltez lateral:

$$\lambda = \frac{\ell_b}{r_y} > \lambda_r = \frac{\ell_{br}}{r_y}$$ (6.18a)

c) Viga intermediária

Neste caso, M_n é obtido com interpolação entre M_p e M_r.

$$M_n = C_b \left[M_p - (M_p - M_r)\frac{\ell_b - \ell_{bp}}{\ell_{br} - \ell_{bp}} \right] < M_p$$ (6.20)

com
$$M_r = W_x (f_y - \sigma_r)$$ (6.21)

$\sigma_r =$ tensão residual, considerada igual a 30 % da tensão de escoamento do aço utilizado. Condições para se obter viga intermediária:

$$\ell_{bp} < \ell_b < \ell_{br} \text{ ou } \lambda_p < \lambda < \lambda_r$$ (6.22)

A Fig. 6.15 mostra curvas de momento fletor nominal adimensional M_r/M_p em função da esbeltez lateral de vigas formadas por perfis fabricados da série VS, sendo M_{cr} calculado com a Eq. (6.16).

Em vigas sem contenção lateral contínua, com seções compactas, o momento resistente nominal será obtido com uma das Eqs. (6.13), (6.16) ou (6.20), dependendo do comprimento ℓ_b. Se a seção for semicompacta, M_n será o menor valor entre aquele obtido para flambagem lateral com torção e para flambagem local da alma ou da mesa Eq. (6.7). Para perfil de mesa esbelta, mas com a alma atendendo ao limite para seção semicompacta, o momento nominal também será o menor entre aquele obtido para flambagem lateral e para flambagem local. Finalmente, se a seção tiver chapa de alma esbelta, devem ser seguidas as prescrições do Anexo H da norma ABNT NBR 8800:2008.

6.2.3.4 Resistência à Flexão de Vigas I com Um Eixo de Simetria Fletidas no Plano da Alma

De acordo com a ABNT NBR 8800:2008, a resistência à flexão de vigas I com um eixo de simetria (Fig. 6.16) fletidas no plano da alma é dada por M_n/γ_{a1}. O momento resistente nominal depende do comprimento sem contenção lateral ℓ_b. Apresentam-se a seguir os limites de cada categoria (ver Fig. 6.14) e as expressões de momento resistente nominal.

a) Viga curta

$$M_n = M_p = Z f_y$$ (6.23)

Condições para se obter viga curta

$$\ell_b < \ell_{bp} = 1,76 r_{yc}\sqrt{\frac{E}{f_y}}$$ (6.24)

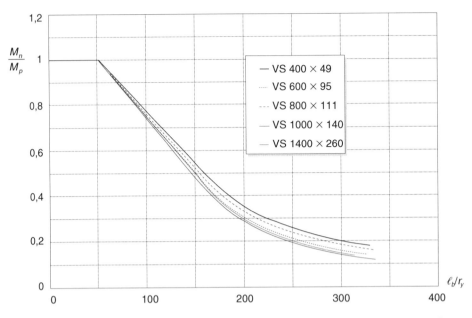

Fig. 6.15 Momento nominal resistente [Eq. (6.16)] de alguns perfis soldados para vigas em função do comprimento ℓ_b sem contenção lateral de acordo com a ABNT NBR 8800, porém considerando $\sigma_r = 115$ MPa.

em que r_{yc} é o raio de giração, em torno do eixo y (eixo de simetria), da seção T formada pela mesa comprimida e parcela comprimida da alma, em regime elástico.

b) Viga longa

O momento crítico é dado por

$$M_{cr} = C_b \frac{\pi^2 E I_y}{\ell_b^2} \left[\beta_3 + \sqrt{(\beta_3)^2 + \frac{C_w}{I_y}\left(1 + 0{,}039 \frac{J}{C_w}\ell_b^2\right)} \right] \quad (6.25)$$

com

$$C_b = \frac{12{,}5 M_{máx}}{2{,}5 M_{máx} + 3 M_A + 4 M_B + 3 M_C} R_m \quad (6.17b)$$

em que:

$R_m = \dfrac{1}{2} + 2\left(\dfrac{I_{fc}}{I_y}\right)^2$ é aplicável a vigas sujeitas à curvatura reversa no trecho considerado;

I_{fc} = momento de inércia, em torno do eixo y, da mesa comprimida.

Com a notação da Fig. 6.16, β_3 (metade do coeficiente de monossimetria β_x) pode ser escrito simplificadamente como em Galambos (1998):

$$\beta_3 = 0{,}45d' \left(\frac{2I_{fc}}{I_y} - 1 \right) \left[1 - \left(\frac{I_y}{I_x} \right)^2 \right] \quad (6.26a)$$

ou ainda como (ABNT NBR 8800:2008)

$$\beta_3 = 0{,}45d' \frac{(\alpha_y - 1)}{\alpha_y + 1} \quad \text{com} \quad \alpha_y = \frac{I_{fc}}{I_{ft}} \quad (6.26b)$$

e a constante de empenamento C_w como

$$C_w = \frac{d'^2 I_{fc} (I_y - I_{fc})}{I_y} \quad (6.27)$$

em que d' é a distância entre os centros das mesas, e I_{ft} é o momento de inércia, em torno do eixo y, da mesa tracionada.

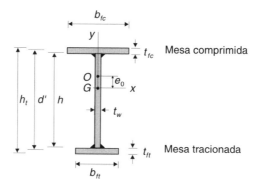

Fig. 6.16 Notação utilizada para o cálculo do momento crítico de flambagem lateral em perfil I com um eixo de simetria (eixo y).

c) Viga intermediária

Neste caso, M_n é obtido por interpolação linear entre M_p e M_r, com a Eq. (6.20) sendo

$$M_r = W_c (f_y - \sigma_r) \leq W_t f_y \quad (6.28)$$

em que W_c e W_t são os módulos elásticos da seção referidos às fibras mais comprimida e mais tracionada, respectivamente, para flexão em torno do eixo x.

Condições para se obter viga intermediária

$$\ell_{bp} < \ell_b < \ell_{br} \quad (6.22)$$

em que ℓ_{br} é o comprimento sem contenção lateral para o qual $M_{cr} = M_r$, dado por

$$\ell_{br} = \frac{1{,}38\sqrt{I_y \mathcal{J}}}{\mathcal{J}\beta_1} \sqrt{\beta_2 + \sqrt{\beta_2^2 + \frac{27 C_w \beta_1^2}{I_y}}} \quad (6.19b)$$

com

$$\beta_1 = \frac{(f_y - \sigma_r)W_c}{EJ}$$

$$\beta_2 = 5{,}2\beta_1 + 1$$

6.2.4 Vigas Sujeitas à Flexão Assimétrica

Na viga em flexão reta, o plano de atuação do momento fletor coincide com um dos planos principais de inércia da seção e este plano torna-se o plano da flexão. A flexão assimétrica se dá nos casos em que a linha de ação das cargas é inclinada (ângulo α na Fig. 6.17a) em relação aos eixos principais de inércia. As cargas podem ser decompostas segundo os eixos principais de inércia, sendo as tensões normais e deslocamentos determinados por superposição das duas flexões retas (Timoshenko; Gere, 1994), como mostrado na Fig. 6.17b. Resulta que o plano de flexão não coincide com o plano de atuação do momento fletor ($\beta \neq \alpha$ na Fig. 6.17a).

Exemplos práticos de flexão assimétrica ocorrem em terças de telhado sob ação de cargas gravitacionais (ver detalhe na Fig. 1.28b) e em vigas de apoio de pontes rolantes em galpões industriais.

A verificação de vigas no estado limite último em flexão assimétrica é feita com a interação linear de esforços ilustrada na Fig. 6.17c e expressa pela Eq. (6.29).

$$\frac{M_{dx}}{M_{Rd\,x}} + \frac{M_{dy}}{M_{Rd\,y}} \leq 1{,}0 \qquad (6.29)$$

em que M_{dx} e M_{dy} são os momentos fletores solicitantes de cálculo e $M_{Rd\,x}$ e $M_{Rd\,y}$ são os momentos resistentes em torno dos eixos x e y, respectivamente, dados pela Eq. (6.5), considerando-se os estados limites apropriados.

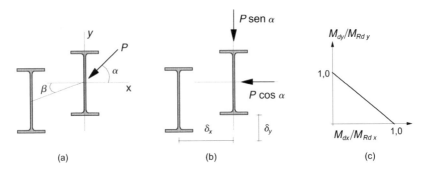

Fig. 6.17 Decomposição da flexão assimétrica em duas flexões retas.

6.2.5 Vigas Contínuas

A ductilidade dos aços permite a redistribuição de esforços em estruturas estaticamente indeterminadas de tal maneira que, quando uma seção esgota sua capacidade resistente, outros segmentos da estrutura podem absorver acréscimos de esforços. A consideração da redistribuição de esforços é feita a partir de métodos de análise inelástica (Cap. 11).

No caso de vigas contínuas de seção compacta e que têm suficiente contenção lateral para não desenvolver flambagem lateral com torção, pode-se aplicar um critério simplificado (AISC, 2005) de redistribuição que consiste em dimensionar as seções dos apoios intermediários para 0,9 vez o momento fletor negativo calculado por análise elástica. Essa redistribuição só é permitida para cargas permanentes. A seção de momento fletor positivo deve ter seu valor de momento acrescido de 0,1 vez a média dos momentos negativos originais dos apoios adjacentes.

Para permitir o uso desse critério simplificado, as vigas I devem atender à seguinte restrição no comprimento sem contenção lateral

$$\ell_b \leq \left[0,12 + 0,076 \left(\frac{M_1}{M_2} \right) \right] \left(\frac{E}{f_y} \right) r_y \tag{6.30}$$

em que M_1/M_2 é a razão entre o menor e o maior dos momentos fletores solicitantes de cálculo nas extremidades do comprimento ℓ_b, tomada positiva para curvatura reversa e negativa para curvatura simples.

6.3 DIMENSIONAMENTO DA ALMA DAS VIGAS

6.3.1 Conceitos

As almas das vigas de perfil I servem, principalmente, para ligar as mesas e absorver os esforços cortantes. Por questões econômicas, procura-se concentrar massas nas mesas para obter maior inércia à flexão, reduzindo-se a espessura das almas.

Nos perfis laminados, em geral, as almas são pouco esbeltas (h/t_w moderado), permitindo que a viga atinja a plastificação da alma por cisalhamento ($f_v \cong 0,6 f_y$).

Nos perfis soldados, as almas são geralmente mais esbeltas (h/t_w elevado), de modo que pode ocorrer a flambagem local da alma na configuração mostrada na Fig. 6.18a (ver também a Fig. 6.2b). Observa-se a ocorrência de ondulações inclinadas na chapa de alma decorrentes das tensões principais de compressão associadas às tensões cisalhantes (ver a Fig. 6.18b), causando redução da resistência ao esforço cortante da viga. Nesses casos, para aumentar a resistência à flambagem, utilizam-se enrijecedores transversais, que dividem a alma em painéis retangulares (ver Figs. 6.4 e 6.19).

A tensão crítica de flambagem local elástica por cisalhamento de um painel de alma é dada por Timoshenko e Gere (1961):

$$\tau_{cr} = k \frac{\pi^2 E}{12(1-v^2)(h/t_w)^2} \tag{6.31}$$

em que k é o fator que considera as condições de contorno da placa, sendo uma função do espaçamento a entre os enrijecedores transversais.

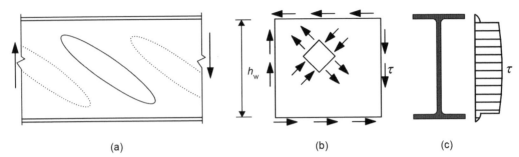

Fig. 6.18 Flambagem por cisalhamento da alma em viga de perfil I; (a) modo de flambagem; (b) tensões principais no plano da alma; (c) distribuição de tensões cisalhantes ao longo da altura do perfil I.

Uma vez iniciado o processo de flambagem local, é possível ainda aumentar o carregamento da viga já que se forma o mecanismo treliçado com diagonais tracionadas mostrado na Fig. 6.19*b*, denominado *campo de tração*, o qual provê resistência pós-flambagem local.

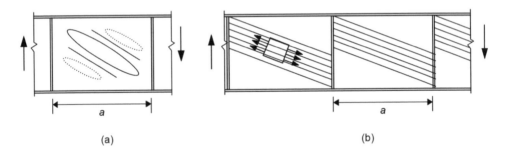

Fig. 6.19 Flambagem por cisalhamento da alma em viga com enrijecedores transversais; (a) modo de flambagem; (b) mecanismo pós-flambagem denominado campo de tração.

6.3.2 Tensões de Cisalhamento Provocadas por Esforço Cortante

As tensões de cisalhamento τ, em peças de altura constante solicitadas por esforço cortante V, são dadas pela conhecida expressão da Resistência dos Materiais (Gere; Timonshenko, 1994):

$$\tau = \frac{VS}{tI} \qquad (6.32)$$

em que:

t = espessura da chapa no ponto em que se determina a tensão;

S = momento estático referido ao centro de gravidade da seção, da parte da área da seção entre a borda e o ponto em que se determina a tensão;

I = momento de inércia da seção bruta, referido ao centro de gravidade.

No caso particular de perfil I, simples ou composto, a aplicação da Eq. (6.32) mostra que a quase totalidade do esforço cortante é absorvida pela alma, com pequena variação ao longo da altura da alma (Fig. 6.18c).

Para o cálculo das tensões solicitantes de cisalhamento no estado limite de projeto, utiliza-se relação:

$$\tau_d = \frac{V_d}{A_w}$$
(6.33)

em que:

V_d = esforço cortante solicitante de cálculo;
A_w = área efetiva de cisalhamento dada por $h_t t_w$ em perfis de seção I (ver Fig. 6.8).

6.3.3 Esforço Cortante Resistente em Vigas de Perfil I, Fletidas no Plano da Alma

O estado limite que determina o esforço cortante resistente V_{Rd} depende da esbeltez λ da chapa de alma definida conforme indicado na Fig. 6.8.

Para $\lambda \leq \lambda_p$, a resistência é dada pela plastificação a cisalhamento:

$$V_{Rd} = \frac{V_p}{\gamma_{a1}}$$
(6.34)

em que:

$$V_p = A_w (0,6 f_y)$$
(6.35)

$$\lambda_p = 1,10 \sqrt{\frac{k_v E}{f_y}}$$
(6.36)

$k_v = 5,0$ para vigas sem enrijecedores intermediários, para $a / h > 3$ ou para

$$a / h > \left(\frac{260}{h / t_w} \right)^2$$
(6.37a)

$$k_v = 5 + \frac{5}{(a / h)^2}, \text{ para os outros casos}$$
(6.37b)

a = distância entre enrijecedores intermediários.

Em vigas com valores de esbeltez λ da alma superiores ao limite dado pela Eq. (6.36), a resistência ao cisalhamento é reduzida por efeito de flambagem local da alma que pode ocorrer em regime inelástico ($\lambda_p < \lambda \leq \lambda_r$) ou elástico ($\lambda > \lambda_r$), com λ_r dado por:

$$\lambda_r = 1,37 \sqrt{\frac{k_v E}{f_y}}$$
(6.38)

Para $\lambda_p < \lambda \leq \lambda_r$, tem-se $V_{Rd} = \dfrac{\lambda_p}{\lambda} \dfrac{V_p}{\gamma_{a1}}$ (6.39)

Para $\lambda > \lambda_r$, tem-se $V_{Rd} = 1{,}24 \left(\dfrac{\lambda_p}{\lambda}\right)^2 \dfrac{V_p}{\gamma_{a1}}$ (6.40)

O gráfico da Fig. 6.20 ilustra a variação da razão entre o esforço cortante resistente (V_{Rd}) e o esforço cortante resistente de plastificação da alma (V_p/γ_{a1}) em função da esbeltez local da alma para um perfil de aço MR250 sem enrijecedores transversais (linha cheia) e com enrijecedores espaçados de $a = h$ (linha tracejada). Observa-se o aumento da resistência à flambagem local por cisalhamento promovido pela adição dos enrijecedores transversais intermediários.

As expressões de esforço cortante resistente dadas pelas Eqs. (6.39) e (6.40) não consideram a atuação do mecanismo denominado campo de tração pelo qual a viga com enrijecedores transversais transforma-se em um sistema treliçado (Fig. 6.19) após o início da flambagem local da alma. A resistência pós-flambagem dada por este mecanismo pode ser estimada conforme a norma AISC.

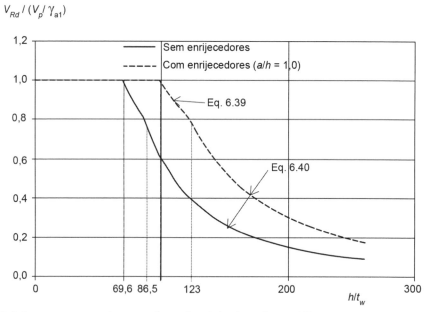

Fig. 6.20 Esforço cortante resistente adimensional de vigas de aço MR250, sem e com enrijecedores transversais intermediários, em função da esbeltez local da alma.

Exemplo 6.3.1

Calcular a relação h/t_w de algumas seções de alma mais esbelta nos perfis I laminados e perfis soldados VS e determinar se estão sujeitas à flambagem por cisalhamento da alma. Admitir aço MR250.

Vigas de Alma Cheia

Perfis laminados	h/t$_w$	Perfis soldados	h/t$_w$
W 200 × 15	39	VS 550 × 64	84
W 310 × 21	53	VS 1000 × 140	122
W 360 × 32,9	53	VS 1200 × 200	123
W 410 × 38,8	56	VS 1500 × 27	117
W 610 × 101	52		

Verifica-se que os perfis laminados não estão sujeitos à flambagem por cisalhamento da alma ($h/t_w < 69{,}6$), ao contrário de alguns perfis soldados de série VS.

6.3.4 Limite Superior da Relação h/t_w

a) Vigas sem enrijecedores

Em vigas soldadas ($h = h_w$) com alma extremamente esbelta sem enrijecedores transversais, pode ocorrer a flambagem, no plano vertical, da mesa comprimida pelo momento fletor, conforme ilustrado na Fig. 6.21. O limite superior de h/t_w, correspondente a essa condição, é dado pela equação, com tensões MPa:

$$\left(\frac{h}{t_w}\right)_{máx} = \frac{0{,}48E}{\sqrt{f_y(f_y + \sigma_r)}} \simeq \frac{0{,}42E}{f_y} \qquad (6.41a)$$

em que σ_r é a tensão residual tomada igual a $0{,}3 f_y$.

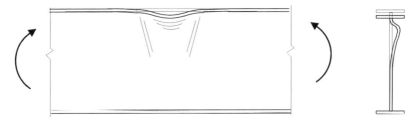

Fig. 6.21 Flambagem no plano vertical da mesa comprimida pelo momento fletor.

Praticamente, a relação h/t_w de vigas sem enrijecedores transversais intermediários é limitada ao seguinte valor (ABNT NBR 8800:2008):

$$h/t_w \leq 260 \qquad (6.41b)$$

b) Vigas com enrijecedores transversais

Nas vigas com enrijecedores transversais intermediários, os valores máximos de h/t_w adotados nos projetos são:

$$h/t_w \leq 11{,}7\sqrt{\frac{E}{f_y}} \quad \text{para } a/h \leq 1{,}5 \qquad (6.42a)$$

(331 para MR250; 280 para AR350)

$$h/t_w < (h/t_w)_{máx} \text{ da (Eq. 6.41a) para } a/h > 1,5 \qquad (6.42b)$$

6.3.5 Dimensionamento dos Enrijecedores Transversais Intermediários

Os enrijecedores transversais intermediários podem ser dispensados nas vigas com h/t_w inferior ao limite da Eq. (6.36) com $k_v = 5,0$; e ainda quando $h/t_w < 260$ e o esforço cortante solicitante V_d for menor que V_{Rd} dado pela Eq. (6.34). Se essas condições não forem atendidas, os enrijecedores deverão ser colocados.

Os enrijecedores transversais intermediários são, em geral, constituídos de chapas soldadas na alma (Fig. 6.4). Eles podem ser colocados em pares, um de cada lado da alma, ou de um só lado da alma. Além de dividir a alma em painéis, eles servem também de apoio transversal para a mesa comprimida, melhorando a resistência à torção; para isso, a superfície de contato com a mesa comprimida deve ser soldada. No lado tracionado não há necessidade de contato do enrijecedor com a mesa, podendo-se parar a chapa do enrijecedor de modo que o cordão de solda alma-enrijecedor fique a uma distância da solda alma-mesa tracionada entre quatro e seis vezes a espessura t_w da alma (ver Fig. 6.4c).

As relações b/t dos elementos constituintes dos enrijecedores não devem ultrapassar os valores limites b/t da Tabela 5.1, Grupo 4, a fim de eliminar o efeito da flambagem local. Para aço MR250, $b/t < 15,8$ e, para AR350, $b/t < 13,4$.

O enrijecedor intermediário deve ter rigidez suficiente para conter a deformação de flambagem da alma, de modo que a segurança em relação à flambagem por cisalhamento da alma possa ser determinada em painéis separados. Utilizam-se para esse fim fórmulas empíricas.

Segundo as normas AISC e ABNT NBR 8800:2008, o momento de inércia da seção do enrijecedor singelo ou de um par de enrijecedores (um de cada lado da alma), em relação ao eixo no plano médio da alma, deve atender à relação:

$$I \geq a t_w^3 \left[\frac{2,5}{(a/h)^2} - 2 \right] \geq 0,5 a t_w^3 \qquad (6.43)$$

em que:

I = momento de inércia do enrijecedor unilateral ou de um par de enrijecedores, um de cada lado da alma, tomado em relação ao plano médio da alma;

a = espaçamento entre enrijecedores intermediários.

Para maior eficiência, o espaçamento entre enrijecedores deverá atender às condições:

$$\frac{a}{h} \leq \left(\frac{260}{h/t_w} \right)^2 \qquad \frac{a}{h} \leq 3 \qquad (6.44)$$

Com o espaçamento escolhido, deverá ser verificada a condição de resistência $V_d \leq V_{Rd}$, com o esforço cortante resistente de projeto dado pelas Eqs. (6.34), (6.39) ou (6.40), conforme a esbeltez da alma.

6.3.6 Resistência e Estabilidade da Alma sob Ação de Cargas Concentradas

Em vigas sujeitas a cargas concentradas em regiões de alma não enrijecida, podem ocorrer os seguintes tipos de ruptura da alma por compressão transversal em face da ação de cargas concentradas, conforme a Fig. 6.22:

- Escoamento local da alma
- Enrugamento da alma com flambagem localizada (Roberts, 1981)
- Flambagem da alma com ou sem deslocamento lateral da mesa tracionada
- Flambagem da alma por compressão transversal.

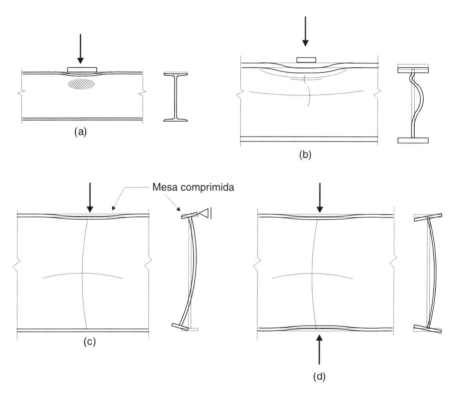

Fig. 6.22 Tipos de ruptura da alma sem enrijecedores intermediários em viga sujeita à carga transversal concentrada: (a) escoamento local da alma; (b) enrugamento da alma com flambagem localizada; (c) flambagem da alma com deslocamento lateral da mesa tracionada; (d) flambagem da alma por compressão transversal.

Para cada um destes estados limites, decorrentes da ação de cargas concentradas simples (em uma mesa) ou aos pares (em duas mesas), é exigida a colocação de enrijecedores transversais de apoio (Fig. 6.4e) se a resistência necessária exceder os valores obtidos com as equações descritas a seguir. Além disso, deve-se verificar a flexão transversal da mesa em função da largura de distribuição da carga aplicada na mesa.

A flambagem da alma por compressão transversal com deslocamento lateral da mesa tracionada (Fig. 6.22c) ocorre para vigas com mesa estreita quando, no ponto de aplicação

194 CAPÍTULO 6

de uma carga concentrada simples (só na mesa comprimida), não está impedido o deslocamento lateral relativo entre as mesas.

Por outro lado, esse tipo de colapso não ocorre nas seguintes condições:

$\dfrac{h / t_w}{\ell / b_f} > 2,3,$ quando a rotação da mesa carregada for impedida;

$\dfrac{h / t_w}{\ell / b_f} > 1,7,$ quando a rotação da mesa carregada não for impedida (Fig. 6.22c).

em que ℓ é o maior dentre os comprimentos sem contenção lateral das duas mesas na vizinhança da seção carregada.

As situações de estado limite último ilustradas nas Figs. 6.22 são também típicas de colunas de perfil H na região de ligação rígida a rotação com vigas de edificações (ver a Fig. 9.11).

O cálculo da resistência neste caso pode ser encontrado na norma brasileira ABNT NBR 8800:2008.

6.3.6.1 Flexão Local da Mesa

Uma força concentrada F aplicada sobre a largura da mesa de um perfil I ou H é transferida para a alma por meio da flexão localizada da mesa. A resistência à flexão da mesa é dada em termos de força resistente de projeto por (ABNT NBR 8800:2008, AISC):

$$F_{Rd} = \frac{6,25\, t_f^2 f_y}{\gamma_{al}} \tag{6.45}$$

a qual deve ser maior que a força F_d solicitante de projeto. Caso contrário, devem ser colocados enrijecedores transversais em ambos os lados da alma na seção de aplicação da carga.

A força resistente da Eq. (6.45) é reduzida à metade, no caso em que a força é aplicada em uma seção cuja distância ao extremo da viga seja menor do que $10\, t_f$.

Tradicionalmente, esta verificação só é requerida para o caso de forças que tracionam a alma apesar de a flexão da mesa também ocorrer para forças compressivas.

6.3.6.2 Escoamento Local da Alma

Nos pontos de aplicação de cargas concentradas, em seções sem enrijecedores, verifica-se a compressão ou tração transversal da alma, que pode provocar o seu escoamento (Fig. 6.22a).

De acordo com a norma ABNT NBR 8800:2008, a resistência é dada por:

$$F_{Rd} = \frac{1,10}{\gamma_{al}} R_n = \frac{1,10}{\gamma_{al}} \ell_a t_w f_y \tag{6.46}$$

em que ℓ_a é a extensão da alma carregada, admitindo distribuição das tensões com um gradiente de 2,5:1 (ver Fig. 6.23).

Para cargas intermediárias ($\ell > h_l$), tem-se

$$R_n = (5k + \ell_n) f_y t_w \tag{6.47a}$$

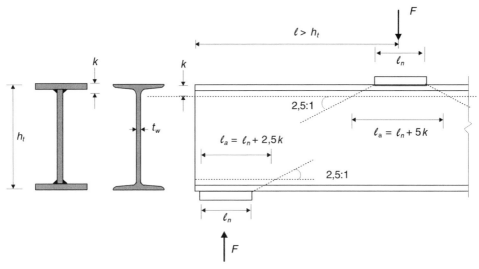

Fig. 6.23 Resistência a escoamento local de alma sem enrijecedores de apoio.

E para cargas de extremidade ($\ell < h_t$)

$$R_n = (2{,}5k + \ell_n)f_y t_w \tag{6.47b}$$

em que:

ℓ_n = comprimento de apoio da carga concentrada;

k = espessura da mesa carregada mais o lado do filete em perfis soldados e a espessura da mesa mais o raio de concordância com a alma, no caso de perfis laminados.

Se a resistência necessária exceder F_{Rd}, deve-se prover um par de enrijecedores transversais no ponto de aplicação da carga. Esses enrijecedores devem se estender, pelo menos, até a metade da altura da alma e ter ajuste para contato perfeito com a mesa carregada ou a ela devem ser soldados.

6.3.6.3 Enrugamento da Alma

Em trechos não enrijecidos de almas de vigas, sujeitas a cargas concentradas produzindo compressão transversal, a resistência ao enrugamento da alma com flambagem localizada (*web crippling*) é dada, de acordo com a norma brasileira ABNT NBR 8800:2008, por:

$$F_{Rd} = \frac{0{,}825}{\gamma_{a1}} R_n \tag{6.48}$$

com R_n determinada com a equação:

$$R_n = K t_w^2 \left[1 + 3 \frac{\ell_n}{h_t} \left(\frac{t_w}{t_f} \right)^{1{,}5} \right] \sqrt{E f_y \frac{t_f}{t_w}} \tag{6.49a}$$

196 CAPÍTULO 6

em que:

$K = 0,80$ para cargas intermediárias, quando aplicadas a uma distância da extremidade da viga maior que $h_t/2$;

$K = 0,40$ para cargas de extremidade, quando aplicadas a uma distância menor que $h_t/2$ do extremo da viga.

Para cargas de extremidade, a Eq. (6.49a) é válida para $\ell_n/h_t \leq 0,2$. Contrário, utiliza-se a expressão:

$$R_n = 0,40t_w^2 \left[1 + \left(4\frac{\ell_n}{h_t} - 0,2 \right) \left(\frac{t_w}{t_f} \right)^{1,5} \right] \sqrt{Ef_y \frac{t_f}{t_w}} \qquad (6.49b)$$

Quando a força solicitante de projeto exceder F_{Rd}, Eq. (6.48), deve-se prover um enrijecedor transversal ou um par de enrijecedores transversais que se estendem, pelo menos, até a metade da altura da alma.

6.3.6.4 Flambagem da Alma sob Ação de Cargas Concentradas nas Duas Mesas

No caso de cargas de compressão transversal aplicadas em ambas as mesas na mesma seção de um elemento, a alma deve ter sua esbeltez limitada de modo a evitar a flambagem.

Em trechos não enrijecidos de almas sujeitas à compressão transversal por cargas concentradas nas duas mesas (Fig. 6.22d), a resistência de projeto vale R_n/γ_{a1} e deve ser maior do que o valor de cálculo de cada força solicitante do par de forças; o valor de R_n é dado por:

$$R_n = \frac{24t_w^3}{h} \sqrt{E/f_y} \qquad (6.50)$$

Quando o par de cargas concentradas for aplicado a uma distância da extremidade da viga menor que $h_t/2$, a resistência deve ser reduzida em 50 %.

6.3.7 Enrijecedores de Apoio

Os enrijecedores de apoio devem ser empregados sempre que a carga solicitante de compressão transversal da alma ultrapassar a resistência em algum dos estados limites descritos na Subseção 6.3.6. Em tais casos, os enrijecedores de apoio, além de impedir o escoamento, o enrugamento e a flambagem da alma, têm a função de transferir para a alma as cargas concentradas aplicadas nas mesas; geralmente, essas cargas são as reações de apoio das vigas.

Os enrijecedores de apoio devem ser soldados à alma. Eles devem estender-se pelo menos até a metade da altura da alma (enrijecedores de altura parcial), para evitar os estados limites de escoamento local e enrugamento da alma, e devem ser de altura total e estender-se até aproximadamente as bordas longitudinais das mesas, nos casos em que não são atendidas as condições de segurança dos estados limites de flambagem da alma, ilustrados nas Figs. 6.22c,d. O apoio da mesa carregada sobre o enrijecedor pode ser feito por contato ou por solda.

Utilizam-se também enrijecedores de apoio de altura total em extremidades das vigas de edifícios nas quais as almas não sejam ligadas a outras vigas ou pilares.

Os enrijecedores de apoio de altura total são dimensionados como colunas sujeitas à flambagem por flexão em relação a um eixo no plano da alma. A seção transversal a ser considerada é formada pelas chapas dos enrijecedores mais uma faixa da alma da largura $12t_w$ nos enrijecedores de extremidade ou $25t_w$ nos enrijecedores em seção intermediária (ver Fig. Probl. 6.5.10). O comprimento efetivo de flambagem do enrijecedor será de $0,75h$.

Para evitar a flambagem local do enrijecedor, recomenda-se que a relação largura-espessura do mesmo não exceda $0,56\sqrt{E/f_y}$ (ver Tabela 5.2).

No caso de superfícies usinadas, a seção de contato do enrijecedor com a mesa onde atua a carga será verificada a esmagamento local, considerando-se a resistência de projeto dada por:

$$F_{Rd} = A_c\,(1,8f_y)/\gamma_{a2} \tag{6.51}$$

com A_c = área de contato do enrijecedor com a mesa carregada.

6.3.8 Contenção Lateral das Vigas nos Apoios

Nos pontos de apoio, as vigas laminadas ou soldadas deverão ter contenção lateral que impeça a rotação da viga em torno do eixo longitudinal. Essa contenção é necessária para impedir o tombamento da viga ou, no caso de vigas esbeltas, o colapso por deslocamento transversal relativo das mesas.

6.4 LIMITAÇÃO DE DEFORMAÇÕES

A limitação de flechas provocadas pelas cargas permanentes tem a finalidade de evitar deformações pouco estéticas. As flechas permanentes exageradas produzem uma sensação intuitiva de insegurança, além de causar danos a elementos não estruturais como paredes ou divisórias. Por outro lado, os efeitos dos deslocamentos em função da carga permanente podem ser minorados com a aplicação de uma contraflecha na fabricação ou montagem da estrutura. As flechas produzidas por cargas móveis são também limitadas com a finalidade de evitar efeitos vibratórios desagradáveis para os usuários.

A norma brasileira ABNT NBR 8800:2008 limita as flechas globais produzidas pela carga permanente mais a carga móvel sem impacto (ver Tabela 1.8).

6.5 PROBLEMAS RESOLVIDOS

6.5.1 Comparar os momentos resistentes de projeto de uma viga de perfil laminado W 530 × 85,0 com uma viga soldada VS 500 × 86, de mesmo peso próprio aproximadamente, supondo as vigas contidas lateralmente. Aço MR250.

Solução
a) Perfil laminado W 530 × 85,0 (Tabela A4.8, Anexo A)

$$\frac{b_f}{2t_f} = \frac{166}{2 \times 16,5} = 5,0 < 10,7 \qquad \frac{h}{t_w} = \frac{478}{10,3} = 46,4 < 106$$

A seção é compacta.

$$M_{Rd} = Zf_y/\gamma_{a1} = 2100 \times 25/1,10 = 47.727 \text{ kNcm} = 477,3 \text{ kNm}$$

$$M_{Rd} = 477,3 \text{ kNm} < 1,5 \times W_x f_y/\gamma_{a1} = 1,5 \times 1811 \times 25/1,10 = 617,4 \text{ kNm}$$

b) Perfil soldado VS 500 × 86 (Tabela A5.3, Anexo A)

$$\frac{b_f}{2t_f} = \frac{250}{2 \times 16} = 7,8 < 10,7 \qquad \frac{h}{t_w} = \frac{468}{6,3} = 74 < 106$$

A seção é compacta.

$$Z = 2 \times 25 \times 1,6 \times 24,2 + 2 \times 0,63 \times 23,4^2/2 = 2281 \text{ cm}^3$$
$$M_{Rd} = Zf_y/\gamma_{a1} = 2281 \times 25/1,10 = 51.840 \text{ kNcm} = 518,4 \text{ kNm}$$
$$M_{Rd} = 518,4 \text{ kNm} < 1,5 \times W_x f_y/\gamma_{a1} = 1,5 \times 2090 \times 25/1,10 = 712,5 \text{ kNm}$$

O perfil soldado, apesar de ter altura um pouco menor que o perfil laminado de peso equivalente, tem maior eficiência à flexão.

6.5.2 Verificar o perfil I 254(10″) × 37,7, em aço MR250, dado na figura, para o momento fletor de projeto igual a 83 kNm, que solicita uma viga na região da ligação rígida ao pilar conforme o detalhe da Fig. 9.10c. O perfil acha-se contido lateralmente.

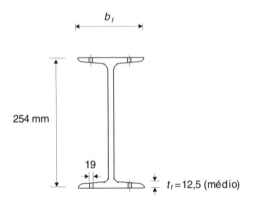

Fig. Probl. 6.5.2

Solução
    Área bruta da mesa

$$A_{fg} = b_f t_f = 11,84 \times 1,25 = 14,8 \text{ cm}^2$$

Área líquida da mesa

$$A_{fn} = 14,8 - 2 \times 1,25 \times (1,9 + 0,35) = 9,17 \text{ cm}^2$$

Resistência à ruptura da área líquida

$$f_u A_{fn} = 40 \times 9{,}17 = 367 \text{ kN}$$

Resistência ao escoamento da seção bruta

$$Y_f f_y A_{fg} = 1{,}0 \times 25 \times 14{,}8 = 370 \text{ kN}$$

Como não foi atendida a condição da Eq. (6.9), o momento resistente de projeto fica limitado pela Eq. (6.8b).

Momento resistente de cálculo

$$M_{Rd} = \frac{1}{1{,}10} \frac{40 \times 9{,}17}{14{,}8} 405 = 9125 \text{ kNcm} = 91{,}2 \text{ kNm}$$

Momento solicitante de cálculo

$$M_d = 83 \text{ kNm}$$

O perfil é satisfatório para a solicitação dada.

6.5.3 Uma viga biapoiada de vão L de piso de edifício, de perfil VS 500 × 86 ($h_t = 500$ mm), está sujeita a cargas uniformemente distribuídas permanente g e variável q, sendo $q/g = 0{,}5$. Calcular a carga permanente máxima a ser aplicada para três valores da relação L/h iguais a 8, 13 e 20. Utilizar aço MR250. A viga é contida lateralmente.

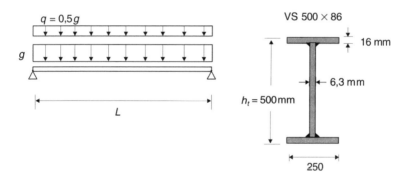

Fig. Probl. 6.5.3

Solução

A carga máxima é determinada de modo a garantir a segurança em relação ao colapso por flexão ou por cisalhamento no estado limite último, e o comportamento adequado para cargas em serviço (verificação de deslocamentos no estado limite de utilização). A seção é compacta.

a) Estado limite último

Combinação normal das ações

$$P_d = 1{,}3g + 1{,}5q = 2{,}05g$$

200 CAPÍTULO 6

Momento fletor resistente (seção compacta; viga contida lateralmente)

$$M_{Rd} = Zf_y / \gamma_{a1} = 2281 \times 25 / 1,10 = 51.841 \text{ kNcm} = 518,4 \text{ kNm}$$

$$M_d = p_d \frac{L^2}{8} = 2,05g \frac{L^2}{8}$$

Carga máxima para flexão

$$g_{máx} = \frac{518,4 \times 8}{2,05L^2} = \frac{2023,0}{L^2} (\text{kN/m})$$

Esforço cortante resistente (viga sem enrijecedores intermediários, $k_v = 5,0$)

$$\lambda_p = 2,46\sqrt{\frac{E}{f_y}} = 69,6 < \frac{h}{t_w} = 74 < 3,06\sqrt{\frac{E}{f_y}} = 86,5$$

$$\frac{\lambda_p}{\lambda} = \frac{69,6}{74} = 0,94$$

$$V_{Rd} = 50,0 \times 0,63 \times 0,6 \times 25 \times 0,94 / 1,10 = 404 \text{ kN}$$

Esforço cortante solicitante de cálculo e carga g máxima

$$V_d = P_d \frac{L}{2} \therefore g_{máx} = \frac{404 \times 2}{L \times 2,05} = \frac{394}{L} (\text{kN/m})$$

b) Estado limite de utilização

Combinação quase permanente de ações

$$p = g + 0,4q = 1,2g$$

Deslocamento máximo permitido (ver Tabela 1.8)

$$\delta_{máx} = \frac{L}{350}$$

Deslocamento no meio do vão

$$\delta = \frac{5}{384} \frac{pL^4}{EI} = \frac{5}{384} \frac{1,2gL^4}{20.000 \times 52.250} = 1,49 \times 10^{-11} gL^4 (\text{cm})$$

Carga g máxima

$$g = \frac{1,91 \times 10^8}{L^3} (\text{kN/cm})$$

Vigas de Alma Cheia

c) Resultados para $L/h_t = 8, 13$ e 20

L/h_t	L(m)	Carga permanente g máxima (kN/m)		
		Esforço cortante	Flexão	Deslocamento
8	4,0	98,5*	126	298
13	6,5	60,6	47,9*	69,6
20	10,0	39,4	20,2	19,1*

*Determinante do dimensionamento.

Verifica-se que, em uma viga com baixa razão L/h_t, o esforço cortante é determinante no dimensionamento. Se L/h_t é um valor alto, o critério de deslocamento é dominante e, para L/h_t intermediário, a flexão é que determina a carga máxima.

6.5.4 Selecionar um perfil W para a viga secundária intermediária (VSI na Fig. Probl. 6.5.4) de um piso de edifício. A viga será contida lateralmente pela laje de concreto envolvendo a mesa comprimida (Fig. 6.13a). Os apoios das vigas VSI nas vigas principais VP serão efetuados por meio de ligações flexíveis do tipo ilustrado na Fig. 9.9b. As cargas no piso são admitidas uniformemente distribuídas e iguais a 3,0 kN/m² oriundas da ação de utilização e 4,0 kN/m² do peso da estrutura e revestimento, além do peso próprio das vigas de aço. Utiliza-se aço A572 Gr. 50 ($f_y = 345$ MPa).

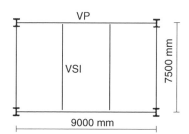

Fig. Probl. 6.5.4

Solução
a) Solicitações de projeto na viga VSI

Carga de projeto na viga VSI

$$q_d = (1,4 \times 4,0 + 1,5 \times 3,0) \times 3,0 = 30,6 \text{ kN/m}$$

Momento fletor de projeto

$$M_d = 30,6 \times 7,5^2/8 = 215,1 \text{ kNm}$$

b) Escolha da seção de modo a atender ao momento fletor solicitante de projeto.
Admitindo seção compacta e contida lateralmente, tem-se;

$$M_{Rd} = \frac{Z f_y}{1,10} > M_d = 215,1 \text{ kNm}; \quad Z > \frac{21.510 \times 1,10}{34,5} = 686,6 \text{ cm}^3$$

202 Capítulo 6

Da Tabela A.4.8, obtém-se o perfil W 360 × 44,0 (Z = 784,3 cm³). Incluindo-se o peso próprio do perfil, igual a 0,44 kN/m, no cálculo das solicitações, tem-se;

$$M_d = 219,5 \text{ kNm}; \qquad\qquad Z > 699,8 \text{ cm}^3$$

O perfil W 360 × 44,0 atende.

c) Classificação da seção quanto à flambagem local

$$\text{mesa } \frac{b_f}{2t_f} = 8,76 < 9,1; \qquad\qquad \text{alma } \frac{h}{t_w} = 44,70 < 90,0$$

O perfil é compacto.

d) Verificação da resistência ao cisalhamento

$$\frac{h}{t_w} = 44,70 < \lambda_p = 1,10\sqrt{5,0} \times \sqrt{\frac{E}{f_y}} = 59,2$$

(não são necessários enrijecedores intermediários).

Tendo a viga uma alta relação L/h_t (~ 20), o dimensionamento não será determinado pela resistência ao cisalhamento (ver valores para viga biapoiada no Problema 6.5.3).

e) Verificação do estado limite de deslocamentos excessivos

Combinação quase permanente de ações [Eq. (1.15a)]

$$q = (4,0 + 0,3 \times 3,0) \times 3,0 + 0,44 = 15,1 \text{ kN/m}$$

Flecha no meio do vão

$$\delta = \frac{5qL^4}{384EI} = \frac{5 \times 0,15 \times 750^4}{384 \times 20.000 \times 12.258} = 2,54 \text{ cm} > \frac{L}{350} = 2,14 \text{ cm}$$

O perfil não atende a condição de segurança no estado limite de serviço. Neste caso, deve-se selecionar um perfil de maior rigidez, por exemplo, W 410 × 46,1, de modo a satisfazer esta condição. Uma solução alternativa é aplicar uma contraflecha na viga. Nestes casos de pisos flexíveis, deve-se ainda verificar o estado limite de vibrações excessivas sob ação do caminhar de pessoas (ABNT NBR 8800:2008; Wyatt, 1989).

6.5.5 Considerando apenas a ação do momento fletor, selecionar o perfil W laminado mais econômico para uma viga de edifício com quatro vãos de 4 m sujeita a uma carga de 25 kN/m. A viga de aço MR250 está contida lateralmente pelas lajes dos pisos. Admite-se carga do tipo permanente de grande variabilidade.

Solução

Em uma viga de quatro vãos iguais, de 4 m, sujeita à carga permanente uniformemente distribuída p igual a 25 kN/m, o momento fletor negativo máximo ocorre no apoio intermediário adjacente ao extremo, sendo igual a

$$M = 0,107p\ell^2 = 0,107 \times 25 \times 4^2 = 42,80 \text{ kNm}$$

O máximo momento positivo ocorre no vão extremo, sendo igual a

$$M^+ = 0{,}080\, p\ell^2 = 0{,}080 \times 25 \times 4^2 = 32{,}00 \text{ kNm}$$

Aplicando-se a redistribuição de momento conforme item 6.2.5 (válida apenas para carga permanente), tem-se:

$$M^- = 0{,}9 \times 42{,}80 = 38{,}52 \text{ kNm}$$

$$M^+ = 32{,}00 + \frac{0 + 0{,}1 \times 42{,}80}{2} = 34{,}14 \text{ kNm}$$

Momento solicitante de projeto

$$M_d = 1{,}4 \times 3852 = 5393 \text{ kNcm}$$

Momento resistente de projeto admitindo seção compacta

$$M_{Rd} = Z f_y / 1{,}10 = Z \times 25 / 1{,}10 = 22{,}7 \times Z \text{ kNcm}$$

Igualando os momentos solicitante e resistente, obtém-se o módulo plástico necessário

$$Z = \frac{5393}{22{,}7} = 237{,}6 \text{ cm}^3$$

Consultando a Tabela A4.8, do Anexo A, escolhemos o perfil W 250 × 22,3 kg/m, para o qual $Z_x = 267{,}7$ cm³.

As relações largura/espessura das chapas componentes do perfil

$$\frac{1}{2}\frac{b_f}{t_f} = \frac{1}{2}\frac{102}{6{,}9} = 7{,}4$$

$$\frac{h}{t_w} = \frac{220}{5{,}8} = 37{,}9$$

permitem classificá-lo como de seção compacta.

6.5.6 Calcular os momentos resistentes de projeto da viga I da figura, com contenção lateral contínua, admitindo os seguintes valores de espessura da chapa de alma: $t_w = 5, 8, 10$ mm. Aço MR250.

Solução
a) Propriedades geométricas dos perfis em função de t_w.

t_w (mm)	5	8	10
A (cm²)	88,0	108,5	126,1
I (cm⁴)	103.828	120.923	132.320
W_c (cm³)	2307	2687	2940
Z (cm³)	2662	3244	3632

Fig. Probl. 6.5.6

- Mesa comprimida $\dfrac{b_f}{2t_f} = \dfrac{100}{9,5} = 10,5 < 10,7$ – mesa compacta
- Alma

t_w (mm)	5	8	10
h/t_w	176	110	88 < 260
Seção	Esbelta	Semicompacta	Compacta

O perfil terá a mesma classe da chapa de alma.

b) Momento resistente do perfil de seção compacta

$$M_{Rd} = Zf_y/\gamma_{a1} = 3632 \times 25/1,10 = 82.545 \text{ kNcm} = 825,5 \text{ kNm}$$

c) Momento resistente do perfil de seção semicompacta

$$M_p = 3244 \times 25 = 81.100 \text{ kNcm} = 811,0 \text{ kNm}$$
$$M_r = 2687 \times 25 = 67.175 \text{ kNcm} = 671,8 \text{ kNm}$$
$$M_n = 811,0 - \dfrac{110-106}{161-106}(811,0-671,8) = 801 \text{ kNm}$$
$$M_{Rd} = 801,0/1,10 = 728,2 \text{ kNm}$$

d) Momento resistente para perfil de alma esbelta e mesa compacta, contido lateralmente

$$a_r = \dfrac{88,1 \times 0,5}{20 \times 0,95} = 2,32$$
$$h_c = 2 \times (45,0 - 0,95) = 88,1 \text{ cm}$$
$$k_{pg} = 1 - \dfrac{2,32}{1200 + 300 \times 2,32}\left(176 - 5,7\sqrt{\dfrac{200.000}{250}}\right) = 0,98$$
$$M_n = 2307 \times 0,98 \times 25 = 56.521 \text{ kNcm} = 565,2 \text{ kNm}$$
$$M_{Rd} = \dfrac{565,2}{1,10} = 513,8 \text{ kNm}$$

6.5.7 Um perfil VS 400 × 49 foi selecionado para uma viga contínua de quatro vãos de 8 m, conforme ilustrado na figura. A viga é de aço MR250 e só possui contenção lateral nos apoios. Calcular a máxima carga *P* a ser aplicada nos vãos da viga, utilizando o critério de projeto da ABNT NBR 8800:2008. Admite-se que o carregamento seja aplicado pela alma ou pela mesa inferior.

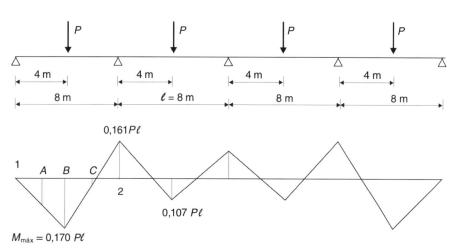

Fig. Probl. 6.5.7

Solução

a) Carga máxima *P*

No Exemplo 6.2.2, este perfil foi classificado, quanto à flambagem local, como seção compacta, não sendo, portanto, a flambagem local determinante.

Propriedades geométricas (ver Tabela A5.3 do Anexo A)

$$W_x = 870 \text{ cm}^3$$

$$I_y = 1267 \text{ cm}^4$$

$$J = \frac{1}{3}\left[b_f t_f^3 \times 2 + h t_w^3\right] = \frac{1}{3}\left[20 \times 0{,}95^3 \times 2 + 38{,}1 \times 0{,}63^3\right] = 14{,}6 \text{ cm}^4$$

$$C_w = (h_t - t_f)^2 \frac{I_y}{4} = (40 - 0{,}95)^2 \times \frac{1267}{4} = 483.188 \text{ cm}^6$$

Classificação quanto à flambagem lateral

$$\ell_b = 800 \text{ cm}$$

$$\ell_{br} = \frac{1{,}38\sqrt{1267 \times 14{,}6}}{14{,}6 \times \beta_1}\sqrt{1 + \sqrt{1 + \frac{27 \times 483.188 \beta_1^2}{1267}}} = 617 \text{ cm}$$

em que:

$$\beta_1 = \frac{(25 - 0{,}3 \times 25)870}{20.000 \times 14{,}6} = 0{,}0521$$

Como $\ell_b > \ell_{br}$, a viga é longa.
Momento resistente de projeto Eq. (6.16)

$$M_{cr} = C_b \frac{\pi^2 20.000 \times 1267}{800^2} \sqrt{\frac{483.188}{1267}\left(1+0,039\frac{14,6\times 800^2}{483.188}\right)} =$$

$$= 1,55 \times 10.107 = 15.666 \text{ kNcm}$$

$$M_{Rd} = \frac{15.666}{1,10} = 14.242 \text{ kNcm} \quad \text{com:}$$

$$C_b = \frac{12,5 \times 0,17}{2,5 \times 0,17 + 3 \times 0,085 + 4 \times 0,17 + 3 \times 0,004} = 1,55$$

Carga P máxima
Para o esquema estrutural da Fig. Probl. 6.5.7, o maior momento ocorre no vão lateral:

$$M = 0,170\, P\ell = 0,170\, P \times 800 = 136,0\, P \text{ kNcm}$$

Admitindo carga do tipo permanente, calcula-se o momento solicitante de projeto.

$$M_d = 1,3 \times 136,0P = 176,8P$$

Igualando os momentos solicitante e resistente de projeto, obtém-se o valor máximo de P.

$$P = 80,5 \text{ kN}$$

(Ver Seção 6.5 do Projeto Integrado – Memorial Descritivo)

b) Estado limite de utilização
Com o esquema estrutural da Fig. Probl. 6.5.7, o deslocamento máximo vale

$$\delta = 0,012\frac{P\ell^3}{EI} = 0,012\frac{80,5 \times 8^3}{2,0 \times 10^8 \times 17.393 \times 10^{-8}} = 0,015 \text{ m} = 15 \text{ mm}$$

O valor limite do deslocamento depende da destinação da estrutura onde está inserida a viga. Admitindo que se trata de uma estrutura para apoio de piso, o deslocamento máximo, de acordo com a ABNT NBR 8800:2008, vale:

$$\delta_{máx} = \frac{\ell}{350} = 2,3 \text{ cm} = 23 \text{ mm} > \delta$$

Com a carga $P = 80,5$ kN, a viga atende à condição de deslocamento máximo.

6.5.8 Admitindo que na viga do Problema 6.5.7 as cargas concentradas P sejam aplicadas por vigas transversais apoiadas nos centros dos vãos, calcular o momento fletor resistente na região do momento máximo solicitante. Admite-se a existência de contraventamento no plano das vigas (ver Fig. 1.26b) de modo a fornecer contenção lateral.

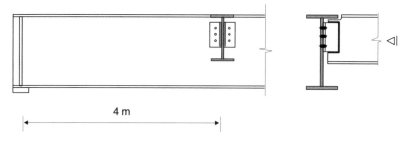

Fig. Probl. 6.5.8

Solução

Com contraventamento lateral nos apoios e nos pontos de aplicação das cargas concentradas, tem-se:

$$\ell_b = 400 \text{ cm}$$

O trecho 1-B entre pontos de contenção lateral (ver Fig. Probl. 6.5.7) fornecerá um valor de C_b menor do que o trecho B-2, já que neste último há reversão de curvatura, que favorece a resistência à flambagem lateral.

Para o trecho 1-B, os valores dos momentos fletores a $\ell_b/4$, $\ell_b/2$ e $3\ell_b/4$ do apoio lateral são, respectivamente, iguais a $0{,}0425P\ell$, $0{,}085P\ell$ e $0{,}1275P\ell$.

Tem-se então:

$$C_b = \frac{12{,}5 \times 0{,}17}{2{,}5 \times 0{,}17 + 3 \times 0{,}0425 + 4 \times 0{,}085 + 3 \times 0{,}1275} = 1{,}67$$

Os comprimentos limites para classificação da viga como curta, intermediária ou longa são:

$$\ell_{bp} = 1{,}76 \times r_y \sqrt{\frac{E}{f_y}} = 1{,}76 \times 4{,}52 \times \sqrt{\frac{200.000}{250}} = 224 \text{ cm}$$

$$\ell_{br} = 617 \text{ cm (ver Problema 6.5.7)}$$

$$\ell_{bp} < 400 < \ell_{br}$$

A viga é do tipo intermediária. O momento resistente no vão lateral é obtido por interpolação entre M_r e M_p.

$$M_r = W_x(f_y - \sigma_r) = 870(25 - 0{,}3 \times 25) = 15.225 \text{ kNcm}$$

$$M_p = Zf_y = 970{,}6 \times 25 = 24.265 \text{ kNcm}$$

$$M_n = 1{,}67 \left[242{,}6 - (242{,}6 - 152{,}2)\frac{400 - 224}{617 - 224} \right] = 337{,}5 \text{ kNm} > M_p$$

$$M_{Rd} = 242{,}6 / 1{,}10 = 220{,}5 \text{ kNm}$$

Com as novas condições de contenção lateral, a viga do Problema 6.5.7 atingiria o momento resistente de plastificação total no estado limite último.

6.5.9 Dado um perfil W 530 × 92,0 kg/m, determinar qual a carga distribuída máxima (carga variável) que o perfil suporta para um vão livre de 5,0 m. Para esse carregamento e admitindo-se igual a 10 cm o comprimento da placa de apoio da viga, determinar se há necessidade de enrijecedor de apoio. Supor a viga apoiada lateralmente, portanto, sem efeito de flambagem lateral com torção. Material: aço MR250.

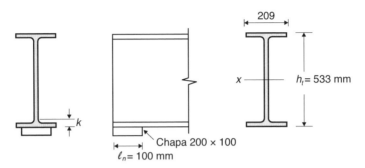

Fig. Probl. 6.5.9

Solução
a) Carga máxima de projeto

Classificação da seção

$$\frac{b_f}{2t_f} = \frac{209}{2 \times 15,9} = 6,6 < 11; \quad \frac{h}{t_0} = \frac{478}{10,2} = 46,6 < 106 \therefore \text{Seção compacta}$$

Momento resistente de projeto

$$M_{Rd} = 2359,8 \times 25/1,10 = 53.611 \text{ kNcm} = 536,1 \text{ kNm}$$

A carga máxima de projeto será:

$$q_d = \frac{8M_{Rd}}{\ell^2} = \frac{8 \times 536,1}{5,0^2} = 171,5 \text{ kN/m}$$

b) Resistência ao esforço cortante

Esforço cortante solicitante no apoio

$$V_d = 171,5 \times 2,5 = 429 \text{ kN}$$

Esforço cortante resistente

$$\frac{h}{t_w} = 46,6 < 69,6 \therefore \text{alma compacta}$$

$$V_{Rd} = 53,3 \times 1,02 \times (0,6 \times 25)/1,10 = 741 \text{ kN} > V_d$$

c) Verificação da necessidade de enrijecedores de apoio

Força de compressão transversal de projeto

$$F_d = 171,5 \times 2,5 = 429 \text{ kN}$$

Os enrijecedores de apoio podem ser dispensados, se a força F_d for menor que as resistências do escoamento local da alma e enrugamento da alma. Como se trata de aplicação da carga pela mesa tracionada, não se verifica a flambagem lateral da alma (Fig. 6.22c).

Resistência ao escoamento local da alma

$$k = (15,6 + 12,0) = 27,6 \text{ mm}$$

$$F_{Rd} = (2,5 \times 2,76 + 10)\, 25 \times 1,02 = 431 \text{ kN}$$

Resistência ao enrugamento da alma ($\ell_n/h_t < 0,2$)

$$F_{Rd} = \frac{0,825}{1,10} 0,40 \times 1,02^2 \left[1 + 3\frac{10}{53,3}\left(\frac{1,02}{1,56}\right)^{1,5} \right] \sqrt{20.000 \times 25\frac{1,56}{1,02}} = 353 \text{ kN}$$

Verifica-se que devem ser colocados enrijecedores de apoio de ambos os lados da alma nas seções de apoio vertical da viga estendendo-se pelo menos até a meia-altura da alma.

6.5.10 Uma viga VS 500 × 61, contida lateralmente, está submetida a uma carga distribuída permanente de 25 kN/m, que inclui o peso próprio. Calcular o enrijecedor de apoio, supondo que a viga é de aço MR250 e simplesmente apoiada, com um vão livre de 8 m. O comprimento do aparelho de apoio ℓ_n é igual a 5 cm. Verificar também se há necessidade de enrijecedor intermediário.

Solução
a) Enrijecedor de apoio

A reação de apoio de projeto vale:

$$F_d = 1,4 \times \frac{q\ell}{2} = 1,4 \times \frac{25 \times 8}{2} = 140 \text{ kN}$$

Para que o enrijecedor de apoio possa ser dispensado, devemos ter:

$$F_d < F_{Rd}$$

em que F_{Rd} representa a resistência ao escoamento local da alma e a resistência ao enrugamento de alma sujeita a cargas concentradas Eqs. (6.46) e (6.48).

Na Tabela A5.3, Anexo A, obtemos:

$$k = t_f + d_w = 0,95 + 0,5 = 1,45 \text{ cm}$$

$$t_w = 0,63 \text{ cm}$$

Escoamento local da alma

$$F_{Rd} = (2,5 \times 1,45 + 5) \times 25 \times 0,63 = 136 \text{ kN} < F_d$$

Há, portanto, necessidade de enrijecedor de apoio.

O enrijecedor deve ser calculado como peça comprimida flambando no plano normal à alma.

Para impedir flambagem local, os enrijecedores de 12 cm de largura deverão ter espessura de 12 cm/15,8 = 0,75 cm (ver Tabela 5.1); podemos adotar chapa de 9,5 mm (3/8").

A parte da alma a se considerar como parte da peça comprimida é, no máximo, 12 vezes a espessura da alma.

$$12 \times 0,63 = 7,6 \approx 7,5 \text{ cm}$$

O enrijecedor de apoio é calculado como coluna, com a seção transversal da Fig. Probl. 6.5.10c.

O comprimento da chapa da alma poderia ser tomado igual a 7,5 cm mais o segmento entre o enrijecedor e a extremidade da viga; adotamos, entretanto, apenas 7,5 cm como comprimento total da alma.

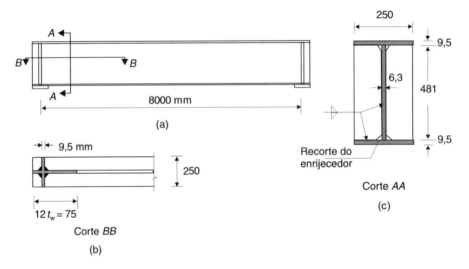

Fig. Probl. 6.5.10

O comprimento de flambagem da peça comprimida pode ser tomado igual a 0,75 da altura do enrijecedor.

Propriedades geométricas da seção:

$$A = 24 \times 0,95 + 7,5 \times 0,63 = 27,5 \text{ cm}^2$$
$$I = 0,95 \times 24^3 / 12 = 1094 \text{ cm}^4$$
$$r = \sqrt{\frac{I}{A}} = \sqrt{\frac{1094}{27,5}} = 6,30 \text{ cm}$$
$$\frac{\ell_{fl}}{r} = \frac{0,75 \times 48,1}{6,30} = 5,7$$

Esforço resistente à compressão Eq. (5.8)

$$N_{Rd} = 27,5 \times 25,0/1,10 = 625 \text{ kN} > F_d = 140 \text{ kN}$$

Os enrijecedores se apoiam na mesa inferior por meio de quatro filetes de solda de comprimento 11 cm, lado 8 mm. Resistência de projeto da solda:

$$R_d = 4 \times 0,7 \times 0,8 \times 11 \times 0,6 \times 41,5/1,35 = 454,5 \text{ kN}$$

b) Enrijecedor intermediário

Para que não haja necessidade de enrijecedor intermediário, devem ser atendidas as condições

$$h/t_w < \lambda_p = 69,6, \text{ ou } 69,6 < h/t_w < 260 \text{ e } V_d < V_{Rd} \qquad \text{Eq. (6.34)}$$

No caso do exemplo, tem-se:

$$\frac{h}{t_w} = \frac{48,1}{0,63} = 76 \begin{cases} > 69,6 \\ < 260 \end{cases}$$

$$V_d = 140 \text{ kN}$$

$$\lambda_r = 1,37\sqrt{5,0}\sqrt{\frac{E}{f_y}} = 86,6$$

$$\lambda_p < \lambda < \lambda_r$$

$$V_{Rd} = A_w(0,6f_y)\frac{\lambda_p}{\lambda}/\gamma_{a1}$$

$$V_{Rd} = \frac{69,6}{76} \times 48,1 \times 0,63 \times 0,6 \times 25/1,10 = 378 \text{ kN}$$

Não há necessidade de enrijecedores intermediários.

6.5.11 Uma viga I soldada em aço MR250, representada na figura, tem as seguintes condicionantes: vão 22 m; altura da alma 2 m; largura das mesas 0,60 m; contenção lateral das mesas nos apoios e no meio do vão; carga distribuída variável 110 kN/m, mais o peso próprio da viga. Verificar se o dimensionamento é satisfatório. Pesquisar a influência de eliminação da contenção lateral no meio do vão.

Solução

a) Características geométricas da seção

$A = 710,6 \text{ cm}^2$ $\qquad\qquad h_t = 207,6 \text{ cm}$

$y_c = 93,3 \text{ cm}$ $\qquad\qquad y_t = 114,3 \text{ cm}$

$I_x = 5.505.581 \text{ cm}^4$ $\qquad\qquad I_y = 136.980 \text{ cm}^4$

$r_x = 88,0 \text{ cm}$ $\qquad\qquad r_y = 13,9 \text{ cm}$

$W_c = \dfrac{I_x}{y_c} = 59.007 \text{ cm}^3$ $\qquad\qquad W_t = \dfrac{I_x}{y_t} = 48.168 \text{ cm}^3$

$C_w = 1.382.801 \times 10^3 \text{ cm}^6 \quad \text{Eq. (6.28)}$

$J = 2524 \text{ cm}^4$

$$r_{yc} = \sqrt{\frac{60^3 \times 4,5/12}{(60 \times 4,5 + 93,3 \times 12,7)}} = 14,4 \text{ cm}$$

212 CAPÍTULO 6

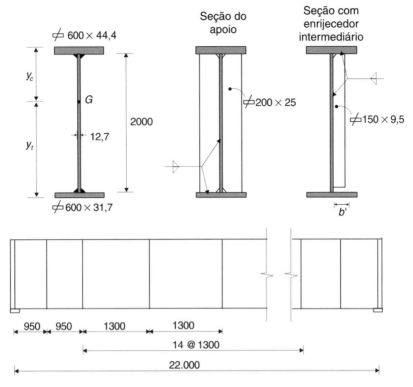

Fig. Probl. 6.5.11

$$\frac{h}{t_w} = \frac{200}{1,27} = 157,7 < 161 \text{ (semicompacta)}$$

$$\frac{b_{fc}}{2t_{fc}} = \frac{60}{2 \times 4,44} = 6,76 < 10,7 \text{ (compacta)}$$

O módulo plástico da seção (Z) é a soma dos momentos estáticos das áreas das chapas, em relação ao eixo passando no ponto G' que divide a área da seção em duas partes iguais (linha neutra plástica). Chamando $h_p/2$ a distância da face inferior da mesa comprimida ao ponto G' (ver Fig. 6.8), tem-se:

$$60 \times 4,44 + 1,27 \times h_p/2 = A/2 = 710,6/2 \therefore h_p/2 = 70 \text{ cm}$$

$$Z = 60 \times 4,44 \times 72,22 + 1,27 \times 70 \times 35 + 1,27 \times 130 \times 65 + 60 \times 3,17 \times 131,58$$
$$= 58.108,9 \text{ cm}^3$$

$$Z = 0,96 \, W_c = 1,19 \, W_t$$

b) Esforço solicitante de cálculo

Peso próprio da viga

$$g = 710,6 \times 0,785 = 557,8 \text{ kgf/m} \approx 6 \text{ kN/m}$$

Carregamento de cálculo

$$1,3g + 1,4q = 1,3 \times 6 + 1,4 \times 110 = 161,8 \text{ kN/m}$$

Esforços solicitantes máximos de cálculo

$$M_{d\,máx} = 161,8 \times 22^2/8 = 9789 \text{ kNm}$$

$$V_{d\,máx} = 161,8 \times 22/2 = 1780 \text{ kNm}$$

c) Momento resistente de projeto, com contenção lateral, considerando efeito de flambagem local da alma

$$M_p = Z f_y = 58.108,9 \times 25 = 1.452.733 \text{ kNcm} = 14.527 \text{ kNm}$$

$$M_r = W_t f_y = 48.168 \times 25 = 2.204.200 \text{ kNcm} = 12.042 \text{ kNm}$$

$$\lambda_p = \frac{(88,8/70)}{(0,54 \times 14.527/12042 - 0,09)^2} \sqrt{\frac{E}{f_y}} = 113,8$$

$$M_n = 14.527 - (14.527 - 12.042)\frac{157,5 - 113,8}{161 - 113,8} = 12.226 \text{ kNm}$$

M_n é aproximadamente igual a M_r, uma vez que $h/t_w \simeq \lambda_r$

$$M_{Rd} = M_n/\gamma_{a1} = 12.226/1,10 = 11.115 \text{ kNm}$$

d) Momento resistente de projeto, com flambagem lateral, havendo contenção lateral nos apoios e no meio do vão

$$M_r = W_c (f_y - \sigma_r) = 59.007 \times (25 - 7,5) \times 10^{-2} = 10.326 \text{ kNm} < W_t f_y = 12.042 \text{ kNm}$$

Com $\ell_b = 1100$ cm, calcula-se M_{cr} com a Eq. (6.25) e $C_b = 1$:

$$\frac{l_b}{r_y} = \frac{1100}{13,9} = 79,2$$

$$I_{ft} = \frac{60^3 \times 3,17}{12} = 57.060 \text{ cm}^4$$

$$I_{fc} = \frac{60^3 \times 4,44}{12} = 79.920 \text{ cm}^4$$

$$\alpha_y = \frac{79.920}{57.060} = 1,40 \qquad 1/9 < \alpha_y < 9$$

$$d' = h_t - \frac{t_{fc}}{2} - \frac{t_{ft}}{2} = 207,6 - 2,22 - 1,58 = 203,8 \text{ cm}$$

$$\beta_3 = 0,45 \times 203,8 \frac{(1,4 - 1)}{(1,4 + 1)} = 15,3 \text{ cm}$$

$$\ell_{bp} = 1,76 \times 14,4 \sqrt{\frac{20.000}{25}} = 717 \text{ cm}$$

214 CAPÍTULO 6

$$\beta_1 = \frac{(25-7,5)}{20.000 \times 2524} \times 59.007 = 0,0205 \text{ cm}^{-1}$$

$$\beta_2 = \frac{5,2 \times 15,3(25-7,5)}{20.000 \times 2524} \times 59.007 + 1 = 2,63$$

$$\ell_{br} = \frac{1,38\sqrt{136.980 \times 2524}}{2524 \times 0,0205} \sqrt{2,63 + \sqrt{2,63^2 + \frac{27 \times 1382,8 \times 10^6 \times 0,0205^2}{136.980}}} =$$

$$= 1832 \text{ cm}$$

$$M_n = 14.527 - (14.527 - 10.326)\frac{1100 - 717}{1832 - 717} = 13.084 \text{ kNm}$$

$$M_{Rd} = 13.084 / 1,10 = 11.895 \text{ kNm}$$

e) Comparação entre o momento resistente e o momento solicitante

O momento resistente de projeto é o menor dos dois valores calculados nas alíneas *c* e *d*; ele é determinado pela flambagem local da alma.

$$M_{Rd} = 11.115 \text{ kNm} > M_d = 9789 \text{ kNm (satisfatório)}$$

f) Efeito da eliminação da contenção lateral no meio do vão sobre o momento resistente com flambagem lateral

$$\ell_b = 2200 \text{ cm} > \ell_{br}$$

Calculando-se M_{cr} (Eq. 6.25), com $\ell_b = 2200$ cm, obtém-se:

$$M_{cr} = 7419 \text{ kNm} < 10.326 \text{ kNm} = M_r$$

$$M_{Rd} = 7419/1,10 = 6745 \text{ kNm}$$

O momento resistente de cálculo é reduzido para 6745 kNm quando se elimina a contenção lateral no meio do vão. Nesse caso, ter-se-ia $M_{Rd} < M_d$ (deficiente).

g) Condições de dispensa de enrijecedores intermediários

$$\frac{h}{t_w} = \frac{200}{1,27} = 157,7 \begin{cases} > 69,6 \\ < 260 \end{cases}$$

Com essas características geométricas, os enrijecedores intermediários poderão ser dispensados se o esforço cortante solicitante for menor que o resistente dado pela Eq. (6.39) ou (6.40).

$$\lambda = \frac{h}{t_w} > \lambda_r = 1,37\sqrt{5,0}\sqrt{\frac{E}{f_y}} = 86,5$$

$$V_{Rd} = 1,24\left(\frac{69,6}{157,7}\right)^2 \times 200 \times 1,27 \times 0,6 \times 25 / 1,10 = 836 \text{ kN}$$

$$V_d = 1780 \text{ kN} > V_{Rd}$$

Verifica-se que os enrijecedores transversais intermediários não poderão ser dispensados.

h) Esforço cortante resistente de cálculo

O esforço cortante resistente de cálculo será verificado para duas situações:

- espaçamento de enrijecedores intermediários $a = 95$ cm junto ao apoio;
- espaçamento $a = 130$ cm a uma distância de 190 cm do apoio.

Serão utilizadas as Eqs. (6.34), (6.39) ou (6.40), que determinam o esforço cortante resistente, considerando flambagem da alma por cisalhamento, porém sem levar em conta a resistência pós-flambagem.

Para espaçamento $a = 95$ cm junto ao apoio, tem-se:

$$\frac{a}{h} = \frac{95}{200} = 0,475 < \left(\frac{260}{h/t_w}\right)^2 \therefore k_v = 27,2$$

$$\lambda_p = 1,10 \sqrt{\frac{27,2 \times 200.000}{250}} = 163$$

Como $\frac{h}{t_w} < \lambda_p$, não há redução de resistência por flambagem da alma. Aplica-se a Eq. (6.34):

$$V_{Rd} = A_w(0,6 f_y)/\gamma_{a1} = 200 \times 1,27 \times 0,6 \times 25 / 1,10 = 3464 \text{ kN}$$

$$V_d = 1780 \text{ kN} < V_{Rd}$$

Para espaçamento $a = 130$ cm a 190 cm do apoio, tem-se:

$$k_v = 5 + \frac{5}{(130/200)^2} = 16,8$$

$$\lambda_p = 129 < \frac{h}{t_w} = 157,7 < \lambda_r = 1,37 \sqrt{\frac{16,8 \times 200.000}{250}} = 159$$

Com o espaçamento $a = 130$ cm, existe redução do esforço cortante resistente por efeito de flambagem da alma. Obtém-se:

$$V_{Rd} = \frac{\lambda_p}{\lambda} \frac{\sqrt{v_p}}{\gamma_{a1}} = \frac{129}{157,7} \times 200 \times 1,27 \times 0,6 \times 25 / 1,10 = 2833 \text{ kN}$$

Verifica-se que a resistência ao esforço cortante da viga será folgada.

i) Dimensionamento dos enrijecedores transversais intermediários

Neste exemplo, os enrijecedores intermediários são colocados apenas em um lado da alma.

Adotando-se a largura $b' = 15$ cm, calcula-se o menor valor da espessura do enrijecedor, de modo a evitar a flambagem local.

$$\frac{b'}{t} < 15,8 \therefore t > 9,5 \text{ mm}$$

Adotamos chapa de $150 \times 9,5$ mm e verificamos a condição de rigidez da norma ABNT NBR 8800:2008 Eq. (6.43):

216 CAPÍTULO 6

$$I = \frac{tb'^3}{3} = \frac{0,95 \times 15^3}{3} = 1069 \text{ cm}^4$$

$$I \geq at_w^3 \left[\frac{2,5}{(a/h)^2} - 2 \right] \geq 0,5at_w^3$$

$$1069 \geq 130 \times 1,27^3 \left[\frac{2,5}{0,65^2} - 2 \right] = 1043 \geq 0,5 \times 130 \times 1,27^3 = 133 \text{ cm}^4$$

Verifica-se que a condição de rigidez é satisfeita para o espaçamento $a = 130$ cm.

Refazendo os cálculos para o espaçamento $a = 95$ cm, verifica-se que a condição de rigidez não é satisfeita. O problema pode ser resolvido adotando-se enrijecedor duplo, um de cada lado da alma.

j) O espaçamento máximo entre enrijecedores intermediários deve, preferencialmente, obedecer às relações da Eq. (6.44)

$$\frac{a}{h} \leq \left(\frac{260}{h/t_w} \right)^2 \qquad \frac{a}{h} \leq 3$$

$$\frac{a}{h} \leq \left(\frac{260}{200/1,27} \right)^2 = 2,72$$

Foi adotado no projeto $\dfrac{a}{h} = \dfrac{130}{200} = 0,65$.

k) Dimensionamento do enrijecedor de apoio

O enrijecedor de apoio é constituído por uma chapa de cada lado da alma. Admitindo-se uma largura de cada chapa $b = 20$ cm, a espessura da mesma deverá ser:

$$t > b'/15,8 = 1,27 \text{ cm}$$

Neste exemplo, adotaremos duas placas com largura $b' = 200$ mm espessura $t = 25$ mm.

Nos enrijecedores de extremidade, considera-se uma largura de alma igual a $12t_w = 12 \times 1,27 = 15,25$ cm como parte do enrijecedor, para verificação do mesmo como elemento comprimido.

$$I = \frac{2,54 \times 40^3}{12} + \frac{15,24 \times 1,27^3}{12} = 13.549 \text{ cm}^4$$

$$A = 40 \times 2,54 + 15,24 \times 1,27 = 121,0 \text{ cm}^2$$

$$r = \sqrt{\frac{I}{A}} = \sqrt{\frac{13.549}{121,0}} = 10,6 \text{ cm}$$

$$\ell/r = 0,75 \times 200/10,6 = 14,15$$

$$\lambda_0 = \frac{14,15}{\pi} \sqrt{\frac{250}{200.000}} = 0,16$$

$$\chi = 1,0$$

$$N_{Rd} = 121,0 \times 25/1,10 = 2750 \text{ kN} > V_{d \text{ máx}} = 1780 \text{ kN}$$

Vê-se que o enrijecedor de apoio escolhido atende com folga.

6.6 PROBLEMAS PROPOSTOS

6.6.1 Qual a influência da flambagem local sobre o momento resistente de vigas?

6.6.2 Qual o tipo de seção que torna uma viga mais suscetível à flambagem lateral: em forma de seção celular ou em perfil aberto?

6.6.3 Dispõe-se apenas de perfis W 410 × 46,1 para vigas biapoiadas dispostos paralelamente, com vão de 8 m, contidas lateralmente nos apoios. Entretanto, verificou-se que, nestas condições, a resistência à flexão com flambagem lateral não atende ao momento fletor solicitante oriundo da carga uniforme de projeto. Indicar três exemplos de providências a serem tomadas, no sentido de aumentar a resistência à flambagem lateral, sempre usando os mesmos perfis.

6.6.4 Que tipos de colapso podem ocorrer em vigas sujeitas a cargas concentradas em regiões de alma não enrijecida transversalmente?

6.6.5 Deseja-se utilizar em um cimbramento uma viga de perfil W 530 × 66,0 em aço MR250. Calcular a carga máxima (tipo permanente), determinada pela resistência à flexão, para um vão de 10 m, havendo contenção lateral do perfil apenas nos apoios. Para a carga máxima determinada, verificar:

- flecha máxima;
- maior esforço cortante solicitante de cálculo na alma da viga;
- extensão mínima do apoio (ℓ_n) para dispensar enrijecedores de apoio.

6.6.6 Uma viga biapoiada com 6 metros de vão está sujeita às seguintes cargas uniformemente distribuídas: 13 kN/m permanente, incluído o peso próprio da viga, e 18 kN/m variável. Determinar o perfil W mais leve de forma a atender às condições de segurança. Aço MR250.

6.6.7 Determinar o momento resistente de uma viga soldada fabricada com chapas de aço AR350, com dimensões 1000 × 12,7 mm para a alma e 250 × 9,5 para as mesas. A viga tem contenção lateral contínua.

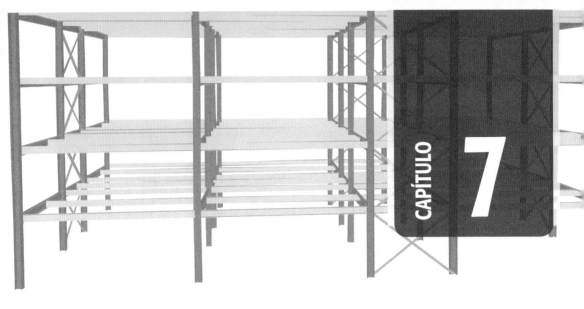

Flexocompressão e Flexotração

7.1 CONCEITO DE VIGA-COLUNA

As hastes dimensionadas à flexocompressão são geralmente denominadas *vigas-colunas*.

Peças estruturais perfeitamente retilíneas com cargas perfeitamente centradas não existem na prática. As colunas apresentam imperfeições construtivas e as cargas são aplicadas com alguma excentricidade. Entretanto, para uma coluna com carga teoricamente centrada, esses efeitos, se limitados às tolerâncias de norma, estão considerados no fator χ de redução de resistência associado à flambagem global, e a coluna pode ser dimensionada para "compressão centrada" (ver Seções 5.1 e 5.2).

Existem casos em que a carga paralela ao eixo da haste atua com excentricidade de maior importância do que as devidas a defeitos construtivos, por exemplo, colunas ou escoras sujeitas a cargas transversais, colunas com cargas excêntricas, colunas pertencentes a pórticos (ver Figs. 1.25 e 1.26) etc. O dimensionamento se faz então levando em conta o momento fletor e o esforço normal, verificando a flambagem sob efeito das duas solicitações combinadas (flexão composta).

A Fig. 7.1 apresenta algumas situações possíveis. A mais simples é aquela em que a haste sob flexocompressão reta (apenas em um plano) não está sujeita à flambagem, por exemplo, por ser uma haste curta, como ilustra a Fig. 7.1a. Se a haste for esbelta e dispuser de contenção lateral no plano perpendicular ao da flexão, ela pode apresentar flambagem no modo de coluna, no plano da flexão, configurando uma flexão composta reta (Fig. 7.1b). Retirando a contenção lateral no plano xz, a haste fica sujeita à flambagem lateral, isto é, no plano perpendicular ao de flexão, podendo ou não incluir torção da haste (Figs. 7.1c e 6.1). A Fig. 7.1d ilustra o caso de flexão composta oblíqua (em dois planos) com flambagem.

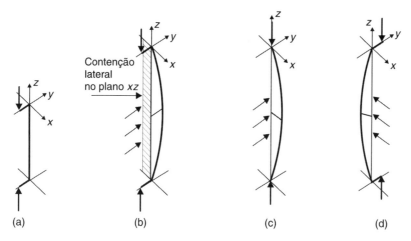

Fig. 7.1 Exemplos de viga-coluna: (a) haste sob flexocompressão sem efeito de flambagem; (b) haste sob flexão em torno do eixo x e compressão com flambagem no plano do momento fletor (a flambagem no outro plano é impedida pela contenção lateral); (c) haste sob compressão e flexão em torno do eixo x com flambagem lateral (fora do plano do momento), isto é, com deflexão lateral no plano xz e possível torção em torno do eixo z; (d) haste sob compressão e flexão oblíqua (em torno dos eixos x e y) com flambagem.

O comportamento de vigas-colunas pode ser descrito a partir do caso de uma haste de perfil I compacto (sem flambagem local) sob compressão N e momento M_x no plano da alma aplicado na sua extremidade superior (Fig. 7.2). No gráfico da Fig. 7.2b considera-se, para uma carga N constante, a ação do momento M_x crescente em função da rotação θ_x da seção do topo, em torno do eixo x. Focaliza-se, inicialmente, o caso de coluna curta (Fig. 7.2a).

Em regime elástico, as tensões normais são determinadas pela combinação das tensões decorrentes da carga N, do momento M_x, e ainda das tensões residuais. As maiores tensões ocorrem na seção do topo, e a plastificação é iniciada na mesa comprimida pelo momento fletor. Com o acréscimo de M_x, a plastificação progride na seção do topo e nas seções vizinhas até que se atinge o momento M_u (ver linha fina horizontal no gráfico da Fig. 7.2b) com a formação de uma rótula plástica no topo. Em função da presença do esforço normal N, a resistência M_u é menor do que o momento M_p de plastificação total da seção que ocorre em vigas [Eq. (6.3)].

No caso de coluna longa sob as mesmas condições de carga e apoios (Fig. 7.2c), o comportamento (ilustrado pela linha grossa na Fig. 7.2b) é, inicialmente, similar ao da coluna curta. Entretanto, antes de atingir a resistência da seção do topo, inicia-se o processo de flambagem em torno do eixo de menor inércia (y), isto é, fora do plano do momento fletor. Dependendo da intensidade da carga N, esse modo de flambagem pode ser de flexão (como coluna) ou incluir torção da haste (como na flambagem lateral de vigas). Em face do processo de flambagem, a seção mais solicitada estará localizada ao longo do vão e não mais no topo.

Dois aspectos devem, então, ser abordados no projeto de vigas-colunas:

- resistência das seções à flexão composta;
- determinação dos esforços solicitantes decorrentes do processo de flambagem (efeitos de 2ª ordem).

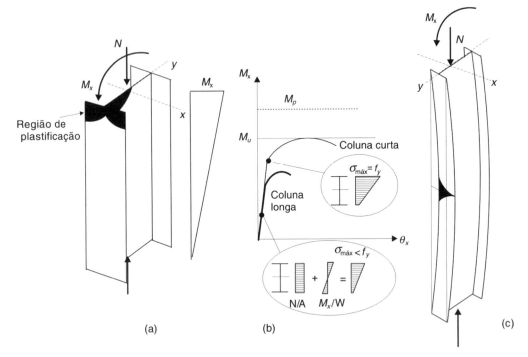

Fig. 7.2 Comportamento de vigas-colunas sob ação de carga N constante e momento M_x crescente: (a) viga curta com plastificação da seção de extremidade sujeita ao momento máximo; (b) gráfico momento × rotação da seção extrema e diagramas de tensões; (c) coluna com flambagem fora do plano de flexão.

7.2 RESISTÊNCIA DA SEÇÃO À FLEXÃO COMPOSTA

Em certa seção de uma viga-coluna atuam o esforço normal N e o momento fletor M.

Aplica-se o princípio de superposição de efeitos para combinar as tensões normais σ_c e σ_b oriundas, respectivamente, do esforço normal e do momento fletor em regime elástico. O critério de limite de resistência baseado no início de plastificação (Fig. 7.3a) resulta na equação seguinte:

$$\sigma_c + \sigma_b = \frac{N}{A} + \frac{M}{W} = f_y \tag{7.1}$$

Dividindo a Eq. (7.1) por f_y, obtém-se

$$\frac{N}{N_y} + \frac{M}{M_y} = 1 \tag{7.2}$$

com $N_y = A f_y$ e $M_y = W f_y$.

Se for permitida a plastificação total da seção, então o limite de resistência pode ser calculado para as duas situações de posição da linha neutra plástica (LNP) ilustradas na Fig. 7.3b. Por exemplo, para linha neutra plástica na alma, tem-se:

$$y_n < \frac{h_w}{2}$$
$$\mathcal{N} = 2f_y t_w y_n \qquad (7.3a)$$

$$M = b_f t_f f_y (h_w + t_f) + t_w f_y \left(\frac{h_w^2}{4} - y_n^2\right) \qquad (7.3b)$$

Uma expressão aproximada de resistência da seção, para qualquer posição da linha neutra, pode ser usada no estado limite último, a qual mantém o formato básico da Eq. (7.2) obtida por combinação de tensões em regime elástico:

$$\frac{\mathcal{N}}{\mathcal{N}_y} + \frac{M}{M_p} = 1 \qquad (7.4)$$

em que $M_p = Zf_y$ [Eq. (6.3)].

A Fig. 7.4 apresenta uma comparação entre a equação aproximada de limite de resistência [Eq. (7.4)] e as equações exatas [Eqs. (7.3a,b)] combinadas com outras duas obtidas para o caso de linha neutra plástica na mesa. Essas equações foram aplicadas ao perfil CVS 450 × 116. Observa-se que as equações teóricas e a aproximada se reduzem aos casos particulares de seção sob compressão centrada ($M = 0$) e de seção sob flexão simples ($\mathcal{N} = 0$) nos pontos de interseção das curvas com os eixos do gráfico. Verifica-se também que a equação aproximada é conservadora, principalmente na região de esforços normais reduzidos.

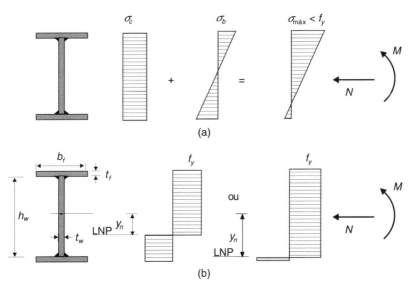

Fig. 7.3 (a) Resistência da seção limitada ao início da plastificação; (b) resistência da seção associada à plastificação total.

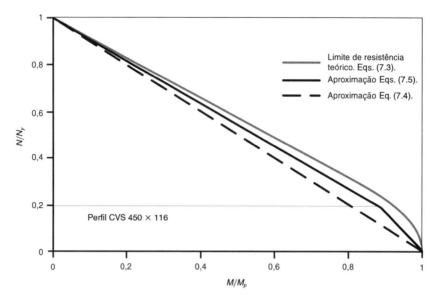

Fig. 7.4 Viga-coluna com extremidades indeslocáveis. Comparação entre expressões para limite de resistência de seção de perfil CVS 450 × 116 sob flexocompressão.

Outra aproximação (ABNT NBR 8800:2008, AISC), dada pelas expressões:

para $\quad\dfrac{N}{N_y} \geq 0{,}2 \quad\quad \dfrac{N}{N_y}+\dfrac{8}{9}\dfrac{M}{M_p} \leq 1{,}0 \quad\quad$ (7.5a)

para $\quad\dfrac{N}{N_y} < 0{,}2 \quad\quad \dfrac{N}{2N_y}+\dfrac{M}{M_p} \leq 1{,}0 \quad\quad$ (7.5b)

está ilustrada na Fig. 7.4. Vê-se que essas expressões aproximadas representam bem o limite de resistência teórica.

Para definir o limite de resistência das hastes sob flexocompressão ou flexotração, as normas adotam expressões chamadas de curvas de interação, que possuem o formato das [Eqs. (7.5a,b)] e incorporam todas as possibilidades de instabilidade das hastes, seja no modo coluna, no modo viga ou no modo local (de placa).

7.3 VIGA-COLUNA SUJEITA À FLAMBAGEM NO PLANO DE FLEXÃO

7.3.1 Viga-coluna com Extremos Indeslocáveis

Trata-se do caso ilustrado na Fig. 7.1b no qual a viga-coluna com extremos indeslocáveis apresenta uma deflexão lateral δ_t resultante da ação do esforço axial de compressão e do momento fletor.

Considera-se, inicialmente, o caso em que são aplicados nas extremidades momentos M iguais e opostos como ilustra a Fig. 7.5a. Sob ação desses momentos, apenas, a viga-coluna apresentaria uma deflexão primária no meio do vão igual a

$$\delta_I = \dfrac{ML^2}{8EI} \quad\quad (7.6)$$

$$y_n < \frac{h_w}{2}$$
$$N = 2f_y t_w y_n \tag{7.3a}$$

$$M = b_f t_f f_y (h_w + t_f) + t_w f_y \left(\frac{h_w^2}{4} - y_n^2\right) \tag{7.3b}$$

Uma expressão aproximada de resistência da seção, para qualquer posição da linha neutra, pode ser usada no estado limite último, a qual mantém o formato básico da Eq. (7.2) obtida por combinação de tensões em regime elástico:

$$\frac{N}{N_y} + \frac{M}{M_p} = 1 \tag{7.4}$$

em que $M_p = Z f_y$ [Eq. (6.3)].

A Fig. 7.4 apresenta uma comparação entre a equação aproximada de limite de resistência [Eq. (7.4)] e as equações exatas [Eqs. (7.3a,b)] combinadas com outras duas obtidas para o caso de linha neutra plástica na mesa. Essas equações foram aplicadas ao perfil CVS 450 × 116. Observa-se que as equações teóricas e a aproximada se reduzem aos casos particulares de seção sob compressão centrada ($M = 0$) e de seção sob flexão simples ($N = 0$) nos pontos de interseção das curvas com os eixos do gráfico. Verifica-se também que a equação aproximada é conservadora, principalmente na região de esforços normais reduzidos.

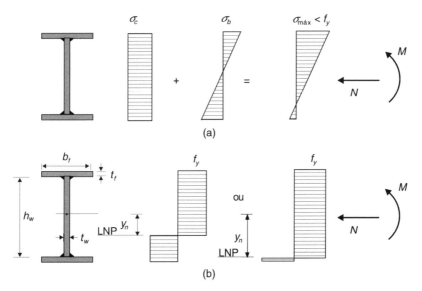

Fig. 7.3 (a) Resistência da seção limitada ao início da plastificação; (b) resistência da seção associada à plastificação total.

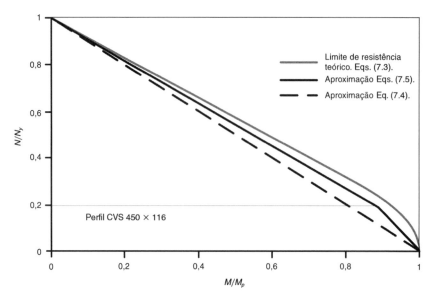

Fig. 7.4 Viga-coluna com extremidades indeslocáveis. Comparação entre expressões para limite de resistência de seção de perfil CVS 450 × 116 sob flexocompressão.

Outra aproximação (ABNT NBR 8800:2008, AISC), dada pelas expressões:

para $\quad\quad\quad \dfrac{N}{N_y} \geq 0{,}2 \quad\quad \dfrac{N}{N_y} + \dfrac{8}{9}\dfrac{M}{M_p} \leq 1{,}0 \quad\quad\quad (7.5a)$

para $\quad\quad\quad \dfrac{N}{N_y} < 0{,}2 \quad\quad \dfrac{N}{2N_y} + \dfrac{M}{M_p} \leq 1{,}0 \quad\quad\quad (7.5b)$

está ilustrada na Fig. 7.4. Vê-se que essas expressões aproximadas representam bem o limite de resistência teórica.

Para definir o limite de resistência das hastes sob flexocompressão ou flexotração, as normas adotam expressões chamadas de curvas de interação, que possuem o formato das [Eqs. (7.5a,b)] e incorporam todas as possibilidades de instabilidade das hastes, seja no modo coluna, no modo viga ou no modo local (de placa).

7.3 VIGA-COLUNA SUJEITA À FLAMBAGEM NO PLANO DE FLEXÃO

7.3.1 Viga-coluna com Extremos Indeslocáveis

Trata-se do caso ilustrado na Fig. 7.1b no qual a viga-coluna com extremos indeslocáveis apresenta uma deflexão lateral δ_t resultante da ação do esforço axial de compressão e do momento fletor.

Considera-se, inicialmente, o caso em que são aplicados nas extremidades momentos M iguais e opostos como ilustra a Fig. 7.5a. Sob ação desses momentos, apenas, a viga-coluna apresentaria uma deflexão primária no meio do vão igual a

$$\delta_1 = \dfrac{ML^2}{8EI} \quad\quad\quad (7.6)$$

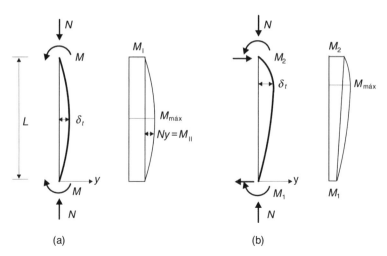

Fig. 7.5 Viga-coluna com extremos indeslocáveis. Efeito de 2ª ordem: (a) momentos extremos iguais; (b) momentos extremos diferentes.

Mas com o esforço normal N há também um momento fletor secundário Ny, e o equilíbrio se dá com a deflexão total (Gere; Timoshenko, 1994):

$$\delta_t = \frac{M}{N}\left[\sec\frac{\pi}{2}\sqrt{\frac{N}{N_{cr}}} - 1\right] \quad (7.7)$$

com $N_{cr} = \dfrac{\pi^2 EI}{L^2}$. [5.1]

A fórmula secante, Eq. (7.7), da deflexão final δ_t no meio do vão pode ser aproximada com a expressão:

$$\delta_t \simeq \frac{\delta_I}{1 - \dfrac{N}{N_{cr}}} \quad [5.3]$$

obtida para o caso de coluna com imperfeição geométrica (ver Seção 5.2), sendo agora δ_I a deflexão primária oriunda do momento M, Eq. (7.6).

O momento fletor máximo, que ocorre no meio do vão, é a soma do momento fletor de 1ª ordem M_I mais o momento fletor Ny originado da ação do esforço normal na estrutura deformada (efeito de 2ª ordem), resultando em

$$M_{máx} = M_I + N\delta_t = M_I \frac{C}{(1 - N/N_{cr})} \quad (7.8a)$$

em que $C = 1 + 0{,}23\, N/N_{cr}$.

Vê-se, na Eq. (7.8a), que o momento máximo pode ser escrito como uma amplificação do momento primário M_I. Neste caso, o coeficiente de amplificação foi obtido admitindo-se uma variação senoidal do momento de 2ª ordem ao longo da altura da coluna (Reis; Camotim, 2001).

224 Capítulo 7

Para outras situações da viga-coluna com extremos indeslocáveis, tais como vigas-colunas com momentos extremos diferentes (M_1 e M_2 na Fig. 7.5b) e ainda vigas-colunas com cargas transversais aplicadas, pode-se também chegar à determinação do momento máximo no mesmo formato da Eq. (7.8a):

$$M_{máx} = B_1 M_I \qquad (7.8b)$$

com $B_1 = C_m \dfrac{1}{1 - N/N_{cr}} \geq 1,0 \qquad (7.9)$

C_m = fator que depende da configuração do diagrama do momento fletor de 1ª ordem e da relação N/N_{cr}.

M_I = valor máximo do momento fletor de 1ª ordem.

De acordo com a ABNT NBR 8800:2008, nas hastes em que não houver cargas transversais, tem-se C_m dado

$$C_m = 0,60 - 0,40 \frac{M_1}{M_2} \qquad (7.10)$$

em que M_1 e M_2 são os momentos de extremidade da barra (Fig. 7.5) com $|M_2| > |M_1|$. A relação M_1/M_2 é positiva quando os momentos produzem curvatura reversa e negativa em caso de curvatura simples.

Em caso de hastes com extremidades indeslocáveis sujeitas a cargas transversais, C_m pode ser tomado conservadamente igual a 1,0 ou obtido por cálculo analítico (Salmon; Johnson, 1990).

A curva de interação para resistência de uma seção, Eq. (7.4), pode ser aplicada a uma viga-coluna sujeita à flambagem no plano de flexão, substituindo-se o momento fletor solicitante pela expressão (7.8b).

$$\frac{N}{N_e} + \frac{B_1 M_I}{M_p} = 1 \qquad (7.11)$$

em que N_e é a carga última de compressão da haste, que causaria o colapso na ausência do momento fletor M, igual a $\chi f_y A_g$.

A Fig. 7.6 apresenta uma comparação entre a curva de interação da Eq. (7.11), aplicada a uma haste com certo perfil, para três valores distintos de esbeltez Kl/r e as respectivas soluções analíticas. Verifica-se que a equação de interação representa adequadamente a resistência da haste.

7.3.2 Viga-coluna com Extremidades Deslocáveis

O comportamento não linear de vigas-colunas com extremidade deslocável lateralmente pode ser estudado decompondo-se em parcelas tanto a configuração deformada quanto o diagrama de momentos fletores, conforme ilustrado na Fig. 7.7. Os deslocamentos são desmembrados em uma configuração retilínea ligando os pontos extremos afastados lateralmente de Δ e uma configuração deformada da curva ao longo da haste representada pelo deslocamento δ. O diagrama de momentos pode ser decomposto em três parcelas:

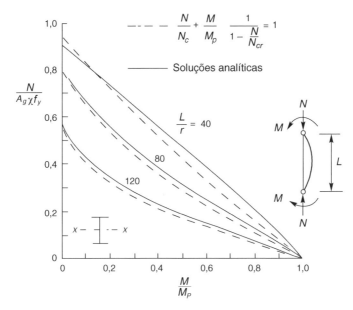

Fig. 7.6 Exemplos de curvas de interação para colunas sujeitas à flexocompressão. As linhas tracejadas correspondem à fórmula empírica de interação [Eq. (7.11)]. As linhas cheias correspondem a soluções analíticas rigorosas do problema (Galambos, 1998).

- M_I é o momento de 1ª ordem, calculado na situação da haste indeformada;
- M_Δ é o momento da força axial decorrente do deslocamento lateral do extremo da haste;
- M_δ é o momento da força axial em função do deslocamento do eixo da haste δ, tal qual o momento de 2ª ordem da viga-coluna com apoios extremos indeslocáveis [Eq. (7.8)].

As parcelas M_Δ e M_δ são momentos de 2ª ordem obtidos por equilíbrio da haste na configuração deformada, e são conhecidos, respectivamente, por efeito global de 2ª ordem ($P - \Delta$) e efeito local de 2ª ordem ($P - \delta$). Tal como M_δ, o momento M_Δ também pode ser escrito na forma de uma amplificação do momento primário M_I. Para isto considera-se a viga-coluna engastada e livre das Figs. 7.8. Na Fig. 7.8a ilustram-se os resultados da análise linear (de 1ª ordem) em termos do deslocamento lateral no topo Δ_I e o momento fletor na base M_I. A análise feita com o equilíbrio na posição deformada (análise de 2ª ordem) apresenta os resultados mostrados na Fig. 7.8b, sendo o momento na base M_Δ escrito como uma amplificação do momento M_I:

$$M_\Delta = B_2 M_I = H L + N \Delta \qquad (7.12)$$

O cálculo do deslocamento Δ é feito com base na análise da mesma viga-coluna sob ação de uma carga equivalente H_{eq} ilustrada na Fig. 7.8c, que fornece o mesmo momento M_Δ na base. Considera-se, de forma aproximada, que os deslocamentos no topo dos sistemas das Figs. 7.8b,c são iguais:

$$\Delta = \left(H + \frac{N \Delta}{L}\right) \frac{L^3}{3 EI} \quad \therefore \Delta = \Delta_I \left(1 + \frac{N \Delta}{H L}\right) \qquad (7.13)$$

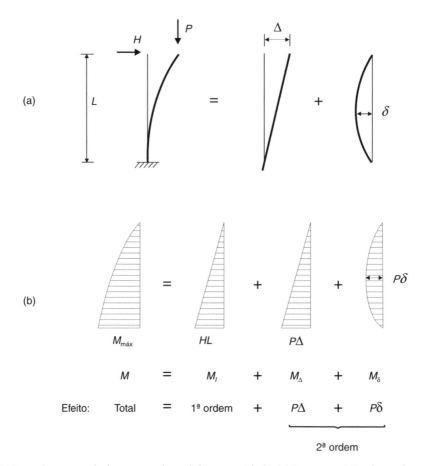

Fig. 7.7 Viga-coluna com deslocamento lateral de extremidade. (a) Decomposição da configuração deformada; (b) decomposição do diagrama de momentos fletores.

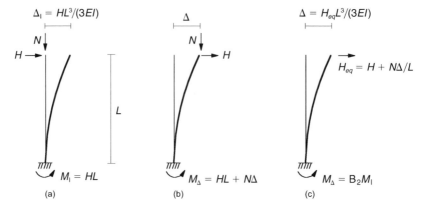

Fig. 7.8 Análise de viga-coluna com extremo deslocável: (a) análise linear (1ª ordem); (b) análise de 2ª ordem; (c) análise linear com carga lateral equivalente.

Resolvendo-se a Eq. (7.13) para Δ e substituindo-se na Eq. (7.12), obtém-se a expressão de B_2:

$$B_2 = \frac{1}{1 - \dfrac{\mathcal{N}}{H} \dfrac{\Delta_I}{L}} \qquad (7.14)$$

No caso de a viga-coluna pertencer a um pórtico, o esforço normal $\mathcal{N}$ e a carga horizontal H na Eq. (7.14) são substituídos, respectivamente, por $\Sigma\,\mathcal{N}$ e $\Sigma\,H$, que representam o somatório dos esforços normais e esforços cortantes nas colunas do andar. Chega-se, assim, ao coeficiente B_2 apresentado pela ABNT NBR 8800:2008 para compor o método da amplificação dos esforços:

$$B_2 = \frac{1}{1 - \dfrac{1}{R_S} \dfrac{\Delta_h}{h} \dfrac{\Sigma\,\mathcal{N}_d}{\Sigma\,H_d}} \qquad (7.15)$$

com

$\Sigma\,\mathcal{N}_d$ e $\Sigma\,H_d$ = carga gravitacional e esforço cortante totais de projeto no andar considerado, respectivamente;

Δ_h = deslocamento interpavimento resultante da análise linear (1ª ordem);

h = altura do pavimento;

R_s = 0,85 nas estruturas com funcionamento de pórtico (Figs. 1.25a,c) nas quais a rigidez lateral depende da rigidez à flexão das barras e da rigidez à rotação das ligações. Para estruturas contraventadas, R_s = 1,0.

7.3.3 Método da Amplificação dos Esforços Solicitantes

Os esforços solicitantes de projeto resultantes de análise de 2ª ordem podem ser obtidos de forma aproximada aplicando-se os coeficientes B_1 e B_2 dados nas Eqs. (7.9) e (7.15), respectivamente, aos resultados de duas análises lineares a serem superpostas: análise da estrutura impedida de deslocar-se lateralmente (estrutura *nt*) e análise da estrutura deslocável (estrutura *lt*) sujeita apenas às cargas horizontais iguais às reações obtidas na estrutura *nt*, conforme ilustra a Fig. 7.9. Aplica-se a Eq. (7.9) substituindo $\mathcal{N}$ por $\mathcal{N}_{d1}$, o esforço axial de compressão solicitante de cálculo obtido em análise de 1ª ordem ($\mathcal{N}_{d1} = \mathcal{N}_{nt} + \mathcal{N}_{lt}$).

A superposição dos esforços amplificados é feita com as expressões:

$$M_d = B_1 M_{nt} + B_2 M_{lt} \qquad (7.16a)$$

$$\mathcal{N}_d = \mathcal{N}_{nt} + B_2 \mathcal{N}_{lt} \qquad (7.16b)$$

7.4 DIMENSIONAMENTO DE HASTES À FLEXOCOMPRESSÃO E À FLEXOTRAÇÃO

Nos métodos elásticos de análise de tensões utilizados no método das tensões admissíveis, o dimensionamento à flexocompressão era feito por adição das tensões normais [Eq. (7.1)].

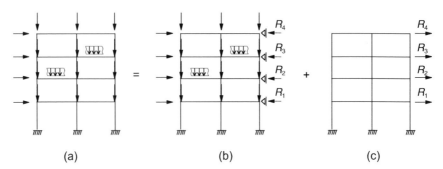

Fig. 7.9 Superposição de análises lineares: (a) modelo da estrutura; (b) estrutura indeslocável *nt* (*no translation*); (c) estrutura *lt* (*lateral translation*).

No método dos estados limites, como os mecanismos de ruptura são diferentes para cada solicitação, a adição de tensão é substituída por equações empíricas de interação.

O formato dessas equações foi apresentado na Seção 7.2 para o caso de plastificação total da seção, Eqs. (7.5a,b).

Para aplicação destas equações no estado limite do projeto, os esforços solicitantes M e N são substituídos pelos correspondentes esforços de projeto (M_d e N_d), e os esforços de plastificação são substituídos pelos esforços resistentes à compressão (ou tração) e à flexão de projeto obtidos conforme descrito nos Caps. 5 (ou 2) e 6, considerando os estados limites aplicáveis, tais como plastificação da seção, flambagem global de colunas, flambagem local, flambagem lateral de vigas etc.

Nos casos de vigas-colunas sujeitas à flexão em dois planos, as curvas de interação (Figs. 7.4 e 7.5) se transformam em superfícies de interação.

As fórmulas de interação adotadas pela ABNT NBR 8800:2008 se aplicam nas seções I e H com dois eixos de simetria, nas seções I ou H com um eixo de simetria no plano médio da alma e com flexão neste plano, além de outras seções:

- para $\dfrac{N_d}{N_{Rd}} \geq 0,2$ $\dfrac{N_d}{N_{Rd}} + \dfrac{8}{9}\left(\dfrac{M_{dx}}{M_{Rd\,x}} + \dfrac{M_{dy}}{M_{Rd\,y}}\right) \leq 1,0$ (7.17a)

- para $\dfrac{N_d}{N_{Rd}} < 0,2$ $\dfrac{N_d}{2.N_{Rd}} + \left(\dfrac{M_{dx}}{M_{Rd\,x}} + \dfrac{M_{dy}}{M_{Rd\,y}}\right) \leq 1,0$ (7.17b)

em que:

N_d, M_{dx} e M_{dy} = esforços solicitantes de cálculo, sendo os dois últimos os momentos fletores em torno dos eixos x e y, respectivamente, e N_d o esforço axial de tração ou de compressão;

N_{Rd} = esforço axial resistente de cálculo (de tração ou de compressão, o que for aplicável);

$M_{Rd\,x}$ e $M_{Rd\,y}$ = momentos fletores resistentes de cálculo em relação aos eixos x e y, respectivamente.

7.4.1 Esforços Solicitantes de Cálculo

No método de análise da estabilidade de estruturas aporticadas adotado pela ABNT NBR 8800:2008, o esforço normal resistente à compressão com flambagem (N_{Rd}) a ser aplicado nas Eqs. (7.17) é calculado com base no coeficiente K de flambagem igual a 1,0, ou seja, o comprimento de flambagem é tomado igual ao comprimento da haste. Trata-se de uma importante simplificação em relação ao procedimento de projeto anteriormente adotado, em que K deveria ser calculado da teoria da estabilidade elástica ou, de forma aproximada, por meio dos ábacos de pontos alinhados (ABNT NBR 8800:1996). Para permitir esta simplificação no processo de verificação em estado limite último, este método impõe a determinação dos esforços internos segundo uma análise elástica com não linearidade geométrica (ou de 2ª ordem – ver Seção 11.1). Devem ser considerados os efeitos que produzem acréscimos de deslocamentos laterais e que não estão explicitamente modelados, tais como imperfeições geométricas e os efeitos denominados efeitos de imperfeições de material. A calibração do método é efetuada diante dos resultados obtidos de análises inelásticas de 2ª ordem que consideram a progressão da plasticidade distribuída na seção transversal e ao longo do comprimento dos elementos incluídas as tensões residuais (AISC, 2005).

As considerações a serem adotadas na análise dependerão da sensibilidade da estrutura a deslocamentos laterais, medida pela razão Δ_2/Δ_1 entre os deslocamentos laterais de cada andar relativamente à base, obtidos pelas análises de 2ª ordem e de 1ª ordem. Esta razão pode ser aproximada pelo coeficiente B_2 [Eq. (7.15)] calculado com base na análise de 1ª ordem. Para este cálculo, considera-se o modelo da estrutura com imperfeições geométricas e com as propriedades de rigidez originais. Quando, em todos os andares, tivermos:

- Δ_2/Δ_1 (ou B_2) $\leq$ 1,1, a estrutura é classificada como de pequena deslocabilidade;
- 1,1 $< \Delta_2/\Delta_1$ (ou B_2) $\leq$ 1,4, a estrutura é dita de média deslocabilidade;
- Δ_2/Δ_1 (ou B_2) $>$ 1,4, tem-se uma estrutura de grande deslocabilidade.

Esta classificação é feita para cada combinação de ações. Entretanto, permite-se que seja adotada para todas as combinações de ações, a classificação feita para a combinação que, além de apresentar cargas horizontais, fornecer a maior resultante de carga gravitacional.

Para as estruturas em que $B_2 \leq$ 1,4, a análise de 2ª ordem pode ser efetuada pelo método da amplificação dos esforços [Eqs. (7.16)]. A análise deve levar em conta os efeitos de imperfeições geométricas, por exemplo, modelando-se a estrutura imperfeita, com desaprumo correspondente a deslocamentos interpavimento iguais a $h/333$, sendo h a altura do andar. Alternativamente, pode-se modelar a estrutura perfeita e aplicar cargas horizontais fictícias que produzam o desaprumo considerado (denominadas forças nocionais na ABNT NBR 8800:2008 – ver Seção 7.2 do Projeto Integrado – Memorial Descritivo). No modelo de estruturas de média deslocabilidade, deve-se, adicionalmente, reduzir a rigidez à flexão e a rigidez axial para 80 % dos valores originais, o que afeta tanto o coeficiente B_2 quanto o coeficiente B_1 [Eqs. (7.9) e (5.1)]. Esta consideração visa representar a redução de rigidez de hastes de esbeltez intermediária e de hastes curtas no processo de flambagem inelástica, além de aplicar uma redução de resistência à flambagem de colunas esbeltas compatível com a curva de flambagem do elemento isolado.

7.5 SISTEMAS DE CONTRAVENTAMENTO

7.5.1 Conceitos Gerais

Sistemas estruturais formados por treliças e pórticos dispostos em planos verticais paralelos, como é usual em coberturas, estruturas para galpões (ver Fig. 1.28) e para edificações, devem ser contraventados para garantir sua estabilidade lateral e reduzir o comprimento de flambagem das hastes comprimidas. Conforme exposto na Subseção 1.9.4, nos sistemas estruturais para edificações em que as ligações viga-pilar são flexíveis, o contraventamento é essencial para restringir o deslocamento lateral dos pilares.

Identificam-se dois tipos de sistemas de contraventamento para pilares, conforme ilustrado na Fig. 7.10: contenção nodal e contenção relativa.

No sistema de contenção nodal, o elemento de contraventamento é conectado a um ponto da haste contraventada e a um apoio externo, tal como o encontro rígido da Fig. 7.10a. Por isso, o controle do deslocamento é feito de forma independente dos outros pontos contraventados. Já na contenção relativa, os elementos de contraventamento conectam as hastes adjacentes formando um sistema de grande rigidez à flexão lateral. No caso da Fig. 7.10b, a diagonal e a haste horizontal compõem o sistema de contraventamento. Entretanto, nos casos em que a haste horizontal é uma viga inserida em um sistema de piso muito rígido em seu próprio plano, a rigidez e a resistência da diagonal é que controlam o comportamento do sistema.

7.5.2 Dimensionamento do Contraventamento de Colunas

O dimensionamento do contraventamento se baseia no critério duplo resistência-rigidez desenvolvido por Winter (1960), a partir do modelo simplificado da Fig. 7.11.

A coluna com imperfeição geométrica δ_0 da Fig. 7.11a está contraventada no meio do vão, sendo este contraventamento representado pela mola de rigidez k. O diagrama de corpo livre do trecho inferior da coluna está mostrado na Fig. 7.11b, em que F_{br} é a força na mola. Após a deformação, este trecho inferior pode ser representado de forma aproximada

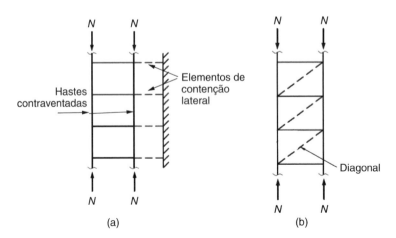

Fig. 7.10 Sistemas de contraventamento para pilares; (a) contenção nodal; (b) contenção relativa.

Flexocompressão e Flexotração 231

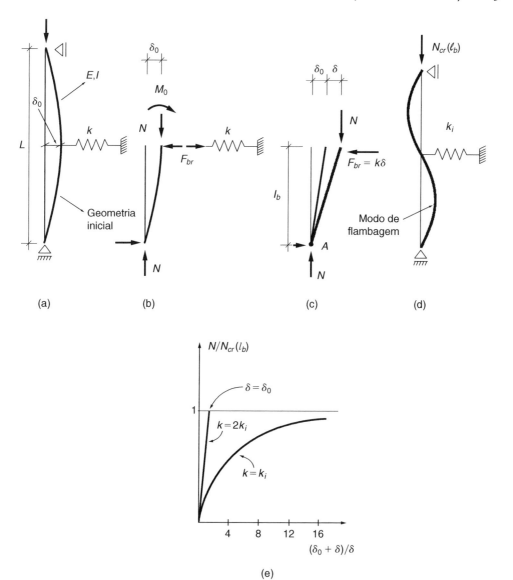

Fig. 7.11 Rigidez e força no contraventamento de peça comprimida: (a) coluna imperfeita com contraventamento de rigidez k; (b) diagrama de corpo livre do trecho inferior da coluna imperfeita ainda indeformada; (c) diagrama de corpo livre após a deformação; (d) comprimento l_b de flambagem da coluna perfeita; (e) resposta carga × deslocamento da coluna imperfeita com dois valores de rigidez do contraventamento.

pelo diagrama da Fig. 7.11c, em que o momento M_0 não foi considerado e δ é o encurtamento da mola. Escrevendo-se a equação de equilíbrio de momento das forças N e F_{br} em torno do ponto A, tem-se

$$\sum M_A = 0 \rightarrow N(\delta_0 + \delta) - F_{br} l_b = 0 \qquad (7.18)$$

com $F_{br} = k\delta$.

232 CAPÍTULO 7

Para a coluna perfeita ($\delta_0 = 0$), a Eq. (7.18) fornece a rigidez ideal k_i, necessária para que a coluna atinja sua carga crítica $\mathcal{N}_{cr}(l_b)$ associada ao comprimento de flambagem l_b (ver Fig. 7.11d).

$$k_i = \frac{\pi^2 EI}{l_b^3} = \frac{\mathcal{N}_{cr}}{l_b} \tag{7.19}$$

Adotando este coeficiente de rigidez k_i para o contraventamento da coluna imperfeita, a carga $\mathcal{N}_{cr}$ poderá ser atingida para deslocamentos laterais muito grandes, como mostrado na Fig. 7.11e e, consequentemente, para altos valores da força F_{br} na mola. Se, por outro lado, for adotado $k = 2k_i$, o deslocamento δ restringe-se ao valor δ_0 para $\mathcal{N} = \mathcal{N}_{cr}(l_b)$, e a força na mola, obtida da Eq. (7.18), é expressa por

$$F_{br} = \mathcal{N} \frac{2\delta_0}{l_b} \tag{7.20}$$

A rigidez k_i de um ponto de contenção lateral permite que a coluna perfeita atinja a carga crítica da coluna birrotulada entre apoios ($K = 1,0$, Fig. 5.5). Entretanto, para impedir o deslocamento lateral no topo da coluna engastada na base e originalmente livre no topo, alterando K de 2 para 0,7 (Fig. 5.5), teoricamente é necessário um contraventamento de rigidez infinita (Galambos, 1998). Para atingir 95 % da carga crítica correspondente a $K = 0,7$, a rigidez do contraventamento deve ser de $5k_i$.

Ainda em relação ao caso de uma coluna perfeita de comprimento l, agora com n pontos igualmente espaçados de contraventamento lateral, a solução exata (Timoshenko; Gere, 1961) mostra que a rigidez k das molas, necessária para que a coluna atinja a carga crítica $\mathcal{N}_{cr}$ (l_b) associada ao comprimento $l_b = l/(n + 1)$, varia entre $2k_i$ e $4k_i$. Para um ponto de contenção lateral ($n = 1$), $k = 2k_i$ e para um grande número de pontos, tem-se $k = 4ki$.

De acordo com a **ABNT NBR 8800:2008**, os elementos que provêm contenção nodal a colunas devem ser dimensionados para uma força dada por

$$F_{br} = 0,010\mathcal{N}_d \tag{7.21a}$$

que corresponde à imperfeição δ_0 igual $l_b/200$ na Eq. (7.20). Na Eq. (7.21a), $\mathcal{N}_d$ é o esforço normal solicitante de projeto na coluna a ser contraventada.

A rigidez k requerida da contenção nodal é baseada em $2k_i$ para levar em conta as imperfeições geométricas, superposta a uma variação entre $2k_i$ e $4k_i$ para considerar a existência de n pontos de contenção lateral igualmente espaçados de l_b:

$$k = \frac{2(4 - 2/n)\mathcal{N}_d}{l_b}\gamma_r \tag{7.21b}$$

em que γ_r é um fator de segurança da rigidez, igual a 1,35.

Para as contenções relativas, os requisitos de força resistente de projeto e de rigidez são dados por:

$$F_{br} = 0,004\mathcal{N}_d \tag{7.22a}$$

$$k = \frac{2\mathcal{N}_d}{l_b}\gamma_r \tag{7.22b}$$

A ABNT NBR 8800:2008 apresenta ainda os requisitos de rigidez e resistência para as contenções laterais de viga de modo a restringir deslocamentos laterais, rotações de torção ou ambos.

7.6 PROBLEMAS RESOLVIDOS

7.6.1 Uma coluna com extremidades indeslocáveis de perfil CVS 450 × 116, de aço MR250, está sujeita a esforços permanentes: compressão $P = 800$ kN e momento fletor constante $M = 50$ kNm atuando no plano de alma. Verificar a segurança da coluna, sabendo-se que há contenção lateral contínua no plano perpendicular à alma e que o comprimento de flambagem da coluna no plano do momento fletor é de 6 m.

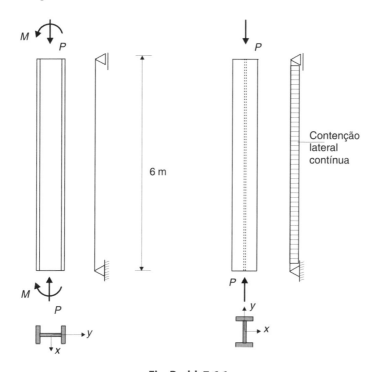

Fig. Probl. 7.6.1

Solução

a) Características geométricas do perfil
$A = 148,3$ cm² $W_x = 2348$ cm³ $r_x = 18,88$ cm $Z_x = 2629$ cm³
$I_y = 7207$ cm⁴ $W_y = 480$ cm³ $r_y = 6,97$ cm
$\tilde{J} = 109$ cm⁴ $C_w = 3.393.704$ cm⁶

b) Esforços solicitantes de projeto
Esforço normal solicitante de projeto

$$N_d = 1{,}4 \times 800 = 1120 \text{ kN}$$

234 CAPÍTULO 7

Momento fletor solicitante de projeto

O diagrama de momentos fletores será como aquele ilustrado na Fig. 7.5a, com a seção do meio do vão sendo a mais solicitada em função da flambagem (efeito $P - \delta$). O momento máximo pode ser calculado com a Eq. (7.8b), sendo C_m dado pela Eq. (7.10):

$$C_m = 1,0$$

$$\left(\frac{K\ell}{r}\right) = \frac{600}{18,88} = 31,8$$

$$N_{crx} = \frac{\pi^2 \times 20.000}{31,8^2} \times 148,3 = 28.948 \text{ kN}$$

$$B_1 = \frac{1,0}{1 - \dfrac{1120}{28.948}} = 1,039 > 1,0$$

$$M_{dx} = 1,4 \times 50 \times 1,039 = 72,7 \text{ kNm}$$

c) Esforços resistentes à compressão e à flexão

Classificação da seção quanto à flambagem local

Mesa $\qquad \dfrac{b_f}{2t_f} = \dfrac{300}{2 \times 16} = 9,4 < 11$

Alma $\qquad \dfrac{h}{t_w} = \dfrac{418}{12,5} = 33 < 42 \therefore Q = 1$

Verifica-se que a seção é compacta para compressão axial (Tabela 5.1) e para flexão (Tabela 6.1).

Esforço normal resistente da haste (flambagem em torno do eixo xx)

$$\lambda_0 = 31,8\sqrt{\frac{250}{\pi^2 200.000}} = 0,36$$

$$N_{Rd} = 148,3 \times 0,947 \times 25 / 1,10 = 3192 \text{ kN}$$

Momento fletor resistente

$$M_{Rd} = 2629 \times 25 / 1,10 = 59.750 \text{ kNcm} = 597,5 \text{ kNm}$$

d) Verificação da seção do meio do vão (haste sob flexocompressão com flambagem)

Equação de interação

$$\frac{1120}{3192} + \frac{72,7}{597,5} = 0,35 + 0,12 = 0,47$$

A coluna atende ao critério de segurança.

Flexocompressão e Flexotração 235

7.6.2 Resolver o Problema 7.6.1, eliminando a contenção lateral contínua no plano perpendicular ao de flexão.

Solução

Neste caso, a haste fica sujeita à flambagem como coluna em torno do eixo yy e à flambagem lateral torcional (como viga).

a) Esforços resistentes

Esforço normal resistente

$$\left(\frac{Kl}{r}\right)_y = \frac{600}{6,97} = 86,1; \qquad \lambda_0 = 0,969$$

$$\mathcal{N}_{Rd} = 148,3 \times 0,675 \times 25 / 1,10 = 2275 \text{ kN}$$

Momento fletor resistente com flambagem lateral

$$\lambda = \frac{l_b}{r_y} = \frac{600}{6,97} = 86,1$$

$$\lambda_p = 1,76 \sqrt{\frac{E}{f_y}} = 49,8$$

Com a Eq. (6.19), obtém-se $\lambda_r = 156,3$.

$$M_r = 2348 \times (25 - 7,5) - 41.090 \text{ kNcm}$$

$$M_p = 2629 \times 25 = 65.725 \text{ kNcm}$$

Com $C_b = 1,0$, tem-se, pela Eq. (6.20),

$$M_n = 657,3 - (657,3 - 410,9)\frac{86,1 - 49,8}{156,3 - 49,8} = 573,3 \text{ kNm}$$

$$M_{Rd} - M_n / \gamma_{a1} = 573,3 / 1,10 = 521,2 \text{ kNm}$$

b) Equação de interação

$$\frac{1120}{2275} + \frac{72,7}{521,2} = 0,49 + 0,14 = 0,63 < 1$$

O perfil atende ao critério de segurança.

7.6.3 Resolver o Problema 7.6.1 admitindo que o esforço normal atua com uma excentricidade de 2 cm em relação ao eixo menos resistente do perfil, e que não há contenção lateral.

236 CAPÍTULO 7

Solução

a) Esforços solicitantes

Além do esforço normal, o perfil ficará sujeito a momentos fletores primários nos dois planos principais:

$$M_x = 50 \text{ kNm}; M_y = 800 \times 0{,}02 = 16 \text{ kNm}$$

Na seção do meio do vão, que é a mais solicitada, tem-se:

$$N_d = 1120 \text{ kN}$$
$$M_{dx} = 72{,}7 \text{ kNm (Problema 7.6.1)}$$
$$M_{dy} = 1{,}4 \times 16 \times \frac{1{,}0}{1 - \dfrac{1120}{N_{ey}}} = 31{,}2 \text{ kNm}$$

$$\text{com } N_{ey} = \pi^2 \frac{20.000}{86^2} \times 148{,}3 = 3958 \text{ kN}$$

b) Esforço resistente à flexão em torno do eixo yy (seção compacta)

Para flexão em torno do eixo de menor inércia não há possibilidade de flambagem lateral.

$$Z_y = 4 \times 1{,}6 \times 15 \times 7{,}5 = 720 \text{ cm}^3$$
$$M_{Rd} = 720 \times 25/1{,}10 = 16.363 \text{ kNcm} = 164 \text{ kNm}$$

c) Equação de interação

$$\frac{1120}{2275} + \frac{72{,}7}{521{,}2} + \frac{31{,}2}{164} = 0{,}49 + 0{,}14 + 0{,}19 = 0{,}82 < 1{,}0$$

O perfil é satisfatório.

7.6.4 Dimensionar as estroncas utilizadas no escoramento de uma cava a céu aberto, indicado na figura. Cada escora recebe uma carga axial de 320 kN e uma carga vertical distribuída de 1 kN/m. Usar perfis laminados MR250. As cargas são do tipo permanente.

Solução

Os problemas de projeto são resolvidos por tentativas. Admite-se um perfil e verifica-se se ele atende às condições de segurança. Se estas não forem atendidas, ou se o forem com muita folga, repetem-se os cálculos admitindo-se outro perfil. As tentativas são continuadas até se obter uma solução considerada satisfatória.

Para o presente problema será admitido um perfil duplo I 381 (15″) × 63,3 kg/m (antiga série S). Os perfis duplo I são adequados para trabalhar como escoras, já que possuem inércia elevada em relação aos dois eixos principais.

Flexocompressão e Flexotração 237

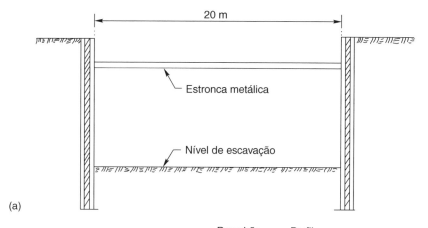

(a)

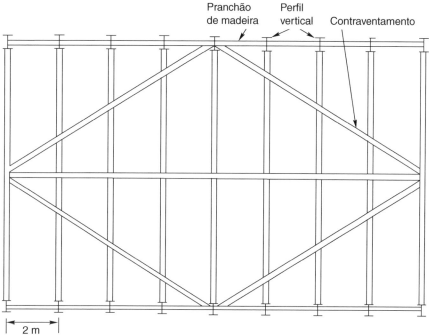

(b)

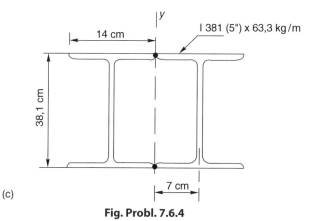

(c)

Fig. Probl. 7.6.4

238 CAPÍTULO 7

Características geométricas do perfil duplo I 381 × 63,3.

$$A = 2 \times 80,6 = 161,2 \text{ cm}^2$$

$$W_x = 2 \times 975 = 1950 \text{ cm}^3$$

$$Z_x \simeq 1,12 W_x = 2184 \text{ cm}^3$$

$$r_x = 15,2 \text{ cm}$$

$$r_y = \sqrt{r_{y1}^2 + \left(\frac{b_f}{2}\right)^2} = \sqrt{2,73^2 + 7^2} = 7,51 \text{ cm}$$

Índices de esbeltez do perfil

$$\left(\frac{Kl}{r}\right)_x = \frac{2000}{15,2} = 132 \qquad \left(\frac{Kl}{r}\right)_x = \frac{1000}{7,51} = 133$$

a) Esforços solicitantes de cálculo

Esforço normal $N_d = 1,3 \times 320 = 416$ kN

Momento de 1ª ordem

$$g = 1 + 2 \times 0,633 = 2,27 \text{ kN/m}$$

$$M_{Id} = 1,3 \times 2,27 \times 20^2/8 = 147 \text{ kNm}$$

Momento Máximo do Projeto

Aplica-se a Eq. (7.9), com $C_m = 1$, já que se trata de haste birrotulada com cargas transversais.

$$N_{crx} = 161,2 \frac{\pi^2 \times 20.000}{133^2} = 1799 \text{ kN}$$

$$M_{dx} = 147,6 \frac{1,0}{1 - \dfrac{416}{1799}} = 192,0 \text{ kNm}$$

b) Esforços resistentes de cálculo

A associação dos dois perfis I é feita com solda, formando um perfil celular de grande resistência à torção. Aplicando-se o critério da ABNT NBR 8800:2008 para flexão de seções celulares, verifica-se que o momento resistente é igual ao momento de plastificação.

$$M_{Rd} = 2184 \times 25/1,10 = 49.636 \text{ kNcm} = 496,4 \text{ kNm}$$

$$\lambda_0 = \left(\frac{Kl}{r}\right)_y \sqrt{\frac{f_y}{\pi^2 E}} = 133\sqrt{\frac{250}{\pi^2 200.000}} = 1,49$$

$$\chi = 0,400$$

$$N_{Rd} = 161,2 \times 0,4 \times 25,0/1,10 = 1465 \text{ kN}$$

c) Equação de interação

$$\frac{416}{1465} + \frac{192,0}{496,4} = 0,28 + 0,38 = 0,66 < 1$$

O perfil adotado atende ao critério de segurança. Como existe uma certa folga, pode-se procurar um perfil mais leve.

7.6.5 O pórtico plano, cujo modelo estrutural está mostrado na Fig. Probl. 7.6.5a, é representativo do comportamento de uma estrutura de edifício e tem ligações rígidas entre as vigas e os pilares. Fora deste plano, os pilares compõem uma estrutura com ligações viga-pilar flexíveis contraventada por meio de treliçados verticais (ver Fig. 1.24). A estrutura está sujeita a cargas permanentes G decorrentes do peso da estrutura, de paredes e revestimentos de piso, cargas Q resultantes do uso da edificação e cargas V de vento. Verificar a segurança do pilar A (perfil CVS 400 × 87) do pórtico para a ação da combinação de ações em que a carga Q é dominante. Aço MR250.

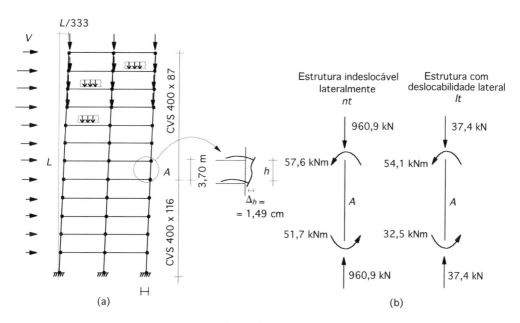

Fig. Probl. 7.6.5

Solução

a) Classificação da estrutura quanto à sensibilidade a deslocamentos laterais

Para esta classificação, elaborou-se o modelo da estrutura com desaprumo correspondente a deslocamentos interpavimentos iguais a $h/333$. Foi efetuada a análise linear deste modelo nas condições sem e com deslocabilidade lateral conforme a Fig. 7.9, sujeito à combinação de ações $C1$:

$$C1: \gamma_G G + \gamma_Q Q + \gamma_V \psi_0 V$$

240 CAPÍTULO 7

Com os resultados da análise, foi feito o cálculo do fator B_2 [Eq. (7.15)] para cada andar. Como para alguns andares B_2 foi superior a 1,10, porém sempre inferior a 1,4, a estrutura foi classificada como de média deslocabilidade.

b) Determinação dos esforços solicitantes para a combinação $C1$

Utiliza-se o método da amplificação dos esforços de 1ª ordem para se obter os esforços de 2ª ordem (ver Seção 7.3). Sendo a estrutura de média deslocabilidade, o modelo para análise inclui não só as imperfeições geométricas, como também a redução de rigidez. Para o trecho A do pilar externo, resultaram os esforços mostrados na Fig. Probl. 7.6.5*b* das análises lineares das estruturas *nt* (sem deslocamento lateral – *no translation*) e *lt* (com deslocamento lateral – *lateral translation*) ilustradas na Fig. 7.9.

Cálculo de B_1

$$C_m = 0,6 - 0,4\frac{51,7}{57,6} = 0,24$$

$$N_{cr} = \frac{\pi^2 80\% 20.000 \times 32.339}{370^2} = 37.303 \text{ kN}$$

$$B_1 = 0,24\frac{1,0}{1-(960,9+37,4)/37.303} = 0,25 < 1,0 \quad \therefore \quad B_1 = 1,0$$

Para o cálculo de B_2, utilizam-se os seguintes dados resultantes das análises:

Esforços nas três colunas do andar:

$\Sigma N_d = 3190$ kN; $\Sigma H_d = 79,0$ kN; deslocamento horizontal (ver detalhe Fig. Probl. 7.6.5):
$\Delta_h = 1,49$ cm

$$B_2 = \frac{1,0}{1-\dfrac{1,49 \times 3190}{370 \times 79,0 \times 0,85}} = 1,23$$

Esforços solicitantes

$$N_d = 960,9 + 1,23 \times 37,3 = 1007 \text{ kN}$$

$$M_d = 1,0 \times 57,6 + 1,23 \times 54,1 = 124,1 \text{ kNm}$$

c) Cálculo dos esforços resistentes do perfil CVS 400 × 87
Classificação da seção quanto à flambagem local

$$\text{mesa} \quad \frac{b_f}{2t_f} = 12,0; \quad \text{alma} \quad \frac{h}{t_w} = 39,5$$

Com estas relações de esbeltez das placas de mesa e de alma, o perfil é compacto para compressão axial ($Q = 1,0$) e semicompacto para flexão (flambagem local da mesa).

Compressão axial com flambagem global

$$\left(\frac{Kl}{r}\right)_x = \frac{1,0 \times 370}{17,1} = 21,6$$

$$\left(\frac{Kl}{r}\right)_y = \frac{1,0 \times 370}{7,13} = 51,9$$

$$N_{Rd} = 110,6 \times 0,864 \times 25 / 1,10 = 2172 \text{ kN}$$

Flexão
Plastificação total

$$M_p = 1787 \times 25 = 44.675 \text{ kNcm} = 446,7 \text{ kNm}$$

Flambagem local da mesa

$$\lambda_p = 10,8; \quad \lambda_r = 0,95\sqrt{\frac{20.000}{0,7 \times 25 / 0,636}} = 25,6$$

$$M_r = 1617 \times 25(1 - 0,3) = 28.297 \text{ kNcm} = 283,0 \text{ kNm}$$

$$M_n = 446,7 - \frac{12,0 - 10,8}{25,6 - 10,8}(446,7 - 283,0) = 433,4 \text{ kNm}$$

Flambagem lateral torcional

$$l_{bp} = 7,13 \times 1,76\sqrt{20.000 / 25} = 355 \text{ cm}; \quad l_{br} = 1037 \text{ cm [Eq.(6.19)]}$$

$$M_r = 283,0 \text{ kNm}; \quad C_b = 2,22 \text{ [Eq. (6.17)]}$$

$$M_n = 2,22\left[446,7 - \frac{370 - 355}{1037 - 355}(446,7 - 283,0)\right] = 983,7 \text{ kNm} > M_p \therefore M_n = M_p$$

Momento resistente de projeto

$$M_{Rd} = 433,4 / 1,10 = 394,0 \text{ kNm}$$

d) Verificação à flexocompressão

$$\frac{N_d}{N_{Rd}} > 0,2$$

$$\frac{1007}{2172} + \frac{8}{9}\frac{124,1}{394,0} = 0,74 < 1,0$$

O perfil é adequado para esta combinação de ações.

(Ver Seção 8.3 do Projeto Integrado – Memorial Descritivo)

7.6.6 A estrutura contraventada da figura possui ligações flexíveis entre vigas e pilares e está sujeita às seguintes cargas no piso de cobertura: peso próprio de 2,0 kN/m² e sobrecarga de

0,5 kN/m². Nas fachadas YZ, a força horizontal resultante da ação do vento é igual a 13,0 kN. Dimensionar as barras do contraventamento no plano XZ de modo a oferecer estabilidade às colunas neste plano e resistir à ação do vento.

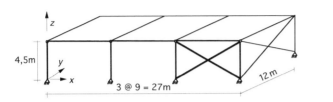
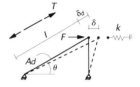

Fig. Probl. 7.6.6

Solução

a) Rigidez necessária para estabilizar as colunas

Carga vertical total no conjunto das 4 colunas

$$N_d = (1{,}35 \times 2{,}0 + 1{,}5 \times 0{,}5) \times 6 \times 27 = 558{,}9 \text{ kN}$$

Rigidez necessária ao contraventamento nodal (as hastes de contenção têm um apoio rígido)

$$k_{nec} = \frac{2 \times 2 \times 558{,}9}{4{,}5} 1{,}35 = 670{,}7 \text{ kN/m}$$

b) Área A_d necessária do elemento de contraventamento para atender ao critério de rigidez

Para determinar a rigidez horizontal k oferecida pela diagonal de área A_d (despreza-se a contribuição da diagonal comprimida), aplica-se um deslocamento δ unitário e calcula-se a força F resultante (ver Fig. Probl. 7.6.6). O alongamento da diagonal é δ_d e seu esforço de tração T vale

$$T = \frac{EA_d}{l} \delta_d$$

A rigidez vale: $k = \dfrac{F}{\delta} = \dfrac{T \cos \theta}{\delta_d / \cos \theta} = \dfrac{EA_d}{l} \cos^2 \theta$

Igualando k à rigidez necessária, chega-se a

$$A_d > \frac{6{,}71\, l}{E \cos^2 \theta} = \frac{6{,}71 \times 1006}{20.000 \times \cos^2 26{,}5°} = 0{,}42 \text{ cm}^2$$

c) Área A_d necessária do elemento de contraventamento para atender ao critério de força

$$F_{br} = 0{,}010 \times 558{,}9 = 5{,}59 \text{ kN}$$

$$F = \frac{F_{br}}{\cos \theta} = 6{,}24 \text{ kN}$$

$$A_d f_y / 1{,}10 > 6{,}24 \text{ kN} \quad \therefore \quad A_d > 0{,}28 \text{ cm}^2$$

Flexocompressão e Flexotração   **243**

d) Área A_d necessária para resistir à força de vento

$$A_d > 1,4 \times \frac{13/2}{\cos\theta} \times \frac{1,10}{25} = 0,45 \text{ cm}^2$$

e) Área A_d total para o critério de força

$$A_d = 0,28 + 0,45 = 0,73 \text{ cm}^2$$

f) Perfil adotado

Pode-se adotar barra redonda $\phi 1/2''$ ($A = 1,27$ cm²) instalada com pré-tração. Em caso de adoção de perfil, por exemplo, cantoneira, é recomendável limitar seu índice de esbeltez a 300.

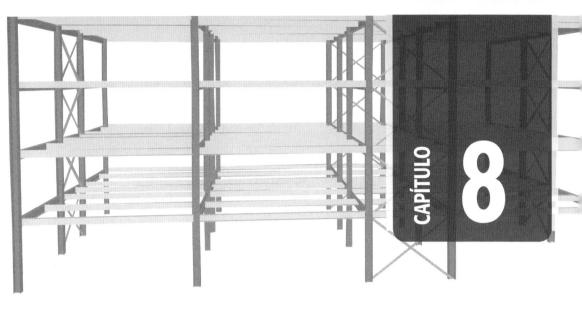

Vigas Treliçadas

8.1 INTRODUÇÃO

As treliças são constituídas de segmentos de hastes, unidos em pontos denominados *nós*, formando uma configuração geométrica estável, de base triangular, que pode ser isostática (estaticamente determinada) ou hiperestática (estaticamente indeterminada).

As treliças são muito adequadas para estruturas metálicas, nas quais os perfis são produzidos em segmentos de comprimento limitado.

A Fig. 8.1 mostra a nomenclatura dos diversos elementos de uma treliça plana.

As principais aplicações dos sistemas treliçados metálicos são coberturas de edificações industriais, contraventamentos de edifícios e pontes, como mostrado na Fig. 8.2.

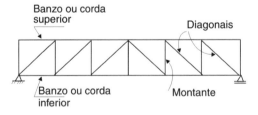

Fig. 8.1 Elementos de uma treliça.

8.2 TRELIÇAS USUAIS DE EDIFÍCIOS

As treliças utilizadas em coberturas têm, em geral, o banzo superior inclinado, e as utilizadas em apoios de pisos e pontes têm banzos paralelos. As configurações geométricas mais conhecidas são designadas por nomes próprios, como Pratt, Howe e Warren, representadas nas Figs. 8.3 e 8.4.

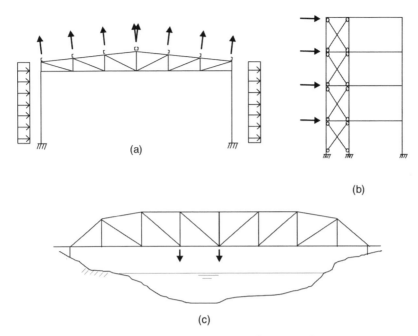

Fig. 8.2 Aplicações de sistemas treliçados: coberturas de edificações industriais, contraventamentos de edifícios e pontes.

Para cargas de gravidade, na treliça Pratt ou N, as diagonais são tracionadas e os montantes comprimidos. Na viga Howe, as diagonais são comprimidas e os montantes tracionados. A viga Warren simples é formada por um triângulo isósceles, sem montantes verticais; quando a distância entre os nós fica muito grande, colocam-se montantes (Fig. 8.3d), criando pontos adicionais de aplicação das cargas.

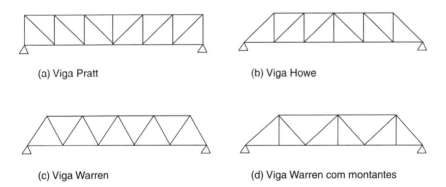

Fig. 8.3 Treliças com banzos paralelos.

No esquema da Fig. 8.4a as diagonais são comprimidas e os montantes tracionados para cargas de gravidade. Obtêm-se soluções mais econômicas com o esquema alternativo da Fig. 8.4b, no qual as peças comprimidas (perpendiculares aos banzos superiores) são mais curtas.

Fig. 8.4 Treliças com banzo superior inclinado.

8.3 TIPOS DE BARRAS DE TRELIÇAS

As barras das treliças são, em geral, constituídas por perfis laminados únicos ou agrupados, e também por perfis de chapa dobrada (ver Fig. 1.16).

As treliças mais leves são formadas por perfis cantoneira, T ou U simples (Figs. 8.5a,b,c), ligados por solda ou parafuso. Recomendam-se as seguintes dimensões mínimas para os banzos:

Cantoneiras	50 × 50 mm (2″ × 2″)
Espessura de chapa	6 mm
Parafusos	12,5 mm (1/2″)

Com os perfis duplo U e dupla cantoneira, obtém-se maior resistência do que com os perfis simples e simetria das ligações.

Os perfis tubulares (Fig. 8.5f,g) e dos tipos I ou H são utilizados em treliças de cobertura de grande vão e vigas treliçadas de passarelas e pontes.

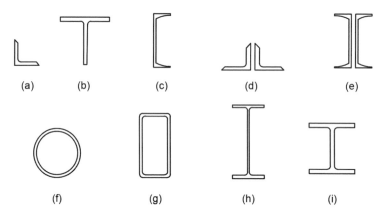

Fig. 8.5 Seções de barras de treliças.

8.4 TIPOS DE LIGAÇÕES

Os nós das treliças são, em geral, constituídos por chapas, chamadas *gussets*, nas quais se prendem as barras.

As ligações das barras devem ter, de preferência, seu eixo coincidente com o eixo da barra (ligação concêntrica), como mostra a Fig. 8.6a. Nas ligações parafusadas de cantoneiras, não é possível fazer uma ligação concêntrica, pois não há espaço para a instalação do parafuso na linha do centro de gravidade do perfil. Dessa ligação excêntrica resulta um momento fletor Ne que, em princípio, deve ser levado em conta no dimensionamento da ligação (ver a Fig. 8.6b).

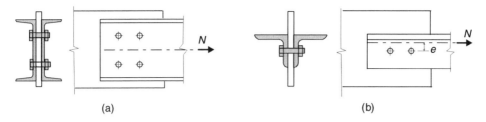

Fig. 8.6 Ligações parafusadas concêntricas e excêntricas.

No projeto da ligação das barras da treliça (nós), os eixos das barras devem ser concorrentes a um ponto (Fig. 8.7a); caso contrário, resulta, no nó, um momento que se distribui entre as barras. Para facilitar a execução no caso de ligações parafusadas de cantoneiras, é usual detalhar a ligação com as linhas de parafusos (e não os eixos das barras) se encontrando em um ponto (Fig. 8.7b). Nesses casos, se as barras não estiverem sujeitas à fadiga, a ABNT NBR 8800:2008 permite desprezar o momento fletor resultante no nó, oriundo da excentricidade entre os pontos de concorrência A e B na Fig. 8.7b das linhas de eixo das barras, que deveria ser distribuído entre as barras.

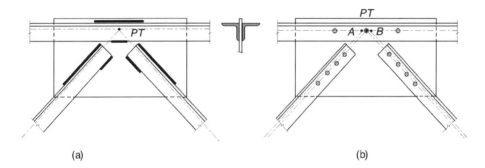

Fig. 8.7 Ligações no nó de treliça com chapa *gusset*.

Nas treliças soldadas, ou os nós podem ter *gussets* (Fig. 8.7) ou as hastes podem ser ligadas entre si diretamente, sem chapa auxiliar (Fig. 8.8). Atualmente, a construção soldada é mais econômica. Hoje, a tendência, em treliças pequenas, é fazer as ligações de fábrica com solda e as de campo com parafusos (para evitar o risco de soldas defeituosas no campo). Nas treliças de grande porte, utilizadas em pontes, as ligações são executadas, em geral, com parafusos de alta resistência para evitar concentrações de tensões decorrentes de soldas que reduzem a resistência à fadiga.

A mínima resistência requerida das ligações a esforço axial em barras de treliças é igual a 45 kN (ABNT NBR 8800:2008).

8.5 MODELOS ESTRUTURAIS PARA TRELIÇAS

O modelo de cálculo tradicional para treliças (Fig. 8.9a) é aquele em que as cargas são aplicadas nos nós e as ligações entre as barras são rotuladas, isto é, não há impedimento à rotação relativa entre as barras, não sendo, portanto, transmitidos momentos fletores. No passado,

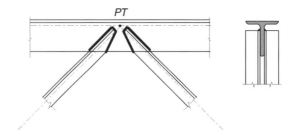

Fig. 8.8 Ligação soldada entre as hastes formando o nó da treliça.

construíram-se treliças com nós providos de pinos, a fim de materializar as rótulas admitidas no cálculo. Os nós rotulados são, entretanto, caros e, além disso, desenvolvem atrito suficiente para impedir o funcionamento da rótula.

Os nós de treliças executados com parafusos ou soldas são sempre rígidos (ver Fig. 2.3), o que dá origem a momentos fletores nas barras. Neste caso, o modelo pórtico (Fig. 8.9b) é o mais adequado para representar a estrutura. Entretanto, quando as barras da treliça são esbeltas (como geralmente ocorre), os momentos fletores oriundos da rigidez dos nós podem ser desprezados, se não houver efeito de fadiga. Há interesse em fazer os nós compactos, a fim de minimizar esses momentos fletores.

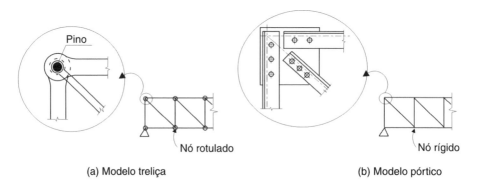

Fig. 8.9 Modelos de análise estrutural.

Podem ainda surgir momentos fletores nas barras em função de:

a) cargas aplicadas entre os nós;
b) excentricidade na ligação (eixos das barras não são concorrentes a um ponto no nó).

No caso (a) com barras esbeltas, os esforços axiais podem ser calculados com o modelo treliça (admitindo cargas nodais) e o dimensionamento feito para flexão composta com os momentos calculados considerando a barra biapoiada entre os nós. No caso (b), deve-se usar o modelo pórtico.

Em resumo, para treliças usuais de edificações sem efeito de fadiga, nas quais os nós não apresentam excentricidades e as barras são esbeltas, pode-se utilizar o tradicional modelo

Vigas Treliçadas **249**

treliça para cálculo de esforços axiais. Neste caso, os comprimentos de flambagem das barras comprimidas devem ser tomados iguais à distância entre as rótulas ideais ($K = 1$). Os momentos fletores oriundos da rigidez dos nós são considerados esforços secundários que não afetam o dimensionamento.

8.6 DIMENSIONAMENTO DOS ELEMENTOS

Cada haste da treliça está sujeita a um esforço normal de tração ou de compressão. O dimensionamento dessas hastes se faz com os critérios de barras tracionadas (ver Cap. 2) ou barras comprimidas (ver Cap. 5). O dimensionamento dos elementos comprimidos pode ser feito tomando-se $K = 1$, tanto para flambagem no plano da treliça quanto fora desse plano. Naturalmente, o comprimento da flambagem fora do plano de treliça depende dos pontos de contenção lateral. Somente em alguns casos especiais, K pode ser tomado menor do que 1,0 (Galambos, 1998).

A segurança dos elementos sujeitos à flexão composta deve ser verificada com os critérios expostos no Cap. 7.

8.7 PROBLEMA RESOLVIDO

8.7.1 Analisar e dimensionar a treliça representada na Fig. (a), destinada à cobertura do galpão industrial esquematizado em planta na Fig. (b). Serão utilizadas telhas trapezoidais em aço e terças de perfil U de chapa dobrada. Utilizar aço MR250 e ligações soldadas.

Solução
a) Carregamentos

As cargas atuantes sobre a treliça de cobertura são:

g = carga permanente:

peso próprio estimado =	100	N/m²
peso da telha metálica =	65	N/m²
peso das terças =	40	N/m²
	205	N/m²

p = sobrecarga (ver Item B.5 da ABNT NBR 8800:2008) = 250 N/m²;

v = vento; para as condições geométricas e de localização do galpão, foram identificados os dois casos de carregamento V1 e V2 ilustrados na Fig. (d), conforme a norma ABNT NBR 6123:1988 para forças de vento em edificações. O valor da pressão q = 430 N/m².

b) Combinações de carga e esforços nas barras

Os carregamentos, dados por unidade de área, multiplicados pelo espaçamento entre terças (3 m) e pelo espaçamento entre treliças (6 m), fornecem as forças F_g, F_p e F_v nos nós da treliça [ver Fig. (a)]. Neste cálculo, a área da cobertura foi aproximada pela sua projeção horizontal, já que se trata de cobertura de pequena inclinação. Com as forças nos nós e o esquema estrutural, calculam-se os esforços axiais nas barras componentes da treliça para cada um dos carregamentos. Esses esforços foram obtidos com o modelo treliça, isto é, desprezando-se os momentos fletores das barras oriundos de seu peso próprio e da rigidez

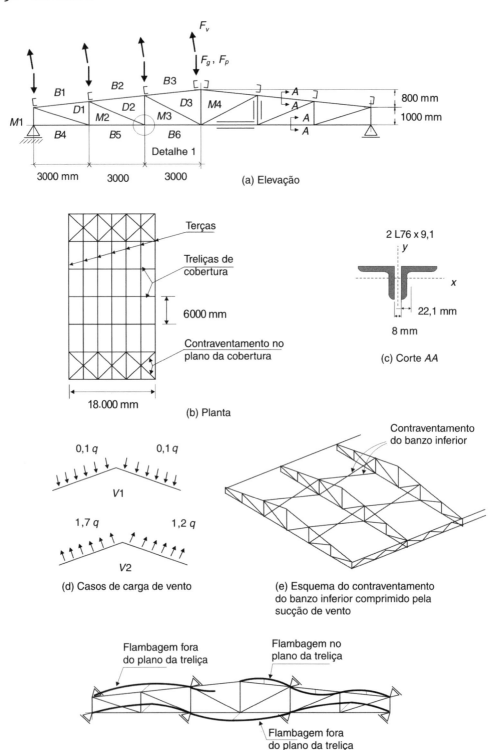

Fig. Probl. 8.7.1 Treliça de cobertura.

Vigas Treliçadas   251

dos nós soldados. Sendo a estrutura estaticamente determinada, os esforços independem das propriedades geométricas das barras.

Os esforços no estado limite de projeto são obtidos com as seguintes combinações dos carregamentos:

$C1 \quad 1,3g + 1,4p + 1,4 \times 0,6V1$

$C2 \quad 1,3g + 1,4V1 + 1,4 \times 0,5p$

$C3 \quad 1,0g + 1,4V2$

A Tabela 8.1 apresenta, para cada elemento da treliça, o comprimento e os esforços axiais para as combinações de carga $C1$ a $C3$.

Tabela 8.1

Elemento	Comprimento (m)	Esforços (kN); (+) tração		
		C1	C2	C3
B1	3,01	−69,5	−59,0	81,6
B2	3,01	−92,2	−78,3	104,5
B3	3,01	−88,4	−75,1	94,1
B4	3,00	0,4	0,3	−0,4
B5	3,00	69,5	59,0	−81,6
B6	3,00	91,8	78,0	−104,0
D1	3,16	72,6	61,6	−85,2
D2	3,25	24,2	20,6	−24,4
D3	3,37	−4,2	−3,6	11,6
M1	1,00	−35,1	−29,8	42,2
M2	1,27	−23,1	−19,6	27,1
M3	1,53	−9,4	−8,0	9,5
M4	1,80	3,9	3,3	−4,1

c) Dimensionamento dos elementos
Em virtude da atuação de sucção de vento (carregamento $V2$), ocorre reversão no sinal dos esforços em todos os elementos. Observa-se na tabela de esforços que, para os banzos, os valores de esforços máximos em tração e em compressão são bastante próximos. Nesse caso, com as ligações soldadas o dimensionamento à compressão dos banzos é, em geral, determinante.

Banzos em compressão
Serão utilizados perfis de dupla cantoneira dispostos lado a lado [Fig. (*c*)]. Para a flambagem no plano de treliça, o comprimento de flambagem de cada elemento é seu próprio comprimento ($K = 1$). Para a flambagem fora do plano de treliça [Fig. (*f*)], o banzo superior está contido nos terços do vão pelo contraventamento no plano da cobertura [Fig. (*b*)]. A contenção lateral dos elementos do banzo inferior (comprimido em

252 Capítulo 8

decorrência da sucção de vento) é fornecida pelos contraventamentos longitudinais [Fig. (e)] nos terços do vão.

Para os banzos, como primeira tentativa, usaremos 2L76 × 9,1 kg/m (2L3″) dispostos lado a lado e espaçados de 8 mm, como indica a Fig. (c). O dimensionamento da peça composta é feito como se tivesse ligações contínuas (ver Seção 5.6):

$$r_x = 2,33 \text{ cm}$$

$$I_y = 2(62,4 + 2,6^2 \times 11,48) = 280,0 \text{ cm}^4$$

$$r_y = \sqrt{\frac{280,0}{2 \times 11,48}} = 3,5 \text{ cm}$$

Flambagem no plano da treliça:

$$\left(\frac{\ell_{f\ell}}{r}\right)_x = \frac{300}{2,33} = 128,7 < 200$$

Flambagem fora do plano da treliça:

$$\left(\frac{\ell_{f\ell}}{r}\right)_y = \frac{2 \times 300}{3,5} = 171 < 200$$

A flambagem em torno do eixo y é determinante. Com $\lambda_0 = 1,90$, obtém-se:

$$\chi = 0,243$$

$$N_{Rd} = 2 \times 11,48 \times 0,243 \times 25,0 / 1,10 = 126,7 \text{ kN}$$

$$N_{Rd} > N_d = 104 \text{ kN}$$

Podemos usar para os banzos 2L76 × 9,1, admitindo apenas ligações soldadas. O dimensionamento é válido, desde que o espaçamento ℓ_1 entre as chapas de ligação das cantoneiras do perfil (ver Fig. 5.14) se limite a

$$\ell_1 < \frac{r_1}{2} \times 171 = \frac{1,5}{2} \times 171 \cong 130 \text{ cm}$$

Banzos em tração
Verifica-se o estado limite de ruptura da seção líquida efetiva já que a ligação das peças à chapa de nó é feita por meio de ligação soldada em apenas uma aba do perfil cantoneira. Como comprimento da ligação, tomou-se o valor médio entre os comprimentos adotados de cada lado da aba, para os dois perfis (Fig. Probl. 8.7.1g).

$$C_t = 1 - \frac{2,21}{7,0} = 0,68$$

$$A_e = 0,68 \times 2 \times 11,48 = 15,7 \text{ cm}^2$$

$$N_{Rd} = 15,7 \times 40 / 1,35 = 465 \text{ kN} > N_d = 104 \text{ kN}$$

Diagonais e montantes em compressão

Para as diagonais e montantes, toma-se $K = 1$ para qualquer dos dois planos de flambagem. Na tabela de esforços, verifica-se que a diagonal $D1$ é muito mais solicitada que os outros elementos diagonais e montantes.

Para a diagonal $D1$, adota-se o perfil 2L64 × 7,4 (2L2 1/2″) com espaçamento igual a 8 mm entre cantoneiras dispostas lado a lado. A verificação à compressão com flambagem fornece:

$$r_x = 1,93 \text{ cm}$$

$$r_y = \sqrt{1,93^2 + 2 \times 2,28^2} = 2,98 \text{ cm}$$

$$\frac{\ell}{r} = \frac{316}{1,93} = 164$$

$$N_{Rd} = 2 \times 948 \times 0,256 \times 250 / 1,10 = 110.313 \text{ N} = 110,3 \text{ kN}$$

$$N_{Rd} > N_d = 85,2 \text{ kN}$$

O espaçamento ℓ_1 entre chapas de ligação das cantoneiras não deve exceder

$$\frac{1,24}{2} \times 164 = 100 \text{ cm}$$

Para as diagonais $D2$ e $D3$ e os montantes, adota-se o perfil mínimo recomendado, 2L44 × 3,15 kg/m, também com cantoneiras dispostas lado a lado.

As verificações à compressão com flambagem para os elementos com distintos comprimentos indicam que o perfil adotado é satisfatório.

Diagonais e montantes em tração

Para a diagonal $D1$ (2L64), o esforço solicitante de projeto em tração é menor do que o de compressão. Como a resistência à tração é maior do que a de compressão, não é preciso verificar.

Para outras diagonais e montantes (2L44), o maior esforço solicitante é $N_{1d} = 42,2$ kN. Resistência à ruptura em tração na área A_e

$$C_t = 1 - \frac{1,29}{7,0} = 0,82$$

$$N_{Rd} = 0,82 \times 2 \times 4,0 \times 40 / 1,35 = 194,4 \text{ kN} > 42,2 \text{ kN}$$

Resistência ao escoamento em tração

$$N_{Rd} = 2 \times 4,0 \times 25 / 1,10 = 181,8 \text{ kN} > 42,2 \text{ kN}$$

Verificação do peso próprio

Considerando os perfis adotados e um acréscimo de 2 % em peso em razão das chapas de nó (*gusset*), chega-se ao valor 83 N/m². Acrescentando-se ainda o peso das treliças longitudinais de contraventamento, conclui-se que o peso próprio foi estimado satisfatoriamente.

d) Dimensionamento das ligações

Como ilustração, será apresentado o dimensionamento do nó de ligação dos elementos B5, B6, D2 e M3 por meio de *gusset* e ligações soldadas (ver Detalhe 1 nas Figs. (a) e (g)).

Considera-se necessária, neste nó, uma emenda do perfil do banzo inferior (elementos B5 e B6). Utilizam-se chapa de espessura $t = 8$ mm e eletrodos E60. Os esforços são divididos por 2 para o dimensionamento da ligação de uma cantoneira. Para que não haja efeito de momento na ligação, as forças transferidas pelos cordões de solda l_1 ... l_2 devem produzir momento nulo em relação ao centro de gravidade do perfil (ver Problema 4.6.3).

A resistência mínima requerida das ligações será tomada igual a 45 kN quando este valor for superior ao correspondente esforço normal solicitante.

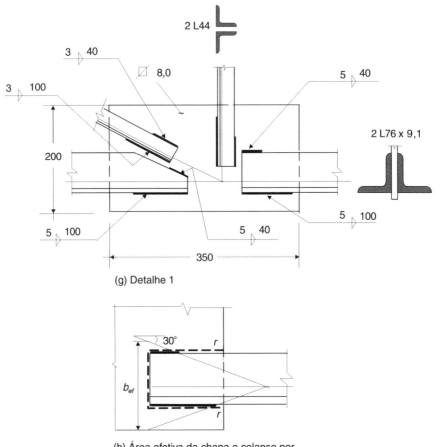

(g) Detalhe 1

(h) Área efetiva da chapa e colapso por cisalhamento de bloco ao longo da linha r-r

Fig. Probl. 8.7.1 (*Continuação*)

Vigas Treliçadas 255

Banzo B6
Lado do filete $d_w = 5$ mm (mínimo)

$$\sum M = 0 \quad 5,39\ell_1 - 2,21\ell_2 = 0$$

$$\sum F = 0 \quad (\ell_1 + \ell_2) \times 0,7 \times 0,5 \times 0,6 \times 41,5 / 1,35 \ -\frac{104,0}{2} = 0$$

Das equações, obtêm-se $\ell_1 = 57$ mm e $\ell_2 = 23$ mm.

Como o comprimento mínimo do filete, de acordo com a norma brasileira, é de 40 mm, neste caso adotam-se os valores $\ell_1 = 100$ mm e $\ell_2 = 40$ mm.

Para a ligação do elemento $B5$, são adotados os mesmos comprimentos ℓ_1 e ℓ_2 do banzo $B6$.

Diagonal D2
Lado do filete $d_w = 3$ mm (mínimo e máximo)

$$\sum M = 0 \quad 2,29\ell_1 - 0,91\ell_2 = 0$$

$$\sum F = 0 \quad (\ell_1 + \ell_2) \times 0,7 \times 0,3 \times 0,6 \times 41,5 / 1,35 \ -\frac{45,0}{2} = 0$$

Das equações, obtêm-se $\ell_1 = 41$ mm e $\ell_2 = 16$ mm.
Adotam-se:
$\ell_1 = 100$ mm e $\ell_2 = 40$ mm para a ligação da diagonal $D2$ e do montante $M3$.

Gusset
A verificação da chapa *gusset* para escoamento a tração ou compressão pode ser feita admitindo-se uma área efetiva com base em um espalhamento de tensões na chapa em um setor de 60° a partir do início da ligação [ver Fig. (*h*)]:

$$\mathcal{N}_{Rd} = 15,7 \times 0,8 \times 25 / 1,10 = 285 \text{ kN} > \mathcal{N}_d = 104 \text{ kN}$$

Deve ser verificada ainda a possibilidade de cisalhamento de bloco no *gusset* ao longo da linha *r-r* da Fig. (*h*) (ver Fig. 18 da **ABNT NBR 8800:2008**).

$$R_d = (0,60 \times 25 \times 2 \times 10 + 40 \times 7,5) \times 0,80 / 1,35 = 355 \text{ kN} > 104 \text{ kN}$$

Detalhamento
O posicionamento relativo entre os elementos de ligação deve ser tal que seus eixos se encontrem em um único ponto, de modo a não introduzir momentos na ligação [ver Fig. (*g*)].

Além disso, os nós devem ser compactos.

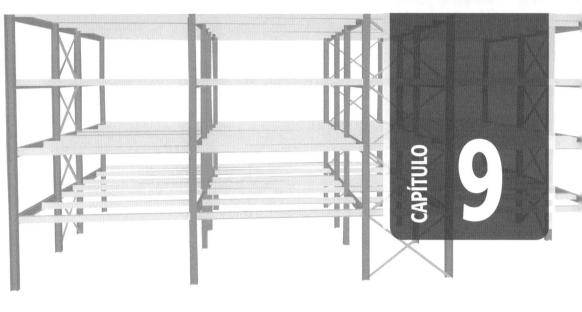

Ligações – Apoios

9.1 INTRODUÇÃO

Os Capítulos 3 e 4 trataram de ligações simples com conectores e solda, respectivamente. Neste capítulo serão detalhados alguns tipos de ligações usuais envolvendo elementos estruturais. No contexto de edificações, são encontrados diversos tipos de ligação, como ilustrado na Fig. 9.1:

- Ligação entre vigas
- Ligação entre viga e coluna
- Emenda de colunas
- Emenda de vigas
- Apoio de colunas
- Ligações do contraventamento.

No projeto de uma ligação, determinam-se os esforços solicitantes nos seus elementos (parafusos, soldas e elementos acessórios, como chapas e cantoneiras), os quais devem ser menores que os respectivos esforços resistentes. A resistência dos conectores e trechos de solda sujeitos a esforços axiais e cisalhantes foi detalhada nos Caps. 3 e 4. A determinação dos esforços solicitantes na ligação é feita a partir da análise do modelo estrutural, como está ilustrado na Fig. 9.2. A rigidez de cada ligação adotada no modelo estrutural deve ser consistente com a rigidez oferecida pelo detalhe escolhido para aquela ligação. Em geral, as ligações são modeladas como perfeitamente rígidas à rotação ou como rótulas (Fig. 1.21), podendo ainda ter rigidez intermediária entre esses dois extremos. Conhecendo-se os esforços na ligação (M e V na Fig. 9.2b), adota-se um modelo realista para determinar a distribuição de forças nos elementos da ligação. Por exemplo, no caso da ligação da Fig. 9.2c, admite-se que os parafusos que ligam a alma se encarregam do esforço cortante V, enquanto os parafusos nos flanges transmitem as forças oriundas do momento fletor M.

Ligações – Apoios 257

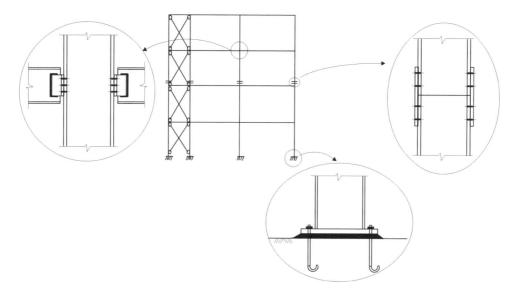

Fig. 9.1 Ligações em edificações.

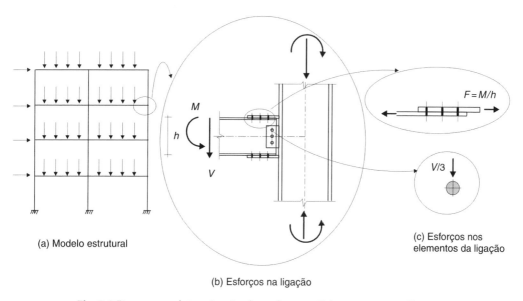

(a) Modelo estrutural

(b) Esforços na ligação

(c) Esforços nos elementos da ligação

Fig. 9.2 Etapas para determinação dos esforços solicitantes em uma ligação.

9.2 CLASSIFICAÇÃO DAS LIGAÇÕES

Em relação à sua rigidez à rotação, as ligações podem ser classificadas em três tipos, conforme ilustrado na Fig. 9.3, pelo comportamento momento (M) × rotação relativa (ϕ).

a) Ligação rígida: tem rigidez suficiente para manter praticamente constante o ângulo entre as peças (rotação relativa quase nula) para qualquer nível de carga, até atingir o momento resistente da ligação; proporciona continuidade nas deformações das peças ligadas; por isso pode também ser denominada ligação contínua.
b) Ligação flexível: permite a rotação relativa entre as peças transmitindo um pequeno momento fletor; apresenta um comportamento próximo ao de uma rótula, podendo ser modelada como tal.
c) Ligação semirrígida: possui comportamento intermediário entre os casos (a) e (b).

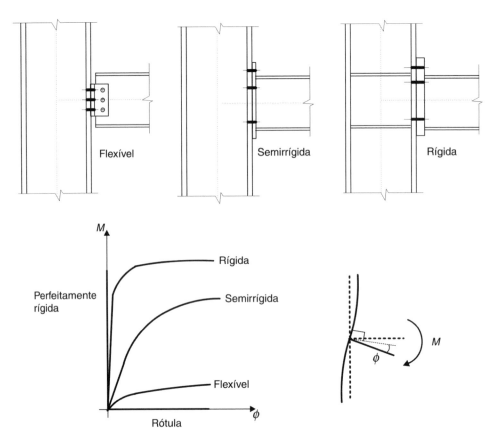

Fig. 9.3 Classificação das ligações quanto ao seu comportamento momento M × rotação relativa ϕ.

As ligações perfeitamente rígidas e as rotuladas (ver gráfico da Fig. 9.3) são casos ideais, dificilmente materializados na prática. A ABNT NBR 8800:2008 apresenta os critérios que permitem a adoção dos modelos de ligação rotulada e perfeitamente rígida (contínua), respectivamente, para as ligações flexíveis e rígidas à rotação, em função da magnitude da rigidez da ligação associada ao momento fletor igual a 2/3 de seu momento resistente.

A rigidez das ligações é importante quando a análise global da estrutura é efetuada em regime elástico. Já no caso de análise plástica (elastoplástica ou rígido-plástica) da estrutura (ver Cap. 11), as ligações devem ser classificadas segundo a relação entre o momento fletor resistente de cálculo da ligação M_{dL} e o das peças ligadas M_{dv} em (Queiroz; Vilela, 2012):

- totalmente resistentes: $M_{dL} > M_{dv}$;
- parcialmente resistentes: $M_{dL} < M_{dv}$;
- rotuladas.

9.3 EMENDAS DE COLUNAS

O critério para o projeto de emendas de colunas (submetidas à compressão predominante) depende do acabamento da superfície de contato entre elas. Quando as superfícies são usinadas, garantindo-se o contato entre elas, o esforço de compressão é transmitido diretamente pela superfície de contato. Nesse caso, as chapas de emenda servem para manter o posicionamento das peças e absorver os esforços que não sejam transmitidos por contato, por exemplo, em caso de reversão de esforços.

Na Fig. 9.4 apresentam-se alguns detalhes típicos de emendas de colunas de edifícios. As Figs. 9.4a,b,c ilustram emendas com superfícies não usinadas em que os esforços são transmitidos pelas chapas de emenda (também denominadas talas) parafusadas, de solda de topo e de chapa de extremidade, respectivamente. No caso da Fig. 9.4a, os perfis a serem emendados são iguais. Na Fig. 9.4b há uma pequena variação de espessura entre os perfis, sendo ainda possível soldá-los diretamente. Já o detalhe da Fig. 9.4c, com a chapa de transição, é adequado ao caso de moderadas variações geométricas.

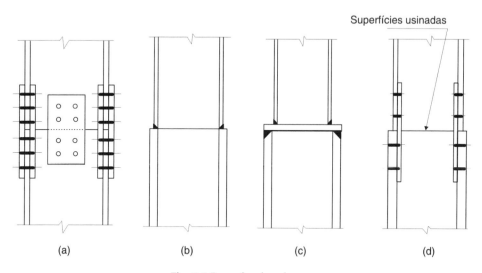

Fig. 9.4 Emendas de colunas.

A emenda da Fig. 9.4d é feita por contato em superfície usinada, e as ligações parafusadas (ou soldadas) adicionais são dimensionadas para absorver o esforço cortante e a eventual tração nas mesas dos perfis oriunda de momento fletor ou reversão de esforços, além de garantir a continuidade da rigidez à flexão.

Esse tipo de emenda deve ser posicionado próximo aos pontos de contenção lateral da coluna para evitar que haja um ponto fraco em relação à flambagem.

Nas emendas de pilares em estruturas de edifícios com mais de 40 m de altura, devem ser usados parafusos de alta resistência em ligações por atrito ou soldas, para evitar que deslizamentos na emenda sob cargas de serviço provoquem deformação excessiva na estrutura (ABNT NBR 8800:2008).

9.4 EMENDAS EM VIGAS

9.4.1 Emendas Soldadas

Disposições construtivas

As emendas de fábrica em vigas soldadas podem ser feitas com solda de penetração total. Na Fig. 9.5 mostramos uma emenda de mesa situada junto à emenda da alma. Nesse tipo de emenda, a sequência de soldagem é importante, a fim de evitar esforços internos causados pelo resfriamento dos cordões de solda.

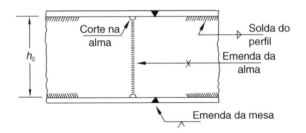

Fig. 9.5 Emenda soldada.

No caso da Fig. 9.5, recomenda-se a seguinte sequência:

a) soldar as mesas;
b) emendar a alma;
c) completar a solda de filete que liga a alma com a mesa (esta solda não está representada na figura).

Sempre que possível, as soldas devem ser feitas simetricamente, para evitar distorções.

As emendas de campo podem também ser soldadas, porém a execução deve sofrer fiscalização rigorosa, protegendo-se as partes soldadas contra resfriamento rápido causado por vento ou chuva. Devem ser evitadas as soldas de posição sobrecabeça. É preferível fazer as emendas de campo com conectores.

As soldas de penetração total permitem uma transmissão direta de tensões. As emendas feitas com chapas laterais e solda de filete desviam as tensões e, por isso, diminuem a resistência à fadiga da emenda. Daí a preferência pelas soldas de penetração total, sem chapas laterais.

9.4.2 Emendas com Conectores

Na Fig. 9.6 vemos um exemplo de emenda de perfil laminado, com talas e parafusos. Em geral, procura-se localizar as emendas em pontos de menor solicitação, como os quartos de vão. Nesse caso, é prudente dimensionar a ligação para um percentual, por exemplo, de 50 %, da capacidade resistente da viga, tanto à flexão quanto ao cisalhamento.

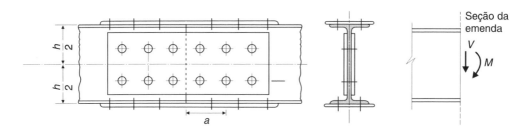

Fig. 9.6 Emenda com conectores de perfil laminado.

A seção da emenda indicada na Fig. 9.6 está comumente sujeita a um momento fletor M e a um esforço cortante V. A placa de emenda da mesa deve ter a mesma espessura desta, enquanto cada placa de emenda da alma pode ser adotada com 80 % da espessura da alma. A parcela do momento fletor transmitida pelas mesas se calcula na proporção entre o momento de inércia da mesa e o momento de inércia total.

$$M_f = M \frac{I_{\text{mesa}}}{I_{\text{total}}} \sim \frac{A_f}{A_f + A_w/6} \tag{9.1}$$

em que:

A_f = área da mesa;
A_w = área da alma.

O esforço na chapa da mesa vale:

$$F = \frac{M_f}{h_t} \tag{9.2}$$

Supõe-se que o esforço F seja distribuído igualmente entre os conectores de cada lado da emenda.

A parcela M_w do momento fletor absorvida pela alma é calculada na proporção do momento de inércia I_w da alma para o momento de inércia total. As chapas de emenda da alma transmitem o momento M_w acrescido do momento $V \times a$, sendo a a distância entre o centro de gravidade dos conectores e a seção da emenda. Resulta então:

$$M_w = M \frac{I_w}{I_{\text{total}}} + Va \approx M \frac{A_w/6}{A_f + A_w/6} + Va \tag{9.3}$$

Outro modelo de cálculo consiste em admitir que o momento fletor M é transferido completamente pelas talas das mesas, enquanto as talas da alma transferem o esforço cortante V com excentricidade a.

O esforço cortante se distribui igualmente entre os conectores da alma. A determinação dos esforços nos conectores decorrentes do momento fletor é feita considerando-se que cada conector absorve um esforço proporcional à sua distância ao centro de gravidade do conjunto de conectores. O assunto foi tratado na Subseção 3.4.2.

9.5 LIGAÇÕES FLEXÍVEIS À ROTAÇÃO

As Figs. 9.7 e 9.8 apresentam detalhes usuais de ligações flexíveis entre viga e pilar. A principal característica dessas ligações é que elas transmitem um momento tão pequeno que pode ser desprezado no projeto, sendo então consideradas como rótulas. Para tanto, é necessário que elas permitam a rotação das vigas em relação ao pilar. A ligação é calculada para transmissão apenas do esforço cortante.

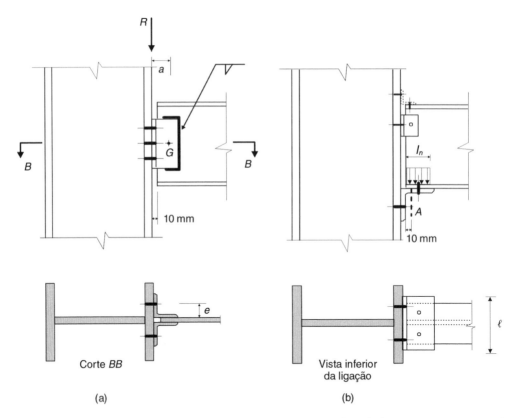

Fig. 9.7 Ligações flexíveis viga-pilar: (a) ligação com cantoneira na alma; (b) ligação com cantoneira de apoio.

Ligação com Dupla Cantoneira de Alma

A Fig. 9.7a mostra uma ligação por meio da alma com duas cantoneiras, as quais podem ser parafusadas ou soldadas tanto à alma da viga quanto à mesa da coluna. Em geral, as cantoneiras são soldadas à alma da viga e parafusadas à mesa do pilar. Nesse caso, considera-se a rótula na face do pilar (plano da ligação parafusada), e a ligação soldada deve ser

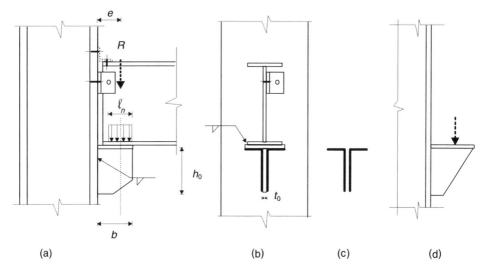

Fig. 9.8 Apoio em consolo soldado ao pilar: (a) vista lateral; (b) vista frontal; (c) seção de filetes de solda; (d) consolo enrijecido com bordo livre não paralelo à direção da carga.

dimensionada para a reação R e um momento torsor Ra, sendo a a distância entre a rótula e o centro de gravidade das linhas de solda. Já a ligação parafusada deve ser dimensionada considerando-se a excentricidade e da Fig. 9.7a.

Ligação com Cantoneira de Apoio
O apoio da viga em uma cantoneira é ilustrado na Fig. 9.7b. A cantoneira lateral (ou superior) deve ser fina e serve para dar estabilidade lateral à viga. A espessura t da cantoneira de apoio é obtida pela resistência à flexão da seção AA.

$$M_{Rd} = Zf_y \ \gamma_{a1} = \frac{lt^2}{4} f_y \ \gamma_{a1} \tag{9.4}$$

O comprimento de apoio l_n da viga deve ser suficiente para não produzir enrugamento nem escoamento na alma da viga (ver Subseção 6.3.6) e deve ser maior do que a dimensão k da Fig. 6.23. Pode-se admitir a pressão uniformemente distribuída no comprimento l_n necessário para o apoio a partir da extremidade da viga; esta hipótese é, entretanto, bastante conservadora (Salmon; Johnson, 1990).

Na seção A-A deve-se verificar também o estado limite de escoamento a cisalhamento.
A resistência à flexão da aba da cantoneira [Eq. (9.4)] limita a reação da viga a valores bastante baixos. Para maiores valores de carga, utilizam-se apoios enrijecidos.

Apoio em Consolo Enrijecido
Na Fig. 9.8, o elemento de apoio da viga é um consolo enrijecido por uma chapa vertical no plano da alma da viga. A espessura t_0 da chapa do enrijecedor deve ser igual ou maior que a espessura da alma da viga; deve também ter dimensões que evitem a ocorrência de flambagem local ($b/t_0 < 16$).

Neste caso de consolo, em razão da rigidez vertical do apoio, a reação é considerada uniformemente distribuída em um comprimento necessário l_n a partir da face livre do enrijecedor. O comprimento l_n é calculado de modo a garantir a segurança em relação ao escoamento e ao enrugamento da alma da viga (Subseção 6.3.6).

A excentricidade e da reação em relação à face do pilar é, então, dada por:

$$e = b - l_n/2 \qquad (9.5)$$

O consolo é ligado à coluna por meio de soldas de filete. A altura h_0 do enrijecedor deve ser suficiente para que as tensões de cálculo nos filetes de solda, considerando a excentricidade da reação, fiquem abaixo de suas resistências (ver Subseção 4.4.3). A solda horizontal deve ficar, de preferência, no prolongamento dos filetes verticais, o que aumenta a rigidez à torção da ligação. O filete na face inferior da mesa é de execução mais difícil quando feito no campo, mas tem a vantagem de deixar livre toda a face superior do consolo. Como alternativa, poder-se-ia soldar a chapa da mesa de topo na coluna, com solda de entalhe de penetração total.

Outro tipo de enrijecedor usado é aquele em que a face livre do enrijecedor não é paralela à direção da carga (Fig. 9.8d); por exemplo, um enrijecedor triangular para carga vertical. Nesses casos, verifica-se um comportamento diferente, que é apresentado em Salmon e Johnson (1990).

Ligações viga-viga

O apoio da viga A na viga B, mostrado na Fig. 9.9a, é similar à ligação viga-pilar ilustrada pela Fig. 9.7a. Como a viga secundária A tem o mesmo nível superior da viga principal B, dá-se um recorte na mesa da viga A para efetuar a ligação. Na Fig. 9.9b ilustra-se uma alternativa em que as cantoneiras são soldadas à viga principal e parafusadas à viga secundária. Neste caso, pode ocorrer, nas vigas com recorte na mesa e na alma, o colapso por rasgamento por cisalhamento de bloco ao longo da linha tracejada da Fig. 9.9c (ver Subseção 2.2.7), especialmente nos casos de poucos parafusos.

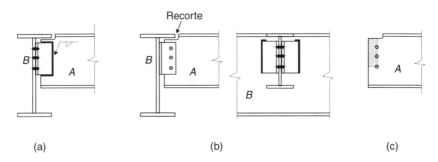

Fig. 9.9 Ligações flexíveis viga-viga.

9.6 LIGAÇÕES RÍGIDAS À ROTAÇÃO

As ligações rígidas impedem a rotação relativa entre a viga e o pilar e são calculadas para transmitir o momento fletor e o esforço cortante da junta.

A Fig. 9.10 ilustra alguns tipos de ligação rígida entre viga e pilar.

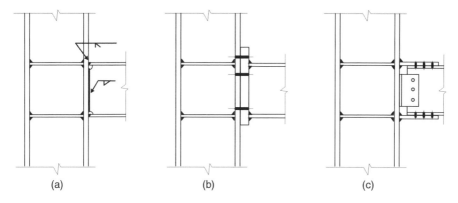

Fig. 9.10 Ligações rígidas.

Na Fig. 9.10a, as mesas e a alma da viga são soldadas diretamente à mesa do pilar. Já nas Figs. 9.10b,c, a transmissão dos esforços é feita por meio de elementos acessórios, como a chapa de extremidade da Fig. 9.10b, a qual é soldada à viga em oficina e parafusada ao pilar no campo. No arranjo da Fig. 9.10c, os esforços axiais nas mesas da viga (oriundos do momento fletor) são transmitidos por meio de chapas de emendas, enquanto as cantoneiras ligadas à alma se encarregam do esforço cortante.

Um dos pontos críticos no projeto dessas ligações rígidas entre viga e pilar está na capacidade do pilar de absorver esforços concentrados, principalmente os provenientes das mesas da viga. Podem ocorrer os seguintes efeitos ilustrados na Fig. 9.11: (i) em compressão, a alma do pilar pode sofrer flambagem local ou escoamento; (ii) em função da força da mesa tracionada da viga, a mesa do pilar pode apresentar excessiva deformação. Para evitar esses efeitos, devem-se prover pares de enrijecedores horizontais dos pilares nos níveis das mesas da viga, como ilustrado na Fig. 9.10. Os critérios para determinação da necessidade de enrijecedores e seu dimensionamento são os mesmos já apresentados nas Subseções 6.3.6 e 6.3.7 para as regiões de aplicação de cargas concentradas em vigas.

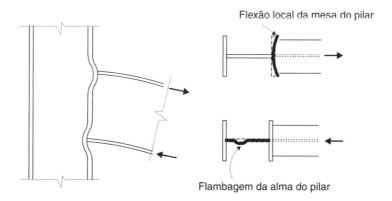

Fig. 9.11 Comportamento da coluna na ligação rígida; enrijecedores devem ser dispostos na alma da coluna para evitar as situações de estado limite ilustradas na figura.

9.7 LIGAÇÕES COM PINOS

Os pinos são conectores de grande diâmetro que trabalham isoladamente, sem comprimir transversalmente as chapas. Os pinos são utilizados em estruturas fixas desmontáveis ou em estruturas móveis.

Na Fig. 9.12 indicamos um pino de ligação de uma estrutura fixa. Para o eixo do pino, fazem-se três verificações de cálculo:

a) Resistência de cálculo à flexão do pino

$$M_{Rd} = 1{,}2 W f_y / \gamma_{a1} \tag{9.6}$$

b) Tensão normal resistente de cálculo ao esmagamento (pressão de apoio)

$$\sigma_{Rd} = \frac{1{,}5 f_y}{f_y \gamma_{a1}} \tag{9.7}$$

em que f_y é a menor tensão de escoamento das partes em contato.

c) Resistência ao corte do pino

$$V_{Rd} = A_w (0{,}6 f_y) / \gamma_{a1} = (0{,}75 A_g)(0{,}6 f_y) / \gamma_{a1} \tag{9.8}$$

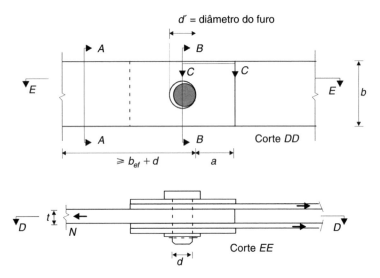

Fig. 9.12 Ligação de barras com pino.

O dimensionamento das chapas de ligação é feito pelas tensões de tração na seção *A-A* (escoamento da seção bruta), na seção *B-B* (ruptura da seção líquida) e de rasgamento na seção *C-C* (Fig. 9.12).

Seção *B-B*

$$N_d \leq A_e f_u / \gamma_{a2} \tag{9.9}$$

Com $A_e = 2t\, b_{ef} \leq (b - d')t$, sendo $b_{ef} = 2t + 16$ mm.

Seção C-C

$$N_d \leq \frac{0{,}60 A_{sf} f_u}{\gamma_{a2}} \qquad (9.10)$$

com $A_{sf} = 2t\left(a + \dfrac{d}{2}\right)$.

São recomendadas as seguintes relações geométricas, na região do furo:

$$a \geq 1{,}33\, b_{ef} = 1{,}33(2t + 16 \text{ mm}) \qquad (9.11)$$
$$d' \leq d + 1 \text{ mm}$$

9.8 APOIOS MÓVEIS COM ROLOS

Rolos metálicos maciços podem ser utilizados como apoios móveis (Figs. 9.13a,b). Em geral, utiliza-se um único rolo. Para diminuir a altura, podem-se usar dois rolos (Fig. 9.13c), colocando uma rótula na chapa superior. O sistema deve ser isostático, para garantir distribuição uniforme da carga pelos rolos. As chapas de contato com o rolo devem ser usinadas.

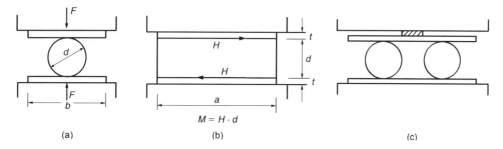

Fig. 9.13 Apoios móveis com rolo; rolo metálico com esforço transversal H.

Para o dimensionamento do rolo, é determinante a tensão de contato entre a chapa e a geratriz do rolo. Em regime elástico, a tensão é expressa pela conhecida Fórmula de Hertz. Como os valores utilizados para as tensões são muito elevados, dá-se plastificação local na área de contato, não sendo, portanto, coerente o emprego de fórmula elástica. Por isso, utilizam-se fórmulas de resistência pós-escoamento, função da área diametral média ad. Para aparelhos de apoio cilíndricos sobre superfícies planas, tem-se [ABNT NBR 8800:2008, com base em AREA (1936)]:

$$d \leq 635 \text{ mm} \qquad F_{Rd} = \frac{1}{\gamma_{a2}} \frac{1{,}2(f_y - \sigma)}{20} ad \quad \text{(N)} \qquad (9.12a)$$

$$d > 635 \text{ mm} \qquad F_{Rd} = \frac{1}{\gamma_{a2}} \frac{6{,}0(f_y - \sigma)}{20} a\sqrt{d\, d_{aux}} \quad \text{(N)} \qquad (9.12b)$$

268 CAPÍTULO 9

em que:

F_{Rd} = força resistente de projeto à pressão de contato (N);
a = comprimento do rolo (mm);
d = diâmetro do rolo (mm);
d_{aux} = 25,4 mm;
σ = 90 MPa;
f_y = menor tensão de escoamento das partes em contato (MPa).

Os rolos podem ser fabricados em aços estruturais (MR250 ou AR345) ou em aços de denominação mecânica (1020, 1045 etc.). Como a pressão de contato é o fator determinante, fazem-se apoios de rolo em que as superfícies de contato são revestidas com uma capa de 5 a 10 mm de aço-cromo inoxidável, de alta resistência. Esses apoios podem trabalhar com pressões de contato mais elevadas, resultando em tensões diametrais correspondentemente mais altas que as dos apoios comuns.

Nos rolos com esforços transversais importantes (Fig. 9.13b), pode-se considerar no dimensionamento o momento provocado por tais esforços, obtendo-se a pressão diametral máxima com a equação:

$$\sigma_{d\,máx} = \frac{F_d}{ad} + \frac{6M_d}{da^2} = \frac{F_d}{ad} + \frac{6H_d}{a^2} \tag{9.13}$$

As placas de apoio dos rolos são dimensionadas à flexão. No caso da Fig. 9.13a (apenas força F_d), obtemos:

a) Tensão de cálculo no apoio da placa sobre a base

$$\frac{F_d}{ba} \tag{9.14}$$

b) Espessura da placa

$$t \geq \sqrt{\frac{F_d b}{2} \times \frac{\gamma_{a1}}{a f_y}} \tag{9.15}$$

9.9 BASES DE COLUNAS

As bases de colunas podem ser classificadas em duas categorias:

a) Bases destinadas a transferir à fundação forças de compressão e de corte (forças P e H na Fig. 9.14a);
b) Bases para transferência de momento à fundação, além da força vertical e horizontal (Fig. 9.14b).

No primeiro caso, a base da coluna é considerada rotulada na fundação, e as tensões de contato são consideradas uniformemente distribuídas. Neste caso não há, teoricamente, necessidade de tirantes de ancoragem, adotando-se ancoragens construtivas convencionais.

Na segunda categoria (Fig. 9.14b), para pequenas excentricidades de carga, as tensões de compressão se estendem por toda a superfície de contato, bastando adotar ancoragens

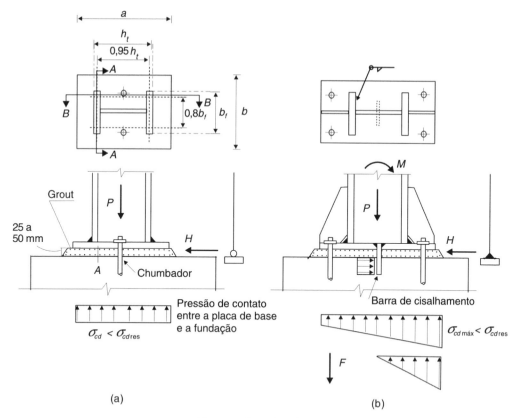

Fig. 9.14 Base de coluna.

construtivas. Para grandes excentricidades de carga, não é possível uma distribuição contínua de tensões entre a placa de base e a fundação, pois o contato não desenvolve tensões de tração. Dessa forma, a resultante de tração é absorvida pelos tirantes de ancoragem (chumbadores). O problema é análogo ao de uma seção de concreto armado sujeita à flexão, em que a compressão é resistida pelo concreto, e a tração é absorvida pela armadura. Mais detalhes podem ser encontrados em Queiroz e Vilela (2012) e Bellei *et al.* (2014).

As dimensões em planta da placa de base (área A_1) são determinadas pela tensão resistente à compressão do concreto do bloco de fundação:

$$\sigma_{Rd} = \frac{f_{ck}}{\gamma_c \gamma_n}\sqrt{A_2/A_1} \le f_{ck} \tag{9.16}$$

em que:

$\gamma_n = 1,40$;
A_1 = área carregada sob a placa de base;
A_2 = área da superfície de concreto (com mesmo centro de A_1) $\le 4\,A_1$;
f_{ck} = resistência característica à compressão do concreto.

A placa de base fica sujeita às pressões no contato com a fundação, e para a determinação de sua espessura calculam-se os momentos fletores nas seções *AA* e *BB* da Fig. 9.14*a*,

270 CAPÍTULO 9

considerando-se "vigas" em balanço nas duas direções. A espessura é então obtida pela resistência à flexão da placa.

Para grandes excentricidades da força normal, há interesse em afastar do centro a linha de ação da reação F dos chumbadores tracionados. Para enrijecer a placa de base, que fica sujeita à flexão sob cargas concentradas dos chumbadores no lado tracionado, são soldados ao pilar e à própria placa enrijecedores verticais, como ilustrado na Fig. 9.14b.

Para a transmissão da reação horizontal, podem ser utilizadas barras de cisalhamento, soldadas ao pilar e embutidas no concreto da fundação. Quando não forem utilizadas essas barras de cisalhamento, a reação horizontal pode ser considerada transmitida por atrito entre as superfícies de contato, cujo valor máximo é dado por

$$F_{at\,máx} = \mu P \tag{9.17}$$

em que P é a força vertical e μ o coeficiente de atrito que depende das condições e materiais do contato.

De acordo com algumas normas, a força horizontal pode ainda ser considerada transmitida pela resistência a corte dos chumbadores.

Em geral, os chumbadores são barras redondas de aço SAE 1020 ($f_y = 240$ MPa e $f_y = 390$ MPa) ou ASTM A36. Eles precisam estar devidamente ancorados no concreto por aderência com gancho ou por apoio de chapas embutidas na fundação. O dimensionamento a corte e tração dos chumbadores pode ser feito com os mesmos critérios de parafusos e barras rosqueadas descritos na Seção 3.3.

É usual prever, na montagem da coluna, uma folga entre a face inferior da placa de base e a fundação, a qual é preenchida com "grout" após o nivelamento da coluna.

9.10 PROBLEMAS RESOLVIDOS

9.10.1 Calcular a emenda do perfil soldado VS 600×95, aço MR250, para transmitir 50 % da capacidade do perfil à flexão e o esforço cortante de 120 kN. A emenda está localizada em um ponto da viga em que o momento fletor solicitante é menor que 50 % do momento resistente. Usar parafusos A325 em ligação por apoio com rosca no plano de corte.

Solução
a) Propriedades geométricas do perfil
Da tabela de perfis VS, obtêm-se as seguintes características:
Chapa da alma $8,0 \times 575$ mm

$$A_w = 0,8 \times 57,5 = 46,0 \text{ cm}^2$$

Chapa da mesa $12,5 \times 300$ mm

$$A_f = 1,25 \times 30 = 37,5 \text{ cm}^2$$

$$Z_x = 2864 \text{ cm}^3$$

Ligações – Apoios 271

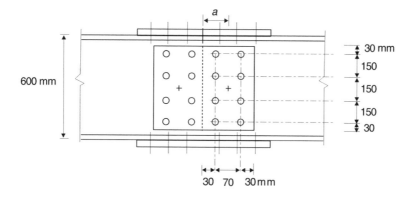

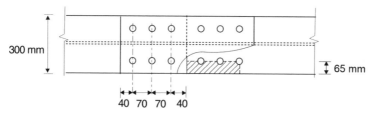

Fig. Probl. 9.10.1

b) Esforços solicitantes na emenda

$V_d = 1,4 \times 120 = 168$ kN

$M_d = 50\% \times Zf_y / 1,10 = 0,5 \times 2864 \times 25 / 1,10 = 32.550$ kNcm $= 325,5$ kNm

Parcela do momento a ser absorvida pela alma

$$M_{wd} = M_d \frac{A_w/6}{A_f + A_w/6} = 325,5 \frac{7,7}{37,5+7,7} = 55,5 \text{ kNm}$$

Momento a ser absorvido pelas mesas

$$M_{fd} = 325,5 - 55,5 = 270,0 \text{ kNm}$$

Esforço axial em cada mesa

$$\frac{270,0}{0,60 - 0,0125} = 459,6 \text{ kN}$$

c) Emenda da mesa

Utilizam-se chapas de emenda de 12,5 mm de espessura. As chapas devem ser verificadas como peças tracionadas em uma ligação a corte simples.

Admitindo-se o uso de seis parafusos com a distribuição indicada na figura, obtém-se a área necessária de cada parafuso trabalhando a corte simples

$$A_b = \frac{459,6 \times \gamma_{a2}}{6 \times 0,7 \times 0,6 f_u} = \frac{459,6 \times 1,35}{6 \times 0,7 \times 0,6 \times 82,5} = 2,99 \text{ cm}^2$$

272 CAPÍTULO 9

São adotados parafusos de 22 mm (7/8″) de diâmetro.

Ruptura da seção líquida das chapas

Área líquida

$$A_n = 1,25 \left[30 - 2 \times (2,22 + 0,35) \right] = 31,07 \text{ cm}^2$$

$$R_{nt} / \gamma_{a2} = A_n f_u / 1,35 = 31,07 \times 40 / 1,35 = 920,6 \text{ kN} > 459,6 \text{ kN}$$

Pressão de apoio e rasgamento entre furo e borda

$$R_n / \gamma_{a2} = 1,2 \times (4,0 - 1,3) \times 1,25 \times 40 \times 6 / 1,35 = 720 \text{ kN} > 459,6 \text{ kN}$$

Cisalhamento de bloco na mesa tracionada (admite-se tala com espessura igual ou maior que 12,5 mm)

$$A_{nt} = 2 \times 1,25 \times (6,5 - 0,5 \times 2,55) = 13,06 \text{ cm}^2$$

$$A_{gv} = 2 \times 1,25 \times 18,0 = 45,0 \text{ cm}^2$$

$$A_{nv} = 2 \times 1,25 \times (18,0 - 2,5 \times 2,55) = 29,06 \text{ cm}^2$$

$$R_{dt} = (0,6 \times 40 \times 29,06 + 40 \times 13,06) / 1,35 = 904 \text{ kN}$$

$$R_{dt} = (0,6 \times 25 \times 45,0 + 40 \times 13,06) / 1,35 = 887 \text{ kN} > 459,6 \text{ kN}$$

d) Emenda da alma

Para a alma são colocadas duas chapas de emenda, uma de cada lado. O parafuso trabalha então a corte duplo. Vamos utilizar parafusos de 16 mm (5/8″).

Resistência de 1 parafuso em corte duplo

$$R_{nv} / \gamma_{a2} = 2(0,7 \times 1,98) \times 0,6 \times 82,5 / 1,35 = 101,6 \text{ kN}$$

Espessura mínima da chapa de emenda em função da pressão de contato

$$t = \frac{101,6 \times 1,35}{2 \times 2,4 \times 1,6 \times 40} = 0,45 \text{ cm}$$

As chapas podem ter espessura de 6,3 mm ($\sim 0,8 t_w$).

Para transmitir o esforço cortante bastariam apenas dois parafusos de $\phi 16$ mm. Vamos admitir oito parafusos em cada chapa e calcular o esforço no parafuso mais solicitado, levando em conta o momento torsor na ligação:

$$M_{0d} = 55,2 + 168 \times 0,065 = 66,1 \text{ kNm}$$

O momento de inércia do conjunto dos parafusos é proporcional a

$$\sum x^2 + \sum y^2 = 8 \times 3,5^2 + 4(22,5^2 + 7,5^2) = 2348 \text{ cm}^2$$

Os maiores esforços de corte nos parafusos provocados pelo momento são

$$F_{yd} = \frac{6612}{2348} \times 3,5 = 9,85 \text{ kN}$$

$$F_{xd} = \frac{6612}{2348} \times 22,5 = 63,4 \text{ kN}$$

O esforço cortante V_d produz

$$F_{yd} = \frac{168}{8} = 21,0 \text{ kN}$$

Esforço resultante máximo no parafuso mais solicitado

$$F_d = \sqrt{(9,9+21)^2 + 63,4^2} = 70,5 \text{ kN} < 101,6 \text{ kN}$$

Resistência ao rasgamento entre furo e borda da chapa de emenda

$$R_n / \gamma_{a2} = 1,2 \times (3,0-1,0) \times 0,63 \times 2 \times 40 / 1,35 = 89,6 \text{ kN} > 70,5 \text{ kN}$$

Resistência ao cisalhamento da chapa da alma (ruptura na seção líquida)
Área líquida

$$A_n = (57,5 - 4 \times 1,9) \times 0,8 = 40,0 \text{ cm}^2$$
$$R_n / \gamma_{a2} = A_n 0,6 f_u / 1,35 = 40,0 \times 0,6 \times 40 / 1,35 = 711 \text{ kN} > 168 \text{ kN}$$

Resistência à flexão das chapas de emenda da alma

$$Z f_y / \gamma_{a1} = 2 \times 0,63 \times \frac{51^2}{4} \times 25 / 1,10 = 18.620 \text{ kNcm} = 186 \text{ kNm} > M_{0d} = 66,1 \text{ kNm}$$

9.10.2 Dimensionar a ligação entre viga e coluna ilustrada para a reação $V = 150$ kN. Usar parafusos A325 em ligação por apoio (rosca fora do plano de corte); eletrodos E60; cantoneiras 76 × 9,1 kg/m em aço A36.

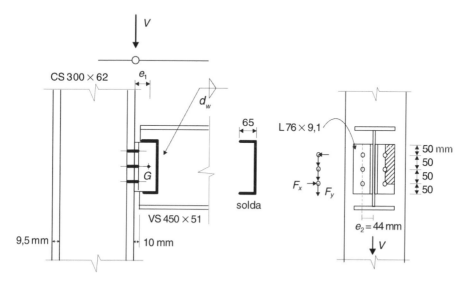

Fig. Probl. 9.10.2

Solução
a) Esforço solicitante de projeto

$$V_d = 1,4 \times 150 = 210 \text{ kN}$$

274 CAPÍTULO 9

b) Ligação com parafusos A325

Admitindo-se a utilização de três parafusos (rosca fora do plano de corte) em cada cantoneira, obtém-se a área necessária de cada parafuso sem considerar a excentricidade e_2:

$$A_g = \frac{210 \times 1,35}{6 \times 0,5 \times 82,5} = 1,15 \text{ cm}^2$$

Adotam-se parafusos $d = 16$ mm ($A_g = 1,98$ cm^2) espaçados de $3d \approx 50$ mm

Esforço no parafuso mais solicitado, considerando-se a excentricidade e_2:

$$F_{dy} = \frac{V_d}{6} = \frac{210}{6} = 35 \text{ kN}$$

$$F_{dx} = \frac{V_d}{2} \frac{4,4}{10} = \frac{210}{2} \times 0,44 = 46,2 \text{ kN}$$

$$F_d = \sqrt{35^2 + 46,2^2} = 58,0 \text{ kN}$$

Resistência ao corte de um parafuso (rosca fora do plano de corte)

$$R_n / \gamma_{a2} = 1,98 \times 0,5 \times 82,5 / 1,35 = 60,5 \text{ kN} > F_d$$

Resistência ao rasgamento e pressão de apoio na chapa da cantoneira

Apoio

$$R_n / \gamma_{a2} = 2,4 \times 1,6 \times 0,8 \times 40 / 1,35 = 91,0 \text{ kN} > 58 \text{ kN}$$

Rasgamento

$$R_n / \gamma_{a2} = 1,2 \times (5,0 - 1,9) \times 0,8 \times 40 / 1,35 = 88,2 \text{ kN} > 58 \text{ kN}$$

c) Ligação soldada das cantoneiras sujeita ao esforço cortante V_d e ao momento torsor $V_d e$ (ver Subseção 4.4.5)

Centroide da linha de solda

$$\frac{2 \times 6,5^2 / 2}{2 \times 6,5 + 20} = 1,30 \text{ cm}$$

Excentricidade

$$e_1 = 76 - 13 = 63 \text{ mm}$$

Momento polar de inércia da linha de solda com espessura da garganta t (Tabela A.8)

$$I_p = t \frac{8 \times 6,5^3 + 6 \times 6,5 \times 20^2 + 20^3}{12} - \frac{6,5^4}{2 \times 6,5 + 20} = t\ 2095 \text{ cm}^4$$

Esforço por unidade de comprimento em função do cortante

$$\tau_y t = \left[\frac{V_d}{2\ell} \right] = \frac{210}{2 \times (2 \times 6,5 + 20)} = 3,18 \frac{\text{kN}}{\text{cm}}$$

Esforço máximo por unidade de comprimento em razão do momento torsor (ver Subseção 4.4.3).

Os pontos mais solicitados serão os mais afastados de G. Nas extremidades livres dos filetes horizontais, obtém-se:

$$\tau_x t = \frac{M_d}{I_p / t} y = \frac{210 \times 6,3}{2} \frac{10}{2095} = 3,15 \text{ kN/cm}$$

$$\tau_y t = \frac{M_d}{I_p / t} x = \frac{210 \times 6,3}{2} \times \left(\frac{6,5 - 1,3}{2095} \right) = 1,64 \text{ kN/cm}$$

Esforço resultante

$$\sqrt{(3,18 + 1,64)^2 + 3,15^2} = 5,75 \text{ kN/cm}$$

Esforço resistente de projeto, aço MR250, eletrodo E60 Eq. (4.9b): 18,4t kN/cm

Espessura t da garganta de solda. Como a chapa mais delgada tem espessura igual a 6,3 mm, a menor dimensão do filete para evitar resfriamento brusco é $d_w = 5$ mm.

$$18,4t_w = 5,75 \therefore t_{mín} = 0,31 \text{ mm}$$

$$d_w = t_w / 0,7 = 4,5 \text{ mm}$$

Adota-se $d_w = 5$ mm.

d) Cantoneiras sujeitas a cisalhamento e flexão (ver Subseção 3.3.8)

Esforços solicitantes

$$\frac{V_d}{2} = \frac{210}{2} = 105 \text{ kN}$$

$$M_d = \frac{V_d e_2}{2} = 105 \times 4,4 = 462 \text{ kN/cm}$$

Resistência à ruptura por cisalhamento na seção líquida.

$$R_n / \gamma_{a2} = A_n (0,6 f_u) / 1,35 = (20 - 3 \times 1,9) \times 0,8 \times 0,6 \times 40 / 1,35 =$$
$$203 \text{ kN} > 105 \text{ kN}$$

Resistência ao escoamento por cisalhamento

$$R_n / \gamma_{a1} = (20 \times 0,8) \times 0,6 \times 25 / 1,10 = 218 \text{ kN} > 105 \text{ kN}$$

Resistência ao cisalhamento de bloco $(0,6 f_u A_{nv} > 0,6 f_y A_{gv})$

$$R_d = \left[0,6 \times 25 \times 15 \times 0,8 + 40 \times (3,2 - 0,95) \times 0,8 \right] / 1,35 = 186,7 > 105 \text{ kN}$$

Módulo de resistência à flexão da seção líquida à flexão

$$I = \left[\frac{20^3}{12} - 3 \times \left(\frac{1,6 + 0,35}{12} \right)^3 - 2 \times 1,95 \times 5^2 \right] 0,8 = 453,8 \text{ cm}^4$$

$$W = \frac{453,8}{10} = 45,4 \text{ cm}^3$$

276 CAPÍTULO 9

Tensão normal de flexão

$$\frac{462}{45,4} = 10,2\frac{kN}{cm^2} < 25/1,10 = 22,7 \text{ kN/cm}^2$$

(Ver Seção 9.3 do Projeto Integrado – Memorial Descritivo 🔲)

9.10.3 Dimensionar um aparelho de apoio constituído por um rolo de aço MR250, submetido a uma força vertical $F = 250$ kN e uma força horizontal $H = 50$ kN (ver Fig. 9.13). Os esforços são do tipo permanente. Admitir $b = 25$ cm.

Solução

O dimensionamento deve então obedecer à condição ($d \leq 635$ mm):

$$1,3\left(\frac{F}{ad} + \frac{6H}{a^2}\right) \leq \frac{1,2\times(250-90)}{1,35\times 20} = 7,11 \text{ MPa}$$

Supondo um rolo com um comprimento de 35 cm, a condição anterior nos permite calcular o diâmetro necessário.

$$1,3\left(\frac{250}{35d} + \frac{6\times 50}{35^2}\right) \leq 0,71 \therefore d > 23,7 \text{ cm}$$

Usaremos $d = 240$ mm.

A espessura da placa é determinada pela sua resistência à flexão. Admitindo-se distribuição linear de pressões na base e tomando-se um valor médio de pressão em meia placa ($a/2 = 17,5$ cm), tem-se:

$$\sigma_{cd} = 1,3\left(\frac{250}{25\times 35} + \frac{1}{2}\frac{50\times 24}{25\times 35^2/6}\right) = 0,524 \text{ kN/cm}^2$$

$$\frac{M_d}{a} = 0,524\times\frac{12,5^2}{2} = 40,96 \frac{\text{kN cm}}{\text{cm}} < \frac{t^2}{4}\frac{f_y}{\gamma_{al}} \therefore t > 2,7 \text{ cm}$$

Podemos adotar uma chapa de apoio com espessura $t = 1\ 1/8'' = 28,6$ mm.

9.10.4 Dimensionar uma ligação com pino para transmitir um esforço de tração de 500 kN. Usar chapas de 25,4 mm e 50,8 mm (2″) de aço MR250, na região da ligação. Admitir carga do tipo variável.

Solução

a) Determinação do diâmetro do pino

O diâmetro do pino é, em geral, determinado pela resistência à flexão Eq. (9.6a).

Admitindo, de forma conservadora, que o pino está sujeito a cargas concentradas aplicadas no centro das placas, calcula-se seu momento fletor máximo (no meio do vão):

$$M_d = 1,4\times\left(\frac{500\times 7,62}{4}\right) = 1,4\times 952,5 = 1333 \text{ kNcm}$$

$$M_{Rd} = 1,2\times\frac{\pi d^3}{32}\times\frac{25}{1,1} > 1333 \therefore d > 7,93 \text{ cm}$$

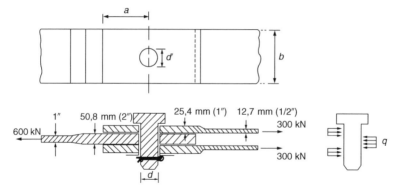

Fig. Probl. 9.10.4

Adotado $d = 8$ cm.

b) Verificação a corte e pressão de apoio
   Corte

$$V_{Rd} = 0,75 \times \pi \times \frac{8^2}{4} \times 0,6 \times 25/1,1 = 514 \text{ kN} > V_d = 1,4 \times 250 = 350 \text{ kN}$$

Apoio (esmagamento)

$$F_{Rd} = 5,08 \times 8 \times 1,5 \times 25/1,35 = 1128 \text{ kN} > 1,4 \times 500 \text{ kN}$$

c) Determinação da largura b da chapa de ligação. A largura b pode ser determinada com a Eq. (9.9).
   Diâmetro do furo $d' = 8 + 0,10 = 8,10$ cm.

$$A_e = 2 \times 5,08(2 \times 5,08 + 1,6) = 119,5 \text{ cm}^2 \leq (b - 8,10) \times 5,08 \therefore b \geq 31,6 \text{ cm}$$

(Adotar 32 cm)

$$(1,4)500 \leq 119,5 \times 40/1,35 = 3540 \text{ kN}$$

d) Relações geométricas Eq. (9.11)

$$a > 1,33(2 \times 5,08 + 1,6) = 15,6 \text{ cm}$$

(Adotar 16 cm)

e) Verificação do rasgamento na chapa

$$A_{sf} = 2 \times 5,08\left(16 + \frac{8}{2}\right) = 203,2 \text{ cm}^2$$

$$N_d = 1,4 \times 600 < 0,6 \times 203,4 \times 40/1,35 = 6586 \text{ kN}$$

f) Espessura das chapas fora da região do pino

$$1,4 \times 600 \leq 25 \times 32t/1,10$$

$$t \geq 1,15 \text{ cm}$$

Podemos adotar espessura 25,4 mm para a chapa central e 12,7 mm para as chapas laterais.

9.10.5 Calcular as dimensões da placa de base de uma coluna CS 300 × 62, sujeita a uma carga vertical de 800 kN e uma carga horizontal de 60 kN. Admitir a placa apoiada em concreto armado com f_{ck} = 20 MPa, e chumbadores de aço SAE1020.

Solução
a) Dimensões em planta da placa de base

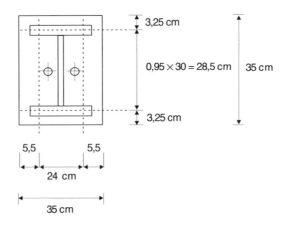

Fig. Probl. 9.10.5

Tomando, de forma conservadora, $A_2/A_1 = 1$, tem-se:

$$N_d = 1,4 \times 800 < f_{ck} A_1 / (1,4 \times 1,4) = 0,51 \times 2,0 \times A_1 \therefore A_1 > 1098 \text{ cm}^2$$

Pode-se adotar uma placa quadrada 35 × 35 cm²

$$A = 35 \times 35 = 1225 \text{ cm}^2 > 1098 \text{ cm}^2$$

b) Espessura da chapa de base
O dimensionamento será feito com base na resistência à compressão do concreto.

$$0,85 f_{ck} / \gamma_c = 0,85 \times 20 / 1,4 = 12,1 \text{ MPa}$$

Com o maior balanço, igual a 5,5 cm, calcula-se o momento fletor na placa em uma faixa unitária.

$$M_d = 1,21 \times \frac{5,5^2}{2} = 18,3 \text{ kNcm/cm}$$

Momento resistente de seção de largura unitária e espessura t

$$M_{Rd} = Z f_y / \gamma_{a1}$$

$$M_{Rd} = \frac{t^2}{4} \times 25 / 1,1 \geq M_d = 18,3 \text{ kNcm/cm}$$

$t > 1,79$ cm, adota-se $t = 20$ mm

c) Diâmetro dos chumbadores

A força horizontal será transmitida à fundação por meio de dois chumbadores de diâmetro d em aço SAE1020 (f_u = 390 MPa).

Resistência ao corte [Eq. (3.1b)]

$$R_d = 2 \times 0{,}40\, A_g f_u / 1{,}35 > 1{,}4 \times 60 = 84 \text{ kN} \therefore A_g > 3{,}6 \text{ cm}^2$$

Adotados dois chumbadores $\phi 22$ mm ($A_g = 3{,}8$ cm²).

9.10.6 Determinar a espessura t_0 do consolo em aço MR250 da figura para a reação de projeto de 130 kN da viga de perfil W 360 × 32,9. Dimensionar a ligação soldada do consolo ao pilar.

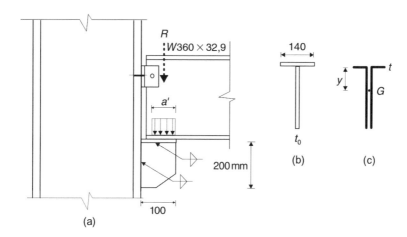

Fig. Probl. 9.10.6

Solução

a) Espessura do enrijecedor. A espessura da chapa do enrijecedor deve ser maior do que a espessura da alma da viga, $t_0 > 5{,}8$ mm.

Para evitar a flambagem local, deve-se satisfazer

$$\frac{100}{t_0} < 16 \therefore t_0 > 6{,}3 \text{ mm}$$

Podemos adotar para o enrijecedor uma espessura $t_0 = 12{,}5$ mm (1/2").

Resistência ao escoamento por cisalhamento na face vertical soldada

$$130 < F_{Rd} = h t_0 0{,}6 f_y / \gamma_{a1} = 20 \times 1{,}25 \times 0{,}6 \times 40 / 1{,}10 = 341 \text{ kN}$$

A chapa da mesa do consolo poderá também ter 12,5 mm de espessura.

b) Excentricidade da carga

Escoamento local da alma

$$F_{Rd} = (2{,}5 \times 1{,}2 + \ell_n) \times 25 \times 0{,}58 > 130 \text{ kN} \therefore \ell_n \cong 60 \text{ mm}$$

280   CAPÍTULO 9

Enrugamento da alma

$$F_{Rd} = \frac{0,825}{1,10} \times 0,4 \times 0,58^2 \left[1 + 3\frac{\ell_n}{34,9}\left(\frac{0,58}{0,85}\right)^{1,5} \right] \times$$

$$\sqrt{20.000 \times 25 \times \frac{0,85}{0,58}} > 130 \text{ kN} \therefore \ell_n \simeq 10 \text{ mm}$$

Excentricidade da carga

$$e = 100 - \frac{60}{2} = 70 \text{ mm}$$

c) Dimensionamento da solda

Os cordões de solda estão sujeitos a corte e tração, sendo a região do topo da solda a mais solicitada.

Tensão de cisalhamento vertical

$$\tau_{yd} = \frac{130}{(12,7 + 2 \times 20)t} = \frac{2,47}{t}(\text{kN/cm}^2)$$

Para o cálculo da máxima tensão de cisalhamento horizontal, admite-se que o momento é transferido apenas pela solda.

Centro de gravidade da seção de solda

$$\overline{y} = \frac{2 \times 20^2 / 2}{2 \times 20 + 12,7} = 7,59 \text{ cm}$$

Momento de inércia

$$I = t\left[12,7 \times 7,59^2 + 2 \times \frac{20^3}{12} + 2 \times 20 \times 2,4^2 \right] = t \times 2297$$

Tensão de cisalhamento horizontal na parte superior da solda

$$\tau_{xd} = \frac{130 \times 7}{t \times 2297} \times 7,59 = \frac{3,01}{t}$$

Tensão resultante

$$\tau_d = \frac{1}{t}\sqrt{2,47^2 + 3,01^2} = \frac{3,89}{t}(\text{kN/cm}^2)$$

A tensão resistente, referida à garganta de solda, é dada por:
− Metal da solda (eletrodo E60)

$$0,6 \times 415/1,35 = 184 \text{ MPa}$$

– Dimensões do filete de solda

$$\frac{3,89}{t} < 18,4 \therefore t > 0,21 \text{ cm}; d_w = \frac{t}{0,7} > 0,30 \text{ cm}$$

Adota-se a dimensão d_w = 5 mm, que é a mínima para chapa mais fina de 12,5 mm de espessura (ver Subseção 4.2.2).

9.11 PROBLEMAS PROPOSTOS

9.11.1 Nos modelos estruturais, os nós são geralmente considerados perfeitamente rígidos ou rotulados, condições estas dificilmente materializadas. Exemplifique detalhes de ligações que se aproximam dos casos ideais considerados nos modelos teóricos.

9.11.2 Dimensionar a ligação entre viga e coluna ilustrada para a reação igual a 100 kN. No cálculo da ligação soldada, considerar as excentricidades e_1 e e_2 da reação de apoio. Usar parafusos A325 em ligação por apoio com rosca fora do plano; eletrodo E60; aço MR250.

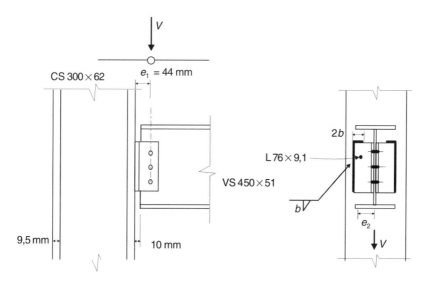

Fig. Probl. 9.11.2

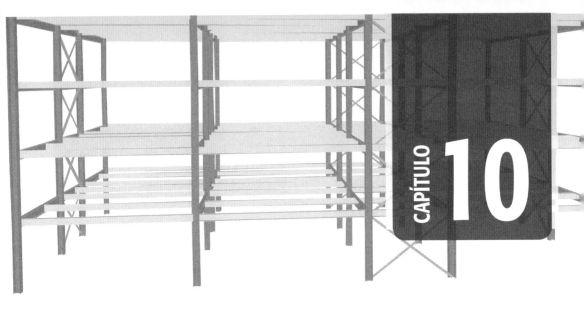

Vigas Mistas Aço-Concreto

10.1 INTRODUÇÃO

10.1.1 Definição

Denomina-se viga mista aço-concreto a viga formada pela associação de um perfil de aço com uma laje de concreto, sendo os dois elementos ligados por conectores mecânicos, conforme ilustrado na Fig. 10.1a.

No sistema misto, a laje de concreto é utilizada com duas funções:

- Laje estrutural
- Parte do vigamento.

Em estruturas de edifícios e pontes, nas quais a laje desempenha suas duas funções eficientemente, o emprego de vigas mistas conduz a soluções econômicas.

Em edificações, um sistema utilizado correntemente é o da viga com fôrma metálica incorporada à seção, conforme mostra a Fig. 10.1d. A concretagem da laje é feita sobre chapas de aço corrugadas que, após o endurecimento do concreto, permanecem incorporadas à viga mista. As nervuras da chapa podem ser paralelas ou perpendiculares ao eixo da viga. A aderência conferida por indentações e mossas existentes na chapa permite que esta atue como armadura da laje de concreto, além de escoramento, resultando em um sistema estrutural de laje mista aço-concreto bastante eficiente e econômico.

Além da viga mista tradicional, outros sistemas compostos de concreto e aço têm sido desenvolvidos e empregados, como colunas mistas (perfil de aço envolvido por concreto, ou perfil tubular preenchido com concreto) e vigas embutidas no concreto, ilustradas nas Figs. 10.1b, c. O tratamento de pilares mistos pode ser encontrado em Queiroz et al. (2001).

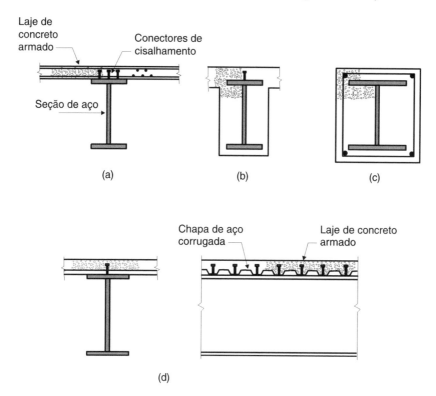

Fig. 10.1 Estruturas mistas aço-concreto: (a) viga mista típica e seus elementos; (b) viga com perfil de aço embebido no concreto; (c) pilar misto; (d) viga mista com fôrma metálica (*steel deck*) com nervuras dispostas perpendicularmente ao eixo da viga.

10.1.2 Histórico

As vigas mistas passaram a ter grande utilização após a Segunda Guerra Mundial. Anteriormente, empregavam-se vigas metálicas com lajes de concreto, sem considerar no cálculo a participação da laje no trabalho da viga. Esta participação já era, entretanto, conhecida e comprovada pelas medidas de flechas das vigas com lajes de concreto. A carência de aço após a guerra levou os engenheiros europeus a utilizar laje de concreto como parte componente do vigamento, iniciando-se pesquisas sistemáticas que esclareceram o comportamento da viga mista para esforços estáticos e cíclicos.

10.1.3 Conectores de Cisalhamento

Os conectores de cisalhamento são dispositivos mecânicos destinados a garantir o trabalho conjunto da seção de aço com a laje de concreto. O conector absorve os esforços cisalhantes horizontais que se desenvolvem na direção longitudinal na interface da laje com a mesa superior da seção de aço e ainda impede a separação física desses componentes; as formas construtivas utilizadas, algumas das quais estão ilustradas na Fig. 10.2, preenchem essas duas funções. Entre os tipos ilustrados, o pino com cabeça é o mais largamente utilizado.

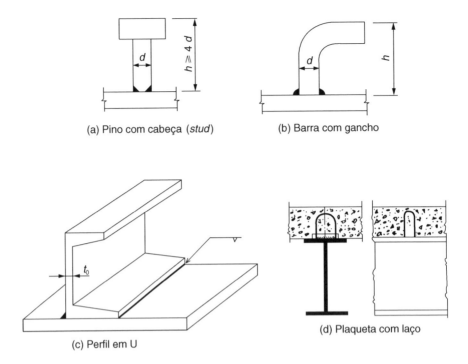

Fig. 10.2 Tipos usuais de conectores de cisalhamento.

O comportamento dos conectores e suas resistências a corte (Q_u) são determinados por ensaios padronizados (Fig. 10.3a) cujos resultados são dados em curvas esforço cortante × deslizamento (entre as superfícies do concreto e do aço), como ilustrado na Fig. 10.3b. De acordo com sua capacidade de deformação na ruptura (δ_u), os conectores podem ser classificados em dúcteis e não dúcteis. O conector tipo pino com cabeça é dúctil se satisfizer certas relações geométricas (ver Fig. 10.2a). A norma ABNT NBR 8800:2008 apresenta critérios de projeto para conectores tipo pino com cabeça e perfil U laminado ou formado a frio.

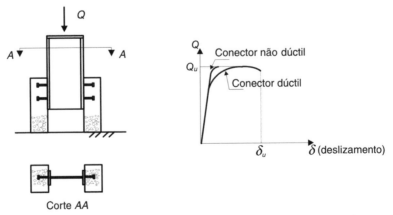

Fig. 10.3 Ensaio padronizado de deslizamento (Eurocódigo 4) para determinação de resistência Q_u do conector e suas caraterísticas de deformabilidade e de ductilidade.

10.1.4 Funcionamento da Seção Mista

A Fig. 10.4 apresenta duas situações de vigas simplesmente apoiadas sob carregamento vertical aplicado sobre a superfície da laje. A Fig. 10.4b refere-se a uma viga metálica não ligada à laje de concreto por meio de conectores. Desprezando-se o atrito entre os dois materiais na superfície de contato, ocorre o deslizamento, e os dois elementos, laje e viga, trabalham isoladamente à flexão, isto é, cada um participando da resistência à flexão de acordo com sua rigidez.

Nas vigas mistas cuja ligação concreto-aço é feita por meio de conectores dúcteis (Figs. 10.4c,d) distinguem-se duas etapas de comportamento para cargas crescentes até a ruptura (admite-se carga uniformemente distribuída em viga biapoiada, gerando os diagramas de esforços da Fig. 10.4a). O grau de interação entre a seção de aço e a laje de concreto é definido pela ocorrência ou não de deslizamento entre as superfícies do aço e do concreto:

a) Seção mista com interação total (sem deslizamento na interface aço-concreto – ver Fig. 10.4c).

No início do carregamento, o fluxo cisalhante H transferido pelos conectores (proporcional ao esforço cortante na viga) tem distribuição linear. Os conectores extremos (e, na Fig. 10.4c) são os mais solicitados, mas o esforço é pequeno e os conectores apresentam pouca deformação. Assim, pode-se dizer que não há deslizamento na interface aço-concreto. Vê-se, no diagrama de deformações longitudinais ε da seção, que a flexão se dá em torno do eixo que passa pelo centroide da seção mista.

b) Seção mista com interação parcial (com deslizamento na interface aço-concreto – ver Fig. 10.4d).

Com o acréscimo do carregamento e, consequentemente, do fluxo cisalhante horizontal, os conectores extremos passam a apresentar deformações mais significativas chegando à plastificação, enquanto os conectores intermediários (i) e centrais (c) ainda se encontram pouco deformados. A deformação plástica dos conectores se traduz em um deslizamento da interface aço-concreto e, como consequência, reduz-se a eficiência da seção mista à flexão. O diagrama de deformações ε apresenta duas linhas neutras que, entretanto, não são tão afastadas quanto aquelas mostradas na Fig. 10.4b para viga de aço e laje de concreto sem conectores.

Para muitas vigas mistas esse deslizamento é tão pequeno que pode ser desprezado. Entretanto, em certos casos, um deslizamento apreciável pode ocorrer para cargas em serviço, devendo-se garantir a segurança em relação ao estado limite de deslocamentos excessivos.

c) Ruptura

A ductilidade dos conectores permite que eles continuem a se deformar apesar de ter atingido sua resistência e que os acréscimos de esforços sejam transferidos aos conectores menos solicitados. Dessa forma, com o aumento de carregamento, as tensões normais, inicialmente em regime elástico, atingem o escoamento no aço e/ou a resistência no concreto. Desenvolve-se então a plastificação da seção mista desde que não ocorram, previamente, a flambagem local ou a flambagem lateral. Neste caso, a resistência de uma viga mista é determinada pela plastificação de um de seus componentes, a saber:

- concreto sob compressão
- aço sob tração (ou tração e compressão)
- conector sob cisalhamento horizontal.

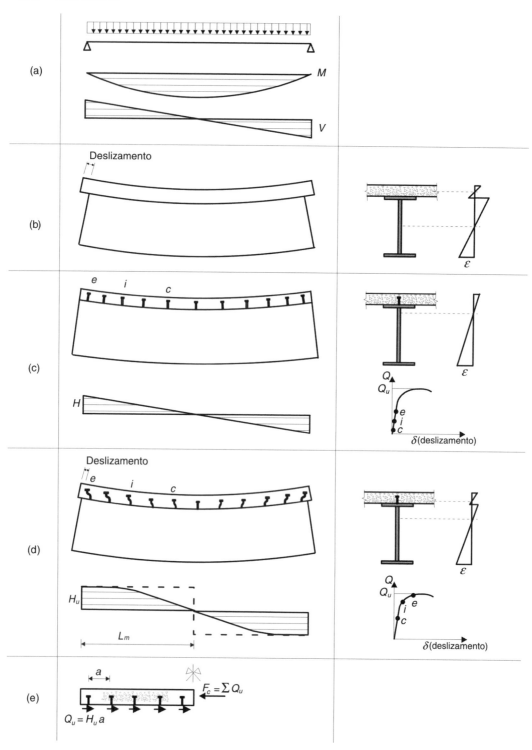

Fig. 10.4 Funcionamento da viga mista: (a) viga biapoiada sob carga uniformemente distribuída e seus diagramas de momento fletor M e esforço cortante V; (b) viga de aço e laje de concreto não ligadas por conectores; (c) viga mista com interação total; (d) viga mista com interação parcial; (e) diagrama de corpo livre da laje de concreto entre a seção de momento máximo e a seção de momento nulo, na ruptura.

A redistribuição do fluxo cisalhante H em decorrência da ductilidade dos conectores transforma o diagrama de H inicialmente triangular (Fig. 10.4c) em um diagrama aproximadamente retangular (Fig. 10.4d) na ruptura. Com isso os conectores podem ser uniformemente dispostos entre os pontos de momento máximo e momento nulo. O equilíbrio do diagrama de corpo rígido de laje de concreto entre esses pontos, ilustrado na Fig. 10.4e, fornece:

$$\sum Q = F_c$$

no qual Q é a força em cada conector e F_c é a resultante de compressão no concreto.

10.1.5 Resistência por Ligação Total e por Ligação Parcial a Cisalhamento Horizontal

Viga mista com ligação total a cisalhamento é aquela cujo momento fletor resistente não é determinado pelo corte dos conectores, isto é, o aumento no número de conectores não produz acréscimo de resistência à flexão (Eurocódigo 4). Em caso contrário, tem-se uma viga mista com ligação parcial a cisalhamento, que possui menos conectores que sua correspondente com ligação total. Em geral, a opção por um projeto com ligação parcial decorre do fator econômico. Portanto, o grau de ligação a cisalhamento horizontal, total ou parcial se refere à condição de estado limite último (resistência). Nos dois casos, a determinação da resistência à flexão é feita no regime plástico para seções de aço compactas.

Os diagramas tensão-deformação do aço e do concreto são mostrados na Fig. 10.5 juntamente com os diagramas simplificados utilizados no caso de viga mista.

A relação tensão × deformação do concreto em compressão é não linear. Nas aplicações em concreto armado, utiliza-se o diagrama idealizado parábola-retângulo, enquanto em estruturas mistas adota-se o diagrama rígido plástico para cálculos no estado limite último. Ambos os diagramas simplificados são afetados pelo fator 0,85 sobre a resistência característica f_{ck}, o qual leva em conta a redução de resistência do concreto sob cargas de longa duração em relação àquela obtida em ensaios rápidos. Não se considera a resistência do concreto à tração.

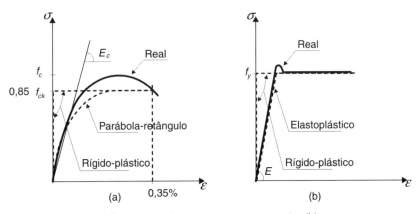

Fig. 10.5 Diagramas tensão-deformação: (a) concreto em compressão; (b) aço comum com patamar de escoamento.

A viga de ligação total atinge seu momento resistente com a plastificação do aço do perfil da viga ou do concreto da laje, e não por deficiência do conector. O cálculo do momento resistente é feito com tensões uniformes (diagramas rígidos-plásticos) ilustradas em linha tracejada na Fig. 10.6c. Esse diagrama de tensões plásticas admite a hipótese de ausência de deslizamento (interação completa) para o cálculo do momento resistente da seção mais solicitada. Entretanto, sabe-se que ocorre o acréscimo de deslizamento à medida que se aproxima a condição de ruptura.

A viga dimensionada para ter ligação parcial a cisalhamento possui número de conectores menor que o necessário para se atingir a resistência por ligação total, e seu momento resistente é função da resistência ao cisalhamento (horizontal) dos conectores. O diagrama de tensões plásticas utilizado neste caso é obtido a partir do diagrama de deformações da Fig. 10.4d, que decorre do deslizamento na interface aço-concreto (interação parcial).

Em relação ao dimensionamento dos conectores e sua disposição com distribuição uniforme (Fig. 10.4e) entre pontos de momentos máximo e nulo, admite-se o funcionamento de interação parcial (deslizamento) tanto para a viga com resistência por ligação total como por ligação parcial.

Na ABNT NBR 8800:2008, os termos *interação completa* e *interação parcial* são utilizados para designar as condições de resistência plástica que, na presente obra, denominam-se *ligação total* e *ligação parcial*, respectivamente.

As vigas projetadas para ter ligação total (condição de resistência) comportam-se para cargas em serviço com interação completa (deslizamento desprezível). Em vigas dimensionadas (no estado limite último) para ter ligação parcial, pode ocorrer deslizamento (interação parcial) para cargas em serviço (estado limite de utilização); por isso, o cálculo de deslocamentos neste caso é feito com propriedades geométricas reduzidas [Eq. (10.36)].

10.1.6 Retração e Fluência do Concreto

O concreto, após o seu endurecimento, apresenta uma retração volumétrica que depende das condições de cura e exposição. Nas vigas mistas, o encurtamento do concreto é impedido pela seção de aço, que permanece sob flexocompressão enquanto a laje fica tracionada.

O concreto sob compressão, em razão do momento fletor oriundo do carregamento, sofre efeito de fluência, deformando-se lentamente. Essa deformação, que ocorre para cargas de longa duração, pode chegar a três vezes o valor da deformação elástica instantânea.

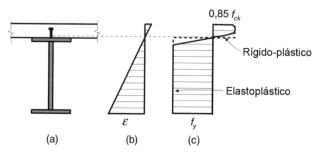

Fig. 10.6 Limite de resistência de viga de ligação total: (a) viga mista; (b) diagrama de deformações na seção; (c) diagramas de tensões na ruptura.

Por isso, nas verificações de deslocamento no estado limite de utilização, é necessário considerar o efeito de fluência.

10.1.7 Construções Escoradas e Não Escoradas

As vigas mistas podem ser construídas com ou sem escoramento. Nas vigas construídas com escoramento, a seção de aço não é solicitada durante o endurecimento do concreto. Uma vez atingida a resistência necessária ao concreto, o escoramento é retirado e as solicitações decorrentes do peso próprio (g) e outras cargas (q) aplicadas posteriormente atuam diretamente sobre a seção mista, resultando no diagrama de deformações apresentado na Fig. 10.7b.

No caso de viga construída sem escoramento, o peso do concreto fresco e o peso próprio de aço atuam apenas na seção de aço. As cargas q aplicadas após o endurecimento do concreto incidem sobre a seção mista, resultando no diagrama composto de deformações mostrado na Fig. 10.7c.

O comportamento da viga para ação de momentos fletores crescentes nos casos de construção escorada e não escorada é mostrado na Fig. 10.7d, onde se observa que os deslocamentos verticais decorrentes da carga g na viga escorada são bem menores do que na viga não escorada, uma vez que todo o carregamento ($g + q$) atua no sistema mais rígido da seção mista. Entretanto, no estado limite último, as tensões de plastificação que se desenvolvem em certa viga mista são as mesmas nos dois casos de construção e, portanto, a viga atinge o mesmo momento fletor resistente, seja ela escorada ou não.

Em decorrência do sistema construtivo, a viga não escorada pode apresentar problemas de deslocamentos excessivos durante a construção e em serviço. Por outro lado, evitam-se os custos do escoramento e restrições de espaço disponível na obra.

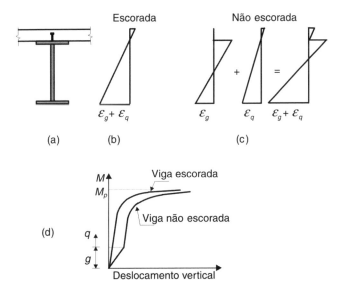

Fig. 10.7 Comportamento de vigas construídas com e sem escoramento: (a) viga mista; (b) diagrama de deformação na seção da viga escorada; (c) diagramas de deformação na seção da viga não escorada; respostas das vigas em termos de deslocamentos verticais para ação de cargas crescentes.

10.1.8 Vigas Mistas sob Ação de Momento Fletor Negativo

O comportamento na região de momento negativo de vigas contínuas ou em balanço é caracterizado pela tração da laje de concreto e sua consequente fissuração (Fig. 10.8a). Outra importante característica, em contraste com a região de momento positivo, é que a mesa comprimida (inferior) da seção de aço está livre e, portanto, fica sujeita à flambagem local (Fig. 10.8b). Além disso, a viga mista fica também sujeita à flambagem lateral, que, neste caso, ocorre sem a torção da seção em razão do impedimento oferecido pela laje de concreto (comparar as Figs. 10.8c e 6.12). A flambagem denomina-se, então, lateral por distorção, com a mesa inferior comprimida deslocando-se lateralmente e a alma deformando-se por flexão.

10.1.9 Vigas Contínuas e Semicontínuas

Nos pisos de edifícios, os segmentos de vigas mistas são ligados entre si e aos pilares ou outras vigas por meio de elementos de ligação entre os perfis de aço e através da laje de concreto para promover sua continuidade. Essas ligações são denominadas mistas, pois a laje participa da transferência do momento fletor de um segmento a outro.

Quando a ligação possui grande rigidez inicial à rotação (k da Fig. 10.9b) e sua resistência à flexão (M_{Rd}) é maior ou igual à da viga, o sistema pode ser analisado elasticamente como uma viga contínua (Fig. 10.9c). Em caso contrário, o sistema é analisado como viga semicontínua levando em conta as propriedades de rigidez e resistência das ligações. Isto pode ser efetuado com o modelo da Fig. 10.9d, no qual as ligações são representadas por molas à

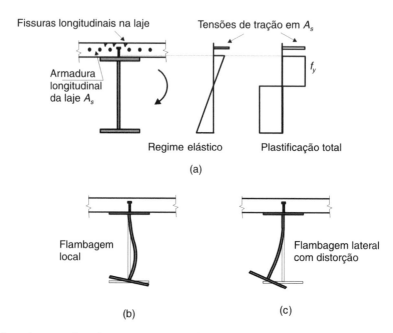

Fig. 10.8 Viga mista com laje de concreto tracionada e mesa inferior comprimida: (a) viga mista e diagramas de tensões na seção; (b) flambagem local da mesa inferior; (c) flambagem lateral com distorção da seção.

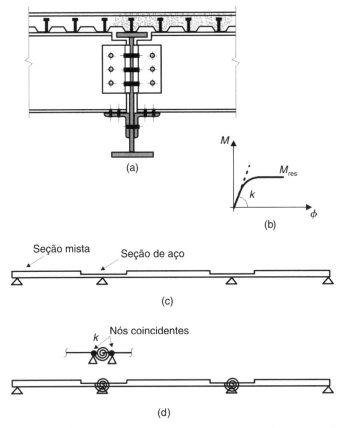

Fig. 10.9 Exemplo de ligação mista para compor uma viga contínua ou semicontínua.

rotação ligando os segmentos adjacentes da viga. Nos casos em que a resistência à flexão da ligação é inferior à da seção da viga mista, deve-se garantir que a ligação seja dúctil o suficiente para alcançar grandes rotações e permitir que a viga também atinja seu mecanismo de plastificação.

O comportamento das ligações, em termos de relação momento × rotação relativa (ver Fig. 9.3) que fornece as referidas propriedades de rigidez e resistência a serem usadas no modelo da viga semicontínua pode ser determinado pelo método dos componentes adotado pelo Eurocódigo 3 e descrito em Queiroz *et al.* (2001).

Tanto na viga contínua quanto na semicontínua em que a resistência da ligação é maior que a das vigas, o cálculo das solicitações pode ser feito em regime elástico utilizando-se, nas regiões de momento positivo, as propriedades geométricas da seção homogeneizada, obtida transformando-se a seção do concreto em uma seção de aço equivalente (ver Subseção 10.2.3). Na região de momento negativo, em virtude da fissuração, a contribuição da laje para a rigidez da viga é reduzida em relação à região de momento positivo (Fig. 10.9*b*). Entretanto, sob certas condições, as normas permitem fazer o cálculo das solicitações com a inércia da viga considerada uniforme e igual à da seção mista em região de momento positivo.

Este capítulo refere-se ao projeto de vigas mistas simplesmente apoiadas e à resistência de vigas mistas nas regiões de momento fletor positivo.

10.1.10 Critérios de Cálculo

10.1.10.1 Resistência à Flexão

Da mesma forma que para vigas de aço, as vigas mistas podem ter sua resistência à flexão determinada por:

- Plastificação da seção
- Flambagem local da seção de aço
- Flambagem lateral.

Nas regiões de momento positivo, não haverá flambagem lateral, já que a mesa comprimida da seção de aço está ligada com conectores à laje de concreto e, portanto, tem contenção lateral contínua. Com relação à flambagem local da seção de aço de vigas mistas, preveem-se dois casos (ver Subseção 6.2.2):

a) Seções compactas, nas quais a resistência por plastificação total da seção de aço é atingida.
b) Seções semicompactas, nas quais a situação de início de plastificação é considerada o limite de resistência à flexão.

Portanto, as normas ABNT NBR 8800:2008, Eurocódigo 4 e AISC indicam o cálculo do momento resistente de seções compactas com diagramas de tensões em regime plástico, enquanto, para seções semicompactas, o cálculo é feito em regime elástico. No caso de seções compactas, distinguem-se as vigas com resistência por ligação total e as com ligação parcial, dependendo de o momento resistente ser determinado pela plastificação total do concreto ou do aço da seção mista ou pela plastificação dos conectores, respectivamente. Para seções semicompactas essa distinção não se aplica, uma vez que seu dimensionamento é feito com tensões elásticas.

Nas regiões de momento negativo, o momento resistente é o mesmo da seção de aço. Alternativamente pode-se levar em conta a contribuição da armadura longitudinal distribuída na largura efetiva da laje tracionada (Fig. 10.8), desde que esteja adequadamente ancorada.

10.1.10.2 Resistência ao Cisalhamento

O esforço cortante resistente da viga mista é igual ao esforço cortante da seção de aço, conforme exposto no Cap. 6.

10.2 RESISTÊNCIA À FLEXÃO DE VIGAS MISTAS

10.2.1 Classificação das Seções Quanto à Flambagem Local

As seções de vigas em aço são divididas em três classes quanto ao efeito de flambagem local (ver Subseção 6.2.2) em seus elementos comprimidos (mesa e alma). No caso de uma viga mista sujeita a momento fletor positivo, a mesa comprimida não sofre flambagem local, pois está ligada à laje de concreto. A classificação da seção se dará então pela esbeltez da alma h/t_w.

Nos casos de seções compactas em que

$$\frac{h}{t_w} \leq 3{,}76\sqrt{\frac{E}{f_y}} (=106 \text{ para aço MR250}) \qquad (10.1)$$

não ocorrerá flambagem local antes da plastificação total da seção. Utilizam-se então diagramas de tensões com plastificação total para o cálculo do momento fletor resistente da seção mista (Fig. 10.6).

Para as seções semicompactas na quais

$$3{,}76\sqrt{\frac{E}{f_y}} < \frac{h}{t_w} < 5{,}70\sqrt{\frac{E}{f_y}} \qquad (10.2)$$

a flambagem local da alma ocorre antes da plastificação total da seção. Por isso o momento resistente da viga mista é obtido com o diagrama de tensões em regime elástico na situação de início de plastificação da seção.

10.2.2 Largura Efetiva da Laje

A largura efetiva da laje é a largura fictícia utilizada nos cálculos com as fórmulas simplificadas da resistência dos materiais.

Em uma viga T com mesa larga, as tensões de compressão na flexão diminuem do meio para os lados da mesa, em razão das deformações causadas pelo cisalhamento (efeito de *shear lag*). Para resolver o problema com as fórmulas usuais de resistência, considera-se uma largura efetiva b (ver Fig. 10.10a) tal que

$$b\sigma_b = \text{esforço de compressão total na mesa.}$$

A largura efetiva depende da geometria do sistema e também do tipo de carga. Nos pontos de aplicação das cargas concentradas, as larguras efetivas são reduzidas. Para simplificar os cálculos, as normas adotam valores conservadores, válidos para qualquer tipo de carga.

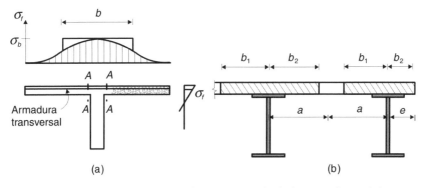

Fig. 10.10 (a) Tensões normais na laje comprimida; (b) largura efetiva da laje.

De acordo com a ABNT NBR 8800:2008 e utilizando a notação da Fig. 10.10, a largura efetiva b da laje é igual à soma das parcelas b_1 e b_2 de cada lado da linha de centro da viga, as quais devem ser tomadas como o menor dos valores indicados na Tabela 10.1 nos casos de trecho intermediário e trecho de extremidade.

Tabela 10.1 Valores limites das parcelas b_1 e b_2 (Fig. 10.10)

Trecho intermediário	Trecho de extremidade
$\ell_0/8$	$\ell_0/8$
a	e

O comprimento ℓ_0 é a distância entre pontos de momento nulo. Para vigas biapoiadas, ℓ_0 é o vão da viga. Para vigas contínuas, os valores de ℓ_0 dependem da região da viga, se de momento positivo ou negativo, e são indicados pela ABNT NBR 8800:2008.

O funcionamento conjunto da laje e da alma de uma viga T como a da Fig. 10.10a se dá com a transferência, por cisalhamento longitudinal nas seções AA, do esforço de compressão da mesa de cada lado da alma. Deve-se prover a laje de armadura transversal capaz de garantir a segurança a esse esforço cortante (ver Subseção 10.2.9) e também de evitar a fissuração.

10.2.3 Seção Homogeneizada para Cálculos em Regime Elástico

As propriedades geométricas da seção mista utilizadas na determinação de tensões e deformações em regime elástico são obtidas com a seção homogeneizada. Transforma-se a seção de concreto em uma seção equivalente de aço, dividindo sua área pela relação

$$\alpha = \frac{E_{aço}}{E_{concreto}} = \frac{E_s}{E_c} \qquad (10.3)$$

conforme mostrado na Fig. 10.11. Na seção homogeneizada, deve ser desprezada a área de concreto tracionado.

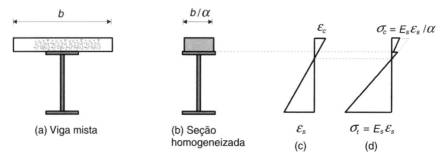

Fig. 10.11 Seção homogeneizada para cálculos em regime elástico.

10.2.4 Relação α entre Módulos de Elasticidade do Aço e do Concreto

Como o concreto é um material cuja relação tensão-deformação é não linear, não pode ser caracterizado por um único módulo de elasticidade (ver Fig. 10.4). Para cada nível de tensão tem-se um módulo tangente e um módulo secante.

Para o cálculo de tensões e deformações resultantes de cargas de curta duração, a ABNT NBR 8800:2008 indica a seguinte expressão empírica para o valor médio do módulo secante do concreto de resistência f_{ck}:

$$E_{c0} = 0,85 \times 5600 \sqrt{f_{ck}} \tag{10.4}$$

com ε_{c0} e f_{ck} em MPa (N/mm²).

Para cargas de longa duração, deve-se levar em conta o efeito de fluência do concreto (ver Subseção 10.1.5), considerando-se que a deformação plástica ε_{cc} vale φ vezes a deformação elástica ε_{c0} de onde a deformação total $\varepsilon_{c\infty}$

$$\varepsilon_{c\infty} = \varepsilon_{c0} + \varepsilon_{cc} = \varepsilon_{c0}(1 + \varphi) \tag{10.5}$$

em que φ é conhecido como coeficiente de fluência.

Daí resultam as expressões

$$E_{c\infty} = \frac{E_{c0}}{1 + \varphi} \tag{10.6}$$

$$\alpha_{\infty} = \alpha (1 + \varphi) \tag{10.7a}$$

O valor de φ em corpos de prova de concreto simples depende de diversos fatores, como materiais empregados, condições de cura, condições ambientais, idade do concreto na época do carregamento etc. Para estruturas, o valor de φ depende ainda das armaduras e das dimensões da peça.

Para o cálculo de φ pode-se utilizar a expressão fornecida pela ABNT NBR 6118:2014, função dos parâmetros mencionados. Com base nos valores apresentados pela referida norma, pode-se recomendar um fator médio $\varphi = 2$ referente a cargas aplicadas ao concreto a partir de 28 dias. Tem-se então

$$\alpha_{\infty} = \alpha (1 + 2) = 3\alpha \tag{10.7b}$$

O valor de α_{∞} só é atingido após alguns anos de atuação da carga. No início da vida da obra é necessário verificar tensões e deformações também para as cargas permanentes com o módulo de deformação inicial E_{c0} do concreto.

Exemplo 10.2.1

Um piso de edificação é constituído de vigas mistas simplesmente apoiadas, de vão igual a 10 m. O espaçamento entre as vigas é de 2,5 m. A seção de aço é constituída de perfil soldado VS 400 × 49 em aço A36. A laje maciça tem 100 mm de espessura em concreto de $f_{ck} = 21$ MPa. Calcular as propriedades geométricas da seção homogeneizada de uma viga intermediária.

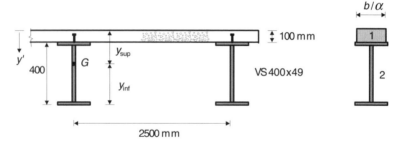

Fig. Ex. 10.2.1

Solução

a) Características geométricas da seção de aço (Tabela A5.3, Anexo A)

$$A = 62{,}0 \text{ cm}^2$$
$$b_f = 200 \text{ mm}$$
$$I_x = 17.393 \text{ cm}^4$$

b) Largura efetiva da laje

$$b \leq \frac{\ell}{4} = \frac{1000}{4} = 250 \text{ cm}$$
$$b \leq 2a = 250 \text{ cm}$$
$$b = 250 \text{ cm}$$

c) Relação entre módulos de elasticidade

$$E_s = 200.000 \text{ MPa}$$
$$E_c = 4760\sqrt{21} = 21.813 \text{ MPa} \tag{10.4}$$

$$\alpha_0 = \frac{200.000}{21.813} = 9{,}2 \tag{10.3}$$

valor a ser utilizado em cálculos de tensões e deformações decorrentes de cargas de curta duração.

Para cargas permanentes, utiliza-se

$$\alpha_\infty = 3 \times 9{,}2 = 27{,}5 \tag{10.7b}$$

d) Propriedades geométricas da seção homogeneizada para $\alpha = 9{,}2$

Área equivalente de concreto

$$A_c = 250 \times 10/9{,}2 = 272 \text{ cm}^2$$

	A (cm²)	y' (cm)	Ay'	Ay'²	I_0 (cm⁴)
1	272	5	1360	6800	2264
2	62	30	1860	55.800	17.393
Total	334		3220	62.600	19.657

$$y_{\text{sup}} = \frac{3220}{334} = 9,6 \text{cm} \quad y_{\text{inf}} = 50 - 9,6 = 40,4 \text{ cm}$$

$$I = 19.657 + 62.600 - 334 \times 9,6^2 = 51.475 \text{ cm}^4$$

$$W_{\text{sup}} = 5362 \text{ cm}^3$$

$$W_{\text{inf}} = 1274 \text{ cm}^3$$

A linha neutra elástica está a 4 mm da interface para dentro da laje, significando que, para um momento positivo, uma espessura de 4 mm de concreto estaria tracionada. A contribuição do concreto à tração deve ser desprezada e, teoricamente, um novo cálculo deveria ser feito com $h_c < 10$ cm. Entretanto, para essa diferença de 4 mm não haverá significativa alteração nas propriedades geométricas.

e) Propriedades geométricas da seção homogeneizada para $\alpha = 27,5$

Área equivalente de concreto

$$A_c = 250 \times 10/27,5 = 90,9 \text{ cm}^2$$

	A (cm²)	y' (cm)	Ay'	Ay'²	I_0 (cm⁴)
1	90,9	5	454	2272	757
2	62,0	30	1860	55.800	17.393
Total	152,9		2314	58.072	18.150

$$y_{\text{sup}} = 15,1 \text{ cm} \qquad y_{\text{inf}} = 34,9 \text{ cm}$$
$$I = 41.359 \text{ cm}^4$$
$$W_{\text{sup}} = 2739 \text{ cm}^3 \qquad W_{\text{inf}} = 1185 \text{ cm}^3$$

Observa-se uma redução de 20 % no momento de inércia em relação ao cálculo para α_0. A consequência é um acréscimo de 20 % nos deslocamentos referentes à carga de mesmo valor, porém de longa duração. Por outro lado, o módulo resistente inferior teve redução de apenas 7 %; logo, as tensões na mesa inferior serão pouco alteradas pelo efeito de fluência do concreto.

10.2.5 Momento Resistente Positivo por Ligação Total de Vigas com Seção de Aço Compacta

Para as vigas com seção de aço compacta, Eq. (10.1), o momento fletor resistente é calculado em regime plástico. Nas vigas de ligação total, a resistência é determinada pela plastificação do concreto ou da seção de aço, e não pela resistência dos conectores. O número mínimo de conectores e sua disposição ao longo da viga para atender a esta condição estão indicados na Seção 10.3.

Para a determinação do momento fletor resistente em regime plástico, admite-se (ver Fig. 10.12c,d):

- que não há deslizamento entre o concreto e o aço (adota-se a condição de interação completa, desprezando-se o deslizamento na ruptura);
- que a área efetiva de concreto de resistência à compressão f_{ck} desenvolve tensões uniformes iguais a $0,85 f_{ck}/\gamma_c$; que as tensões de tração no concreto são desprezíveis;
- que a seção de aço atinge a tensão f_{yk}/γ_{a1} em tração ou compressão.

O momento resistente pode então ser calculado com

$$M_{Rd} = F_{cd} z = F_{td} z \qquad (10.8)$$

em que F_{cd} e F_{td} são as resultantes das tensões de compressão e tração, respectivamente, e z é o braço de alavanca.

A posição da linha neutra plástica é obtida com o equilíbrio de forças na seção:

$$\sum F = 0 \quad F_{cd} = F_{td} \qquad (10.9)$$

Na situação ilustrada na Fig. 10.12d, somente o concreto contribui para a resultante de compressão dada por

$$F_{cd} = \frac{0,85 f_{ck}}{\gamma_c} b\, x \qquad (10.10a)$$

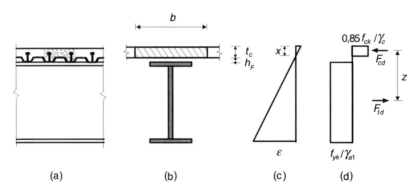

Fig. 10.12 Deformações e tensões no concreto e no aço no estado limite de projeto e cálculo do momento resistente: (a) elevação da viga; (b) seção transversal; (c) diagrama de deformações; (d) diagrama de tensões em regime plástico.

em que x é a profundidade da seção de concreto comprimida ($x \leq t_c$). O valor máximo da resistência à compressão no concreto é

$$R_{cd} = \frac{0,85 f_{ck}}{\gamma_c} b\, t_c \qquad (10.11)$$

em que t_c é a espessura da laje de concreto; nas lajes com fôrmas de aço em que as nervuras são perpendiculares à viga (Fig. 10.12a), deve ser desprezado o concreto abaixo do topo da fôrma (espessura h_F).

A resultante de tensões de tração no aço é dada por

$$F_{td} = f_y A_t / \gamma_{a1} \qquad (10.12a)$$

em que A_t é a área tracionada de aço. O valor máximo da resistência à tração R_{td} ocorre quando a área tracionada é igual à área da seção de aço A:

$$R_{td} = f_y A / \gamma_{a1} \qquad (10.12b)$$

Com o equilíbrio das forças na seção, conclui-se que:

se $R_{cd} > R_{td}$, a linha neutra plástica está na laje de concreto;
se $R_{cd} < R_{td}$, a linha neutra plástica está na seção de aço.

A Fig. 10.13 ilustra os casos possíveis, para os quais se desenvolvem as equações do momento resistente.

10.2.5.1 Linha Neutra Plástica na Laje de Concreto

$$R_{cd} > R_{td} = A f_y / \gamma_{a1} \qquad (10.13)$$

Substituindo-se as expressões para F_{cd} Eq. (10.10) e F_{td} Eq. (10.12b) na equação de equilíbrio de forças Eq. (10.9), obtém-se a profundidade da linha neutra plástica x:

$$x = \frac{f_y A / \gamma_{a1}}{0,85 f_{ck} b / \gamma_c} < t_c \qquad (10.14)$$

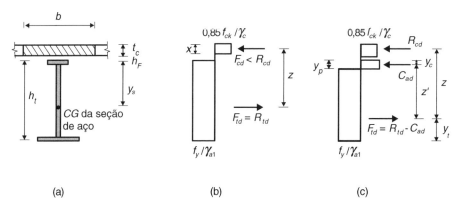

Fig. 10.13 Diagramas de tensões no estado limite último de projeto de vigas mistas sob momento positivo com ligação total: (a) seção mista; (b) linha neutra plástica na laje; (c) linha neutra plástica na seção de aço.

300 CAPÍTULO 10

Utilizando a notação da Fig. 10.13, o momento resistente é então dado por

$$M_{Rd} = R_{td}\, z = \frac{f_y A}{\gamma_{a1}}\left(y_s + h_F + t_c - \frac{x}{2}\right) \tag{10.15}$$

No caso em que $R_{cd} = R_{td}$, a linha neutra plástica encontra-se na nervura da laje não considerada no cálculo. O momento resistente é dado pela Eq. (10.15), com $x = t_c$.

10.2.5.2 Linha Neutra Plástica na Seção de Aço

$$R_{td} > R_{cd} \tag{10.16}$$

Neste caso, uma parte da seção de aço está comprimida em uma altura y_p, contribuindo com uma força C_{ad} para a resultante de compressão F_{cd} (Fig. 10.13c):

$$F_{cd} = R_{cd} + C_{ad}$$

A resultante de tração vale

$$F_{td} = R_{td} - C_{ad}$$

Com as duas equações anteriores, e uma vez que $F_{cd} = F_{td}$, chega-se a

$$C_{ad} = \frac{1}{2}(R_{td} - R_{cd}) \tag{10.17}$$

O momento resistente é calculado com a seguinte expressão:

$$M_{Rd} = R_{cd} z + C_{ad} z' = R_{cd}\left(h_t - y_t + h_F + \frac{t_c}{2}\right) + C_{ad}(h_t - y_t - y_c) \tag{10.18}$$

com:

y_t = posição do centro de gravidade da seção de aço tracionada, medida a partir do bordo inferior;

y_c = posição do centro de gravidade da seção comprimida de aço, medida a partir do bordo superior da seção de aço.

Com a força de compressão no aço C_{ad} obtida pela Eq. (10.17), localiza-se a linha neutra em uma das duas posições:

Linha neutra na mesa superior, de largura b_f e espessura t_f

$$C_{ad} < f_y b_f t_f / \gamma_{a1} \tag{10.19a}$$

$$y_p = \frac{C_{ad}}{f_y b_f / \gamma_{a1}} \tag{10.19b}$$

em que y_p é a altura da parte comprimida da seção de aço.

Linha neutra na alma, de espessura t_w

$$C_{ad} > f_y b_f t_f / \gamma_{a1} \qquad (10.20a)$$

$$y_p = \frac{C_{ad} - f_y b_f t_f / \gamma_{a1}}{f_y t_w / \gamma_{a1}} + t_f \qquad (10.20b)$$

Exemplo 10.2.2

Para a viga mista de extremidade da figura do Exemplo 10.2.1, calcular o momento resistente positivo de projeto admitindo ligação total, perfil em aço AR350 e concreto de f_{ck} igual a 20 MPa.

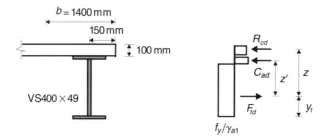

Fig. Ex. 10.2.2

Solução

a) Propriedades geométricas

$$b_f = 200 \text{ mm}, \ t_f = 9,5 \text{ mm}$$

$$h = h_w = 381 \text{ mm}, \ t_w = 6,3 \text{ mm}$$

Área da seção de aço $A = 62 \text{ cm}^2$
Largura efetiva

$$b = \text{mínimo } (15, 125 \text{ cm}) + \text{mínimo } (125, 125 \text{ cm}) = 140 \text{ cm}$$

b) Classificação da seção

$$\frac{h}{t_w} = \frac{381}{6,3} = 60 < 91$$

A seção é compacta.

c) Posicionamento da linha neutra

$$R_{cd} = 0,85 \frac{f_{ck}}{1,4} b t_c = 0,85 \times \frac{2,0}{1,4} \times 140 \times 10 = 1700 \text{ kN}$$

$$R_{td} = A f_y / 1,10 = 62 \times 35 / 1,10 = 1973 \text{ kN}$$

302 CAPÍTULO 10

Como $R_{td} > R_{cd}$, a linha neutra plástica está na seção de aço.
Força de compressão na seção de aço

$$C_{ad} = \frac{1}{2}\left(R_{td} - R_{cd}\right) = \frac{1}{2}(1973 - 1700) = 136 \text{ kN}$$

$$C_{ad} < f_y b_f t_f / \gamma_{a1} = 35 \times 20 \times 0,95 / 1,10 = 604 \text{ kN}$$

A linha neutra encontra-se na mesa.
Espessura comprimida da mesa superior

$$y_p = \frac{C_{ad}}{f_y b_f / \gamma_{a1}} = \frac{136}{35 \times 20 / 1,10} = 0,21 \text{ cm}$$

d) Momento resistente
Área tracionada da seção de aço

$$A_t = 62 - 20 \times 0,21 = 57,8 \text{ cm}^2$$

Centro de gravidade da área tracionada

$$y_t = \frac{b_f t_f^2 / 2 + h_w t_w \left(\dfrac{h_w}{2} + t_f\right) + b_f(t_f - y_p)\left(\dfrac{t_f - y_p}{2} + h_w + t_f\right)}{A_t}$$

$$y_t = \frac{20 \times 0,95^2 / 2 + 38,1 \times 0,63 \times (20 + 0,95) + 20 \times 0,74(0,37 + 38,1 + 0,95)}{57,8} = 18,95 \text{ cm}$$

Momento resistente

$$M_{Rd} = R_{cd}z + C_{ad}z' = 1700(40 - 18,95 + 5) + 136\left(40 - 18,95 - \frac{0,21}{2}\right)$$

$$= 47.134 \text{ kNcm} = 471,3 \text{ kNm}$$

10.2.6 Resistência à Flexão por Ligação Parcial de Vigas com Seção de Aço Compacta

Na viga com resistência por ligação total, o esforço cisalhante F_{hd} a ser resistido pelos conectores entre a seção de momento máximo e a de momento nulo é o menor valor entre R_{cd} Eq. (10.11) e R_{td} Eq. (10.12b). Se a resistência dos conectores dispostos entre estas seções $\left(\sum Q_{d}\right)$ for menor do que F_{hd}, tem-se a ligação parcial cujo grau de conexão é definido por:

$$\eta = \frac{\sum Q_d}{F_{hd}} \tag{10.21}$$

O momento resistente da viga com ligação parcial é calculado com os diagramas retangulares de tensões, sendo a profundidade da linha neutra na laje de concreto igual a:

$$x = \frac{F_{cd}}{0,85 f_{ck} b / \gamma_c} \leq t_c \qquad (10.10b)$$

e a resultante de compressão no concreto:

$$F_{cd} = \Sigma Q_d \qquad (10.22)$$

A Fig. 10.14b mostra o diagrama de deformações na seção de ruptura com duas linhas neutras, uma na laje de concreto (profundidade x) e outra na seção de aço localizada à distância y_p da face superior da seção de aço. O valor de y_p pode ser determinado com as Eqs. (10.19) ou (10.20) conforme o caso, e o momento resistente é dado por

$$M_{Rd} = F_{cd} z + C_{ad} z' = F_{cd}\left(h_t - y_t + h_F + t_c - \frac{x}{2}\right) + C_{ad}(h_t - y_t - y_c) \qquad (10.23)$$

O grau de conexão η dado pela Eq. (10.21) deve ser maior ou igual a η_{inf} (ABNT NBR 8800:2008):

a) Para perfis de aço com mesas de áreas iguais ($b_{fc} t_{fc} = b_{ft} t_{ft}$ com a notação da Fig. 6.8)

$$\text{Para } L_e \leq 25 \text{ m} \qquad \eta_{inf} = 1 - \frac{E}{578 f_y}(0,75 - 0,03 L_e) \geq 0,40 \qquad (10.24a)$$

Para $L_e > 25$ m, o dimensionamento deve ser feito para ligação total: $\eta = 1,0$, em que L_e é o comprimento do trecho de momento positivo; em viga biapoiada, L_e é igual ao comprimento do vão.

b) Para perfis de aço com $b_{ft} t_{ft} = 3 b_{fc} t_{fc}$

$$\text{Para } L_e \leq 20 \text{ m} \qquad \eta_{inf} = 1 - \frac{E}{578 f_y}(0,30 - 0,015 L_e) \geq 0,40 \qquad (10.24b)$$

Para $L_e > 20$ m, o dimensionamento deve ser feito para ligação total: $\eta = 1,0$.
Para as situações intermediárias entre (a) e (b), pode-se efetuar interpolação linear.

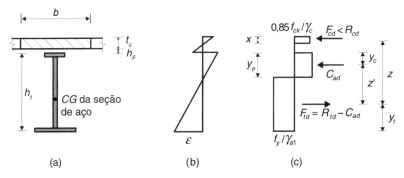

Fig. 10.14 (a) Seção mista com ligação parcial; (b) diagrama de deformações; (c) diagramas de tensões na ruptura.

304 CAPÍTULO 10

10.2.7 Resistência à Flexão de Vigas com Seção de Aço Semicompacta

A verificação de resistência à flexão de vigas mistas com seção de aço semicompacta Eq. (10.2) é feita a partir de cálculo de tensões em regime elástico, com os seguintes limites, de acordo com a ABNT NBR 8800:2008:

$$\sigma_{td} < f_y / \gamma_{a1}, \text{ com } \gamma_{a1} \text{ dado na Tabela 1.7} \tag{10.25a}$$

$$\sigma_{cd} < 0,85 f_{ck} / \gamma_c, \text{ com } \gamma_c \text{ dado na Tabela 1.7} \tag{10.25b}$$

em que σ_{td} e σ_{cd} são, respectivamente, as tensões de tração na mesa inferior da seção e de compressão no concreto decorrentes do momento solicitante de projeto M_d.

Resultam então as seguintes tensões de projeto (ver Fig. 10.11):

$$\sigma_{td} = \frac{M_d}{W_{inf}} \tag{10.26a}$$

$$\sigma_{cd} = \frac{M_d}{\alpha W_{sup}} \tag{10.26b}$$

em que W_{inf} e W_{sup} são os módulos de resistência da seção homogeneizada, conforme exposto no Exemplo 10.2.1. Em geral, as tensões devem ser calculadas em três casos possíveis:

1) No início da vida da obra ($t = 0$), quando as cargas g_0 permanente e q_0 variável (valor frequente) atuam sem efeito de fluência;
2) Decorridos alguns anos ($t = \infty$), quando a carga permanente g atua com efeito de fluência (g_∞) e a carga transitória q (valor frequente) atua sem efeito de fluência (q_0);
3) Como alternativa do caso 2, a carga transitória q pode atuar durante um tempo muito longo (valor quase permanente), a partir do início de utilização da obra, devendo então suas tensões ser calculadas com efeito de fluência (q_∞).

10.2.8 Construção Não Escorada

Na viga mista construída sem escoramento, a seção de aço deve ter resistência à flexão, calculada de acordo com os critérios expostos no Cap. 6, suficiente para suportar todas as cargas aplicadas antes de o concreto curar e atingir uma resistência à compressão igual a $0,75 f_{ck}$.

O momento resistente de projeto da viga mista para todas as cargas atuantes é obtido de acordo com os critérios dados nas Seções 10.2.5 ou 10.2.6 quando se tratar de seção de aço compacta.

No caso da seção de aço semicompacta, verifica-se a tensão em regime elástico na mesa inferior da seção de aço. A soma das tensões resultantes dos momentos M_{1d} e M_{2d}, oriundos, respectivamente, das cargas aplicadas antes e depois de a resistência do concreto atingir 0,75 f_{ck}, é limitada a f_y / γ_{a1}. Tem-se então:

$$\frac{M_{1d}}{W_s} + \frac{M_{2d}}{W_{inf}} \leq f_y / \gamma_{a1} \tag{10.27}$$

em que W_s e W_{inf} são, respectivamente, os módulos de resistência inferior da seção de aço e da seção homogeneizada (ver Subseção 10.2.3).

Como exposto na seção anterior, as tensões devem ser calculadas em duas etapas da obra para consideração do efeito de fluência. Entretanto, no caso da tensão na mesa inferior, haverá pouca interferência do efeito de fluência, conforme se conclui no Exemplo 10.2.1. O cálculo pode então ser feito com W_{inf} obtido para $\alpha_\infty = 2\alpha_0$.

10.2.9 Armaduras Transversais na Laje

A transferência do esforço de compressão das abas da laje para os conectores se dá por cisalhamento longitudinal das seções de concreto indicadas na Fig. 10.15. O mecanismo de resistência ao cisalhamento do concreto armado pode ser descrito com o modelo de treliça de Mörsch (Pfeil, 1988), segundo o qual o concreto fica sujeito à compressão diagonal e a armadura transversal à tração. O fluxo cisalhante resistente V_{Rd} em lajes maciças (concreto de densidade normal) é, então, dado pelas contribuições V_{cd} do concreto e V_{wd} da armadura:

$$V_{Rd} = V_{cd} + V_{wd} = 0{,}6 A_{cv} \frac{f_{ctk,\mathrm{inf}}}{\gamma_c} + A_{st} \frac{f_y}{\gamma_s} < 0{,}2 A_{cv} \frac{f_{ck}}{\gamma_c} \quad (10.28)$$

em que:

A_{cv} = área da seção cisalhada por unidade de comprimento da viga;
A_{st} = área de armadura transversal disponível na seção cisalhada por unidade de comprimento da viga; $A_{st} > 0{,}2\,\% \, A_{cv}$, $A_{st} > 150 \text{ mm}^2/\text{m}$;

$$f_{ctk,\mathrm{inf}} = 0{,}21 f_{ck}^{2/3} \text{ (em MPa)};$$

γ_s = coeficiente de redução da resistência do aço da armadura (ver Tabela 1.7).

No caso de uso de fôrma de aço contínua sobre a viga e com nervuras dispostas perpendicularmente à seção de aço (Fig. 10.15b), deve-se acrescentar a contribuição da fôrma como armadura transversal na parcela V_{wd}.

O fluxo solicitante de projeto V_d em uma seção cisalhada da Fig. 10.15 será igual à parcela do fluxo cisalhante transferido pelos conectores ($= \sum Q_{rd}$) proporcional à largura efetiva b_1 da laje do lado da seção AA a ser verificada, descontada da resistência à compressão do concreto entre o eixo da viga e a seção AA por unidade de comprimento (área A_{blc}):

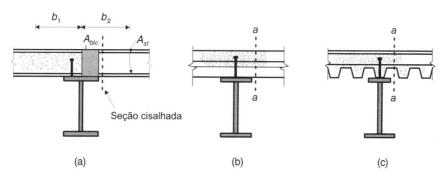

Fig. 10.15 Seções cisalhadas: (a) laje maciça; (b) laje com fôrma de aço com nervuras perpendiculares ao eixo da viga; (c) laje em fôrma de aço com nervuras paralelas ao eixo da viga.

306 CAPÍTULO 10

$$V_d = \dfrac{\Sigma Q_{rd} \dfrac{b_1}{b_1+b_2} - 0,85 \dfrac{f_{ck}}{\gamma_c} A_{blc}}{L_m} \tag{10.29}$$

L_m é a distância entre as seções de momento máximo e momento nulo.

A Eq. (10.29) refere-se a uma região de momento positivo; para o cálculo do fluxo cisalhante em região de momento negativo, o termo de resistência à compressão do concreto é substituído pela resistência à tração da armadura longitudinal localizada entre o eixo da viga e a seção cisalhada.

10.3 DIMENSIONAMENTO DOS CONECTORES

10.3.1 Resistência dos Conectores Pino com Cabeça

Esta seção trata da resistência de conectores tipo pino com cabeça; a ABNT NBR 8800:2008 também apresenta expressões para resistência de conectores em perfil U laminado ou formado a frio. Eles devem estar totalmente embutidos em concreto de peso específico maior que 15 kN/m³, com cobrimento superior mínimo de 10 mm. A resistência ao corte de projeto de um conector é dada por:

$$Q_{Rd} = \dfrac{Q_n}{\gamma_{cs}} \tag{10.30}$$

em que Q_n é a resistência nominal e γ_{cs} o coeficiente dado na Tabela 1.7 e igual a 1,25 para combinações normais de ações.

De acordo com a ABNT NBR 8800:2008, os conectores tipo pino com cabeça devem ter comprimento mínimo igual a quatro vezes seu diâmetro. Trata-se da condição de ductilidade do conector.

Se os conectores não estiverem dispostos diretamente sobre a alma da seção de aço, o diâmetro dos mesmos fica limitado a 2,5 vezes a espessura da mesa à qual estão soldados. Dessa forma, evita-se a ocorrência de deformação excessiva na chapa da mesa antes que o conector atinja sua resistência.

A norma ABNT NBR 8800:2008 fornece a resistência nominal para conectores tipo pino com cabeça, totalmente embutidos no concreto, como o menor entre os dois valores seguintes:

$$Q_n = 0,5 A_{cs} \sqrt{f_{ck} E_c} \tag{10.31a}$$

$$Q_n = R_g R_p A_{cs} f_u \tag{10.31b}$$

em que:

A_{cs} = área da seção transversal do conector;

f_u = limite de resistência à tração do aço do conector;

R_g, R_p = fatores que consideram a redução de resistência do conector quando usado em lajes com fôrma de aço incorporada (ABNT NBR 8800:2008); para lajes maciças $R_g = R_p = 1,0$.

A Eq. (10.31a) refere-se à resistência ao esmagamento do concreto em razão do apoio do pino no concreto, enquanto a Eq. (10.31b) trata da resistência à flexão do pino, ambas dadas em termos de cisalhamento aparente.

A especificação da ABNT NBR 8800:2008 para fabricação de conectores tipo pino com cabeça segue a norma norte-americana AWS D1.1. O aço utilizado nos conectores de diâmetro entre 12,7 e 22 mm tem tensão de ruptura à tração f_u = 415 MPa (ver Tabela A3.4, Anexo A).

Em virtude da existência de um enrijecedor na base das nervuras da chapa corrugada, os conectores devem ser soldados fora de centro. Em lajes com nervuras perpendiculares à viga, o fator R_p leva em conta a influência da posição do conector em relação à face das nervuras em função do sentido da resultante de compressão, conforme ilustra a Fig. 10.16. Não sendo possível garantir o posicionamento mais resistente do conector, recomenda-se usar R_p = 0,60. Já o fator R_g considera o efeito do número de conectores em uma nervura igual a 1,0, 0,85 e 0,70 para um, dois e três ou mais conectores, respectivamente.

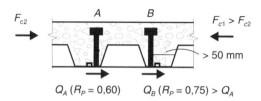

Fig. 10.16 Variação da resistência do conector em laje com fôrma de aço incorporada.

10.3.2 Número de Conectores e Espaçamento entre Eles

10.3.2.1 Vigas com Seção de Aço Compacta

Nas vigas com seção de aço compacta com resistência por *ligação total*, os conectores são dimensionados de maneira que a viga mista possa atingir seu momento plástico de ruptura, sem a separação entre a laje e a seção de aço. Assim, os conectores são calculados em função da resistência da viga e não das cargas atuantes. A soma das resistências Q_n dos conectores entre o ponto de momento máximo e um de momento nulo é dada pelo menor valor entre as resistências nominais do concreto em compressão e do aço em tração (ver Fig. 10.4e):

Linha neutra plástica na seção de aço

$$nQ_n \geq 0{,}85 f_{ck} b\, t_c \qquad (10.32a)$$

Linha neutra plástica na laje

$$nQ_n \geq A f_y \qquad (10.32b)$$

com:

Q_n = resistência de um conector;
n = número de conectores.

308   CAPÍTULO 10

Nas vigas dimensionadas para ter ligação parcial, a resistência dos conectores, $n\,Q_n$, é menor do que as resistências do concreto em compressão e da seção de aço em tração.

Nas regiões de momento positivo de vigas sob carga uniforme, os n conectores necessários podem ser uniformemente distribuídos entre a seção de momento máximo e a de momento nulo adjacente. De acordo com a ABNT NBR 8800:2008, no caso de cargas concentradas entre essas duas seções, o número de conectores entre a seção de carga concentrada e a de momento nulo não pode ser inferior a n':

$$n' = n \left[\frac{M'_d - M_p / \gamma_{a1}}{M_d - M_p / \gamma_{a1}} \right] \tag{10.33}$$

em que:

M'_d e M_d = momentos solicitantes de projeto nas seções de carga concentrada e de momento máximo;

M_p / γ_{a1} = resistência à flexão da seção de aço compacta.

10.3.2.2 Vigas com Seção de Aço Semicompacta

De acordo com Eurocódigo 4, se a determinação da resistência à flexão da viga é feita com base em tensões elásticas, o cálculo do esforço cisalhante horizontal deve também ser feito em regime elástico. Em uma viga mista em regime elástico, a força em um conector pode ser calculada com a expressão do fluxo cisalhante horizontal H (esforço por unidade de comprimento) na interface concreto-aço [Gere; Timoshenko (1994)]:

$$H = \frac{VS}{I} \tag{10.34}$$

com:

V = esforço cortante na seção;

S = momento estático, referido ao eixo neutro da viga mista, da área de concreto comprimida no caso de momento positivo; ou da área da armadura longitudinal embebida no concreto, em caso de momento negativo;

I = momento de inércia da seção homogeneizada (ver Subseção 10.2.3).

O fluxo de cisalhamento horizontal é proporcional ao esforço cortante vertical V. Para uma viga simplesmente apoiada sob carga uniformemente distribuída, a Fig. 10.4*b* ilustra a distribuição do esforço H. Nesse caso, os conectores próximos ao apoio são mais solicitados. Utiliza-se então a Eq. (10.34) e dispõem-se os conectores com menor espaçamento nas regiões de maior esforço cisalhante horizontal.

O espaçamento a entre conectores se calcula dividindo a resistência de um conector Q_n pelo fluxo cisalhante de projeto H_d:

$$a \geq \frac{Q_n}{H_d} \tag{10.35}$$

em que H_d é calculado com a Eq. (10.34), com o esforço cortante V_d de projeto em vez do valor nominal V.

Já as normas ABNT NBR 8800:2008 e AISC permitem calcular o número de conectores a partir do diagrama plastificado do fluxo cisalhante H (Fig. 10.4d) e dispô-los uniformemente distribuídos como é feito para as vigas de seção compacta. Aplicam, assim, as definições de ligação total e ligação parcial para o caso de seção semicompacta, apesar de sua resistência à flexão ser determinada em regime elástico. Daí a ABNT NBR 8800:2008 apresentar uma expressão para o módulo elástico à flexão W_{ef} efetivo que substitui W da seção homogeneizada nas Eqs. (10.26a,b), em caso de ligação parcial.

10.3.2.3 Espaçamentos Máximo e Mínimo

De acordo com a ABNT NBR 8800:2008, o espaçamento entre conectores está limitado a:

$a < 8\,t_c$, em geral
$a < 915$ mm, no caso de laje com fôrma de aço incorporada com nervura perpendicular à viga.

No caso de pinos com cabeça, o espaçamento mínimo é de seis diâmetros ao longo do vão e quatro diâmetros na direção transversal ao eixo da viga.

Exemplo 10.3.1

A viga do Exemplo 10.2.2 simplesmente apoiada com 10 m de vão e com carga uniforme teve seu momento resistente calculado admitindo-se ligação total. Determinar o número de conectores tipo pino com cabeça $\phi 12{,}7$ e seu espaçamento para atender a esta condição.

Solução

a) Resistência do conjunto de conectores dispostos entre o meio do vão da viga e o apoio. Posição da linha neutra plástica

$$R_{cd} = 0{,}85 f_{ck} b t_c / 1{,}4 = 0{,}85 \times 2{,}0 \times 140 \times 10 / 1{,}4 = 1700 \text{ kN}$$
$$R_{td} = A f_y / 1{,}10 = 62 \times 35 / 1{,}10 = 1973 \text{ kN}$$

Como $R_{td} > R_{cd}$, a linha neutra está na seção de aço, e a resistência do conjunto de conectores $n\,Q_{Rd}$ deve ser maior que R_{cd}.

$$n\,Q_{Rd} \geq 1700 \text{ kN}$$

b) Resistência de um conector $\phi 12{,}7$
Aplicando-se as Eqs. (10.31a,b) com $f_{ck} = 20$ MPa, $E_c = 21.287$ MPa Eq. (10.4) e $f_u = 415$ MPa, tem-se:

$$Q_n \leq 0{,}5 \times 1{,}27 \sqrt{2{,}0 \times 2129} = 41{,}4 \text{ kN}$$
$$Q_n \leq 1{,}27 \times 41{,}5 = 52{,}7 \text{ kN}$$
$$Q_{Rd} = 41{,}4 / 1{,}25 = 33{,}1 \text{ kN}$$

c) Número de conectores entre o meio do vão e o apoio

$$n = \frac{1700}{33{,}1} = 51{,}3$$

Adotam-se 52 conectores de cada lado da seção do meio do vão.

d) Espaçamento entre os conectores

Os conectores podem ser distribuídos uniformemente ao longo da viga: 52 conectores a cada 95 mm, como mostra a figura.

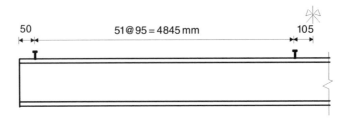

Fig. Ex. 10.3.1

Limites construtivos do espaçamento

$$a = 95 \text{ mm} < 8t_c = 8 \times 100 = 800 \text{ mm}$$

$$a = 95 \text{ mm} > 6d = 6 \times 12,7 = 76,2 \text{ m}$$

10.4 VERIFICAÇÕES NO ESTADO LIMITE DE UTILIZAÇÃO

Os seguintes estados limites de utilização devem ser verificados no caso de vigas mistas:

- Deslocamentos excessivos
- Fissuração do concreto
- Vibrações excessivas.

A norma ABNT NBR 8800:2008 fornece, em seu Anexo M, indicações para o caso de vibrações em pisos induzidas por atividades humanas, como caminhar. A fissuração do concreto deve ser controlada de acordo com os critérios da ABNT NBR 6118:2014 – Projeto de Estruturas de Concreto – e Anexo O5 da NBR 8800.

No cálculo dos deslocamentos em vigas mistas, é necessário levar em conta a sequência construtiva, o efeito da fluência e retração do concreto e a condição de resistência no caso de vigas com seção de aço compacta (ligação total ou ligação parcial), que determina o tipo de comportamento sob cargas em serviço.

Quando não se usam escoras provisórias durante a concretagem da laje, o peso próprio é resistido apenas pela viga metálica, e as flechas são calculadas com o momento de inércia da seção de aço. Havendo escoras provisórias, a carga permanente é resistida pela viga mista, sendo a flecha calculada com o momento de inércia da seção homogeneizada.

Para levar em conta o efeito de fluência do concreto, os deslocamentos são calculados na condição $t = \infty$ (após alguns anos de utilização) para a ação de carga permanente g e valores quase permanentes de carga variável atuando com efeito de fluência (q_∞) e valores frequente e raro da carga variável q atuando sem efeito de fluência (q_0).

As vigas dimensionadas no estado limite último para ligação total têm comportamento para cargas em serviço caracterizado por interação total (sem deslizamento na interface concreto-aço). Os deslocamentos são então calculados com as propriedades de seção mista homogeneizada (Seção 10.2.3). No caso de vigas dimensionadas para resistir ao momento fletor por ligação parcial, utiliza-se um valor reduzido de momento de inércia da seção (I_{ef}), que expressa a influência do deslizamento para cargas em serviço:

$$I_{ef} = I_a + \sqrt{\eta}\,(I - I_a) \qquad (10.36)$$

em que:

I_a = momento de inércia de seção de aço;
I = momento de inércia da seção homogeneizada (ver Seção 10.2.3);
η = grau de conexão Eq. (10.21).

As flechas provocadas pelas cargas permanentes são limitadas nas normas, com o fim de evitar deformações pouco estéticas, empoçamentos de água etc. As flechas produzidas por cargas móveis são limitadas, com a finalidade de evitar vibrações desconfortáveis. Em ambos os casos, evitam-se também danos a componentes não estruturais, como alvenarias. Os valores limites de deslocamentos são dados na Tabela 1.8.

10.5 PROBLEMAS RESOLVIDOS

10.5.1 Um piso de edifício é formado por vigas mistas espaçadas de 2,8 m e com vãos simplesmente apoiados de 9,0 m de comprimento.

A laje de 10 cm de espessura será concretada sobre um sistema de fôrmas apoiadas nos perfis de aço das vigas. Trata-se, portanto, de vigas mistas não escoradas.

As cargas nominais atuantes em uma viga intermediária são:

- Antes de o concreto atingir 75 % f_{ck}
  Carga permanente

$$g_1 = 7,6 \text{ kN/m}$$

  Carga de construção

$$q_1 = 1,5 \text{ kN/m}$$

- Após a cura do concreto
  Carga permanente

$$g_2 = 5,0 \text{ kN/m}$$

  Carga variável de utilização

$$q_2 = 8,4 \text{ kN/m}$$

Os materiais a serem utilizados são aço MR250; concreto f_{ck} = 20 MPa.

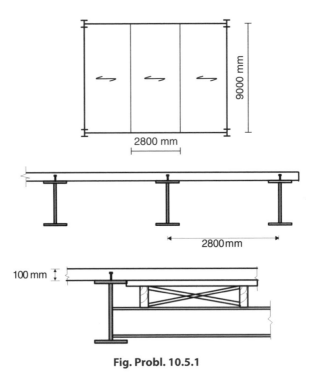

Fig. Probl. 10.5.1

Dimensionar a viga mista intermediária com ligação total, sendo a seção de aço um perfil W (ver Tabela A4.8, Anexo A). Utilizar conectores do tipo pino com cabeça.

Solução

a) Pré-dimensionamento

O pré-dimensionamento será feito no estado limite último, admitindo-se seção de aço compacta e linha neutra plástica na interface concreto-aço.

Carga distribuída de projeto

$$1,4 \, (7,6 + 5,0) + 1,5 \times 8,4 = 30,2 \text{ kN/m}$$

Momento solicitante de projeto

$$M_d = 30,2 \times \frac{9,0^2}{8} = 306 \text{ kNm}$$

Considerando-se inicialmente um perfil com $h_t = 450$ mm, a área da seção de aço necessária

$$A = \frac{M_d}{\dfrac{f_y}{\gamma_{a1}}\left(\dfrac{h_t}{2}+t_c-\dfrac{x}{2}\right)} = \frac{30.600}{\dfrac{25}{1,10}(22,5+10-5)} = 49,0 \text{ cm}^2$$

Na Tabela A4.8, Anexo A, vê-se que o perfil W $460 \times 52,0$ atende à condição de área necessária.

b) Largura efetiva da laje para viga intermediária

$$b = \text{mínimo} \left(\frac{1}{4} 900 ; 280 \right) = 225 \text{ cm}$$

c) Classificação da seção quanto à flambagem local da alma

$$\frac{h}{t_w} = \frac{404}{7,6} = 53,1 < 3,76 \sqrt{\frac{E}{f_y}} = 106 \therefore \text{seção compacta}$$

d) Momento resistente da viga mista

$$R_{cd} = 0,85 \frac{f_{ck}}{\gamma_c} bt_c = 0,85 \times \frac{2,0}{1,4} \times 225 \times 10 = 2732 \text{ kN}$$

$$R_{td} = Af_y / \gamma_{a1} = 66,6 \times 25 / 1,10 = 1513 \text{ kN}$$

Como $R_{cd} > R_{td}$, a linha neutra plástica está na laje de concreto na profundidade:

$$x = \frac{1513 \times 1,4}{0,85 \times 2,0 \times 225} = 5,5 \text{ cm}$$

Momento resistente

$$M_{Rd} = 1513 \left(\frac{45}{2} + 10 - 2,77 \right) = 45.000 \text{ kNcm} = 450 \text{ kNm} > M_d = 306 \text{ kNm}$$

e) Momento resistente da seção de aço – Etapa construtiva

A seção de aço deve ter resistência à flexão para suportar as cargas atuantes antes de o concreto atingir $0,75 f_{ck}$.

Momento solicitante de projeto

$$M_d = \frac{1,4 \times (7,6 + 1,5) \times 9,0^2}{8} = 129,0 \text{ kNm}$$

Considerando-se que perfil de aço está contido lateralmente pelo sistema de apoio das fôrmas, não há flambagem lateral.

Classificação da seção quanto à flambagem local

Mesa

$$\frac{b_f}{2t_f} = \frac{152}{2 \times 10,8} = 7,0 < \lambda_p = 10,7$$

Alma

$$\frac{h}{t_w} = 53,2 < 106$$

314 CAPÍTULO 10

O perfil é compacto.

$$M_p = Z f_y = 1096 \times 25 = 27.400 \text{ kNcm} = 274 \text{ kNm}$$

$$M_{Rd} = \frac{1}{\gamma_{a1}} M_p = \frac{1}{1,10} 274 \text{ kNm}$$

$$M_{Rd} = 249 \text{ kNm} > M_d = 129 \text{ kNm}$$

f) Resistência ao cisalhamento
Esforço cortante solicitante de projeto

$$V_d = \left[1,4(7,6+5,0) + 1,5 \times 8,4 \right] \times \frac{9,0}{2} = 136,1 \text{ kN}$$

Esforço cortante resistente

$$\frac{h}{t_w} = 53,1 < \lambda_p = 1,10\sqrt{5,0}\sqrt{\frac{E}{f_y}} = 69,6$$

$$V_{Rd} = A_w(0,6 f_y) / \gamma_{a1} = 45,0 \times 0,76 \times 0,6 \times 25 / 1,10 = 466 \text{ kN}$$

g) Cálculo do número de conectores para ligação total
Resistência do conjunto de conectores dispostos entre o meio do vão e o apoio. Como $R_{cd} > R_{td}$ (item d), tem-se:

$$n Q_{Rd} \geq R_{td} = 1513 \text{ kN}$$

Resistência de um conector $\phi 15,9$

$$Q_n \leq 0,5 \times 1,98\sqrt{2,0 \times 2129} = 64,6 \text{ kN}$$

$$Q_n \leq 1,98 \times 41,5 = 82,2 \text{ kN}$$

$$Q_{Rd} = 64,6 / 1,25 = 51,7 \text{ kN}$$

Número de conectores

$$n = \frac{1513}{51,7} = 29,3$$

Adotam-se 30 conectores espaçados de 150 mm, de cada lado da seção do meio do vão.

$$a = 150 < 8 \times 100 = 800 \text{ mm}$$

$$a = 150 > 6d = 6 \times 15,9 = 95,4 \text{ mm}$$

h) Verificação ao cisalhamento da laje na seção *AA* da Fig. 10.15
Fluxo cisalhante solicitante de projeto

$$V_d = \frac{\Sigma Q_{Rd} \dfrac{b_1}{b_1 + b_2} - 0,85 \dfrac{f_{ck}}{\gamma_c} A_{blc}}{L_m} = \frac{30 \times 51,7 \times 0,5 - 0,85 \times 1,43 \times 10 \times 7,6}{450} =$$

$$= 1,52 \text{ kN/cm}$$

Armadura transversal mínima em aço CA50

$$A_{st\,min} = 0,2\ \% \ A_{cv} = 0,02\ \text{cm}^2/\text{cm} = 2,0\ \text{cm}^2/\text{m}$$

Fluxo cisalhante resistente de projeto

$$V_{Rd} = 0,6 \times 10 \times \frac{\left(0,21 \times 2,0^{2/3}\right)}{1,4} + 0,02 \times \frac{50}{1,15} = 2,30\ \text{kN/cm} < 0,2 \times 10 \times \frac{2,0}{1,4} =$$

$$= 2,86\frac{\text{kN}}{\text{cm}}$$

Com a armadura transversal mínima, a condição $V_d < V_{Rd}$ é atendida.

i) Propriedades geométricas para cálculos em regime elástico

$$E_{c0} = 0,85 \times 5600\sqrt{20} = 21.287\ \text{MPa}$$

$$\alpha_0 = \frac{E_s}{E_{c0}} = 9,4$$

$$\alpha_\infty = 3 \times 9,4 = 28,2$$

Cálculo com $\alpha = 28,2$

	A (cm²)	y' (cm)	Ay'	Ay'²	I_0 (cm⁴)
Laje	$225\frac{10}{28,2} = 79,8$	5	399	1995	665
Seção de aço	66,6	32,5	2164	70.346	21.370
Total	146,4		2563	72.341	22.035

$$y_{sup} = \frac{2563}{146,4} = 17,5 > t_c, \quad y_{inf} = 37,5\ \text{cm}$$

$$I = 22.035 + 72.341 - 146,4 \times 17,5^2 = 49.541\ \text{cm}^4$$

Os cálculos com $\alpha = 9,4$ fornecem

$$I = 62.767\ \text{cm}^4$$

j) Verificação no estado limite de utilização (ou de serviço)

Deslocamento no meio do vão na etapa de construção (seção de aço portante)

$$\delta\,g_1 = \frac{5}{384}\frac{g_1\ell^4}{EI} = \frac{5}{384}\frac{0,076 \times 900^4}{20.000 \times 21.370} = 1,52\ \text{cm}$$

Deslocamento no meio do vão da viga mista causado por combinação frequente de ações, sem considerar o efeito de fluência do concreto

$$\delta\,g_2 + q_2 = \frac{5}{384}\frac{\left(g_2 + \psi_1 q_2\right)\ell^4}{EI} = \frac{5}{384}\frac{\left(0,05 + 0,6 \times 0,084\right) \times 900^4}{20.000 \times 62.767} = 0,68\ \text{cm}$$

Deslocamento total (combinação frequente de serviço)

$$\delta = 1{,}52 + 0{,}68 = 2{,}20 \text{ cm} < \frac{\ell}{350} = 2{,}57 \text{ cm (Tabela 1.8)}$$

Deslocamento no meio do vão devido à combinação quase permanente na viga mista, considerando o efeito de fluência do concreto.

$$\delta_{g_2+q_2} = \frac{5}{384} \frac{(g_2 + \psi_2 q_2)\ell^4}{EI} = \frac{5}{384} \frac{(0{,}05 + 0{,}4 \times 0{,}084) \times 900^4}{20.000 \times 49.541} = 0{,}72 \text{ cm}$$

Deslocamento total (combinação quase permanente de serviço)

$$\delta = 1{,}52 + 0{,}72 \cong 2{,}24 \text{ cm} < \frac{\ell}{350} = 2{,}57 \text{ cm}$$

Um piso de edificação composto dessas vigas mistas deve ainda ser verificado quanto à vibração excessiva em decorrência de ações humanas (Wyatt, 1989).

(Ver Seção 6.3 do Projeto Integrado – Memorial Descritivo)

10.5.2 Admitir que a viga mista do Problema 10.5.1 tenha ligação parcial, com grau de conexão igual a 80 %, ou seja, adotam-se 24 conectores entre o meio do vão e a seção do apoio. Calcular o momento resistente de projeto e a flecha para combinação quase permanente de ações.

Solução

a) Verificação do limite do grau de conexão η

$$\eta_{\lim} = 1 - \frac{E}{578 f_y}(0{,}75 - 0{,}03 L_e) \geq 0{,}40$$

$$\eta_{\lim} = 1 - \frac{200.000}{578 \times 250}(0{,}75 - 0{,}03 \times 9) = 0{,}34$$

$$\eta = 0{,}80 > \eta_{\lim} = 0{,}40$$

b) Momento resistente de projeto por ligação parcial
Resultante de compressão no concreto

$$F_{cd} = 0{,}80 \times \text{mínimo } (R_{cd}, R_{td}) = 0{,}8 \times 1513 = 1211 \text{ kN}$$

Profundidade x da linha neutra no concreto

$$x = \frac{1211 \times 1{,}4}{0{,}85 \times 2{,}0 \times 225} = 4{,}43 \text{ cm}$$

Resultante de compressão no aço

$$C_{ad} = \frac{1}{2}(1513-1211) = 151 \text{ kN} < \frac{f_y b_f t_f}{\gamma_{a1}} = \frac{25 \times 15,2 \times 1,08}{1,10} = 373 \text{ kN}$$

$$y_p = \frac{151 \times 1,10}{15,2 \times 25} = 0,44 \text{ cm}$$

$$y_t = 45 - \frac{66,6 \times 45/2 - 15,2 \times 0,44^2/2}{(66,6 - 15,2 \times 0,44)} = 20,0 \text{ cm}$$

Momento resistente

$$M_{Rd} = 1211\,(45+10-2,2-20,0) + 151 \times (45-20,0-0,22) =$$
$$= 43.463 \text{ kNcm} = 435 \text{ kNm} > M_d = 306 \text{ kNm}$$

c) Cálculo da flecha

Momento de inércia efetivo

$$I_{ef} = I_a + \sqrt{\eta}\,(I - I_a)$$
$$I_{ef\infty} = 21.370 + \sqrt{0,80}(49.541 - 21.370) = 46.567 \text{ cm}^4$$

Deslocamento na viga mista para combinação quase permanente de ações

$$\gamma_{g_2+q_2} = \frac{5}{384}\frac{(0,05+0,4 \times 0,084) \times 900^4}{20.000 \times 46.567} = 0,77 \text{ cm}$$

$$\delta = 1,52 + 0,77 = 2,29 \text{ cm} < \frac{\ell}{350}$$

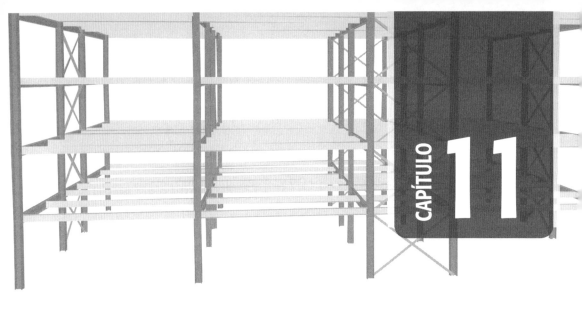

Análise Estrutural em Regime Plástico

11.1 MÉTODOS DE ANÁLISE ESTRUTURAL

Tradicionalmente, o cálculo de solicitações em estruturas é efetuado a partir da análise linear, isto é, admitindo-se a proporcionalidade entre as ações e seus efeitos. Entretanto, alguns sistemas estruturais em aço (ou mistos aço-concreto) apresentam comportamento não linear, como ilustrado na Fig. 11.1, para um pórtico (ligações rígidas entre viga e pilares) sob ação de cargas crescentes. Em geral, a não linearidade é classificada, segundo sua origem, em duas categorias:

- Não linearidade física, decorrente da não proporcionalidade das relações tensão × deformação [o material não segue a Lei de Hooke, Eq. (1.3)]
- Não linearidade geométrica, originada pela influência da configuração deformada nas equações de equilíbrio e/ou da não linearidade das relações deformação × deslocamento.

De acordo com a forma como esses efeitos são, ou não, considerados, os métodos de análise (ver Fig. 11.1) geralmente se classificam como:

a) *Análise linear elástica*. O material segue a Lei de Hooke, e o equilíbrio é expresso segundo a geometria indeformada da estrutura; é também denominada análise elástica de 1ª ordem.
b) *Análise elástica de 2ª ordem*. O material tem comportamento linear elástico, mas as equações de equilíbrio são escritas na configuração deformada da estrutura. A Fig. 7.7 ilustra os efeitos de segunda ordem em uma coluna decorrentes da presença de deslocamentos laterais Δ de extremidade e δ ao longo do eixo, denominados respectivamente efeitos $P\Delta$ e $P\delta$.

Análise Estrutural em Regime Plástico 319

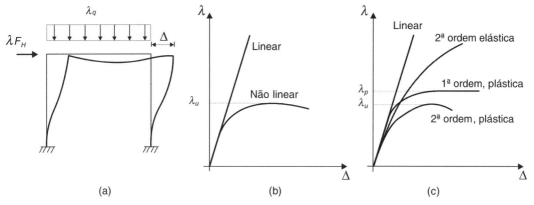

Fig. 11.1 Análise estrutural de pórticos: (a) deformada de um pórtico sob a ação de carregamentos vertical e horizontal; (b) gráficos do deslocamento lateral Δ do pórtico em função do crescimento do parâmetro de carga λ; (c) respostas obtidas por diferentes métodos de análise.

c) *Análise inelástica de 1ª ordem.* Considera-se a não linearidade física sendo o equilíbrio efetuado para a configuração indeformada da estrutura. Para o diagrama tensão × deformação representado como rígido-plástico ou elastoplástico (ver Fig. 10.5*b*), denomina-se análise plástica.

d) *Análise inelástica de 2ª ordem.* Consideram-se as não linearidades física e geométrica simultaneamente, resultando no tipo de análise mais representativo do comportamento e da resistência de estruturas tipo pórtico.

11.2 CONCEITO DE RÓTULA PLÁSTICA

A Fig. 6.5 apresenta um diagrama momento × rotação de uma seção de um perfil I sujeito a cargas crescentes juntamente com a evolução da distribuição das tensões normais ao longo da altura (ver também a Fig. 1.30). Ultrapassando-se o momento fletor (M_y), correspondente ao início de escoamento da seção, o aumento de cargas produz plastificação das fibras internas, chegando-se ao maior momento fletor que a seção pode suportar (M_p), que corresponde ao escoamento de toda a seção.

O diagrama da Fig. 6.5 revela que a rotação da seção (ϕ) apresenta grandes incrementos, à medida que a seção se plastifica. Atingindo o momento resistente plástico (M_p), a seção continua a se deformar, sem induzir aumento do momento resistente. A condição de *rotação crescente*, com um momento *resistente constante*, é denominada *rótula plástica*. A formação de rótulas plásticas depende da ductilidade do material e da resistência à flambagem.

Os aços com limite de escoamento até 400 MPa costumam apresentar um patamar de escoamento com extensão suficiente para formação da rótula plástica. As teorias plásticas podem ser utilizadas para os aços ASTM A36, A242, A440, A572, A588 e outros.

Para formação da rótula plástica, a resistência à flambagem do elemento deve ser garantida por meio de contenção lateral do mesmo (travamento). A ocorrência de flambagem local deve estar impedida por condições geométricas da seção.

320 CAPÍTULO 11

11.3 ANÁLISE ESTÁTICA EM REGIME PLÁSTICO

11.3.1 Introdução

Na teoria plástica de dimensionamento (Subseção 1.10.4), a carga atuante, em serviço, é comparada com a carga que produz o colapso da estrutura, definindo-se um coeficiente de segurança como a relação entre o segundo e o primeiro carregamentos:

$$\gamma = \frac{Q_u}{Q_{serv}} \qquad (11.1)$$

em que:

Q_u = carga que produz o colapso da estrutura;
Q_{serv} = carregamento atuante, em serviço.

No método dos estados limites com análise em regime plástico, determina-se a carga Q_{ud} de colapso da estrutura, no qual

$$Q_{ud} = \Sigma \gamma_g G + \gamma_{q1} Q_1 + \Sigma \gamma_{qi} \psi_i Q_i \qquad (11.1a)$$

e a condição limite de resistência está associada ao momento de plastificação M_p reduzido pelo fator γ_{a1} de minoração da resistência:

$$M_{Rd} = M_p / \gamma_{a1} \qquad (11.2)$$

11.3.2 Carregamento de Ruptura em Estruturas Isostáticas

Em estruturas isostáticas sujeitas a carregamentos crescentes, quando se atinge, em uma seção, o momento M_p, forma-se ali uma rótula plástica que transforma a estrutura dada em um mecanismo, o que equivale ao seu colapso.

Na Fig. 11.2a, vê-se uma viga simples, com uma carga concentrada Q. Se o momento máximo for inferior a M_y (Fig. 11.2b), a estrutura trabalha em regime elástico, apresentando o diagrama de flechas (linha elástica) da Fig. 11.2c.

Aumentando-se o valor da carga Q, atinge-se a carga de ruptura (Q_u) da viga (Fig. 11.2d), que produz o momento M_p na seção mais solicitada (Fig. 11.2e). Uma vez formada a rótula plástica, na seção mais solicitada, as rotações crescem sem aumento de solicitação, produzindo o diagrama de flechas da Fig. 11.2f. As flechas são provocadas pelas deformações elásticas ao longo da viga e pela rotação na rótula plástica; a segunda parcela é, entretanto, muito maior que a primeira, podendo a deformação da viga assimilar-se a um mecanismo de três rótulas.

O diagrama de momento fletor na ruptura (Fig. 11.2e) é *proporcional* ao diagrama sob cargas de serviço (Fig. 11.2b).

11.3.3 Carregamento de Ruptura em Estruturas Hiperestáticas

Em estruturas hiperestáticas sujeitas a carregamentos crescentes, quando se atinge, em uma seção, o momento M_p, formando-se ali uma rótula plástica, a estrutura não entra em colapso,

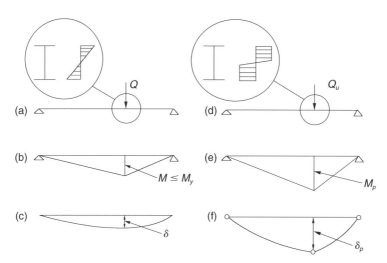

Fig. 11.2 Estrutura isostática, representada por viga biapoiada, sujeita a carregamento crescente: (a) viga sujeita a uma carga concentrada, em serviço; (b) diagrama de momentos fletores em serviço; o momento máximo M é inferior ao momento M_y, correspondente ao início de plastificação da seção; (c) diagrama de flechas da viga a; (d) viga sujeita a uma concentrada (Q_u) na mesma posição da carga Q (figura a), produzindo colapso; (e) diagrama de momentos fletores da viga d; o momento máximo é igual a M_p; (f) diagrama de flechas da viga d, mostrando o deslocamento da cadeia cinemática.

porém perde um grau de hiperestaticidade. Com o aumento das cargas, o diagrama de momento se modifica, pois o momento na rótula plástica (M_p) não aumenta mais, transferindo solicitações para outras seções. O colapso de uma estrutura n vezes hiperestática se verifica quando se formam $n + 1$ rótulas plásticas, transformando a estrutura em um mecanismo.

Na Fig. 11.3, mostra-se um pórtico birrotulado, sujeito a uma carga concentrada de valor crescente. Para tensões normais em regime elástico (Fig. 11.3b), as solicitações são calculadas por qualquer processo da hiperestática clássica, e a linha elástica é uma curva contínua e sem ponto anguloso. Atingindo-se o carregamento $Q_{p\ell 1}$, que produz a primeira rótula plástica, a estrutura transforma-se em pórtico triarticulado, cuja linha deformada (Fig. 11.3e) apresenta ponto anguloso na seção da rótula plástica. O pórtico triarticulado é uma estrutura estável, de modo que a carga atuante pode ser aumentada ($Q > Q_{p\ell 1}$). Atingindo-se a carga (Q_u) que provoca a segunda rótula plástica (Fig. 11.3f), a estrutura transforma-se em um mecanismo, cujo deslocamento se observa na Fig. 11.3g.

Observa-se que o diagrama de momentos, na ruptura (Fig. 11.3f), não é semelhante ao diagrama em serviço (Fig. 11.3b). As rótulas plásticas produzem alterações na configuração do diagrama de momentos elásticos, mobilizando reservas da estrutura. Como resultado desta mobilização, as solicitações calculadas em regime plástico conduzem a um dimensionamento mais econômico da estrutura.

11.3.4 Teoremas sobre o Cálculo da Carga de Ruptura em Estruturas Hiperestáticas

Quando os materiais trabalham em regime elástico (Fig. 11.3b), o cálculo das solicitações internas é unívoco, conduzindo a um único diagrama de momentos, para cada carga.

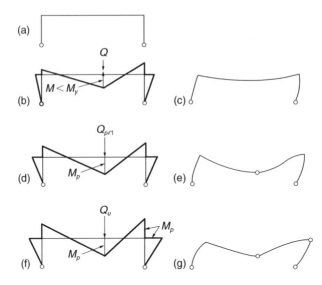

Fig. 11.3 Estrutura hiperestática, representada por um pórtico birrotulado, sujeita a carregamento crescente: (a) pórtico sem carga; (b) pórtico com carga Q, em regime elástico ($M < M_y$); (c) linha elástica, para a carga da figura b; (d) pórtico sujeito à carga ($Q_{p\ell 1}$) que produz a primeira rótula plástica; a estrutura se transforma em pórtico triarticulado; (e) linha deformada, para a carga da figura d; (f) pórtico sujeito à carga (Q_u) que produz a segunda rótula plástica; a estrutura transforma-se em um mecanismo; (g) deslocamento da cadeia cinemática, para a carga da figura f.

A determinação da carga de ruptura, em regime plástico (Fig. 11.3*f*), é também unívoca, porém depende das seções onde se formam as rótulas plásticas, o que obriga, em geral, a um processo de cálculo por tentativas.

A configuração de ruptura da estrutura deve atender às seguintes condições:

a) As cargas aplicadas devem estar em equilíbrio com as solicitações internas.
b) Deve haver rótulas plásticas em número suficiente para transformar a estrutura em uma cadeia cinemática.
c) O momento em qualquer seção não pode exceder o momento resistente plástico (M_p).

A determinação da carga de ruptura pode ser grandemente facilitada, empregando-se dois importantes teoremas da hiperestática plástica:

Teorema do limite superior
A carga de ruptura, calculada supondo a transformação da estrutura em uma certa cadeia cinemática, será maior ou igual à carga de ruptura verdadeira.

Teorema do limite inferior
A carga de ruptura, calculada supondo uma distribuição de momentos ($M < M_p$), em equilíbrio com a carga, é menor ou igual à carga de ruptura verdadeira.

Esses dois teoremas fornecem limites superiores e inferiores para o valor real da carga de ruptura.

Análise Estrutural em Regime Plástico **323**

O *método dos mecanismos*, baseado no primeiro teorema, utiliza a seguinte sequência de cálculo:

a) Escolhem-se as seções de provável formação de rótulas plásticas (geralmente nós ou pontos de momento máximo).
b) Estudam-se as cadeias cinemáticas obtidas com essas rótulas, pesquisando a que conduz ao menor valor da carga de ruptura.
c) A menor carga determinada no item (b) é maior ou igual à carga de ruptura real da estrutura.

O *método estático*, baseado no segundo teorema, adota a seguinte sequência:

a) Escolhe-se um conjunto de momentos hiperestáticos nos nós.
b) Determinam-se os momentos totais (hiperestáticos + isostáticos).
c) Igualam-se momentos máximos aos momentos resistentes plásticos (M_p), em um número de seções (rótulas plásticas) suficiente para formar uma cadeia cinemática.
d) Determina-se a carga com outros conjuntos de momentos do item (c).
e) Repetem-se os cálculos com outros conjuntos de momentos hiperestáticos, chegando-se a outros valores da carga de ruptura.
f) O maior valor da carga de ruptura, determinado no item (e), é menor ou igual à carga de ruptura real da estrutura.

Exemplo 11.3.1

Determinar os diagramas de momentos fletores nos regimes elástico e plástico de uma viga contínua de três tramos, sujeita a uma carga uniformemente distribuída (q). Comparar os momentos resistentes elástico e plástico da estrutura, admitindo que a viga tenha seção compacta, com a relação $M_p/M_y = 1,15$.

Solução

a) Diagrama na fase elástica
O diagrama de momentos, calculado na fase elástica, encontra-se na Fig. Ex. 11.3.1b. Os maiores momentos estão nas seções sobre os apoios intermediários (1 e 2), valendo:

$$M_1 = M_2 = 0,100 \, q\ell^2$$

b) Diagrama limite na fase plástica
O diagrama limite na fase plástica corresponde à formação de rótulas plásticas nos pontos 1, 2, a, b, o que transforma a estrutura em um mecanismo. O momento positivo no vão central é inferior ao dos vãos laterais, de modo que as rótulas se formam nesses últimos.

c) Cálculo do diagrama plástico pelo método estático
Consideremos o primeiro tramo à esquerda da Fig. Ex. 11.3.1c, com apoio simples em 0 e rótula plástica em 1.
A uma distância x do apoio, o momento positivo é dado pela expressão:

$$M_x = \frac{q\ell}{2}x - q\frac{x^2}{2} - \frac{M_p}{\ell}x$$

324 CAPÍTULO 11

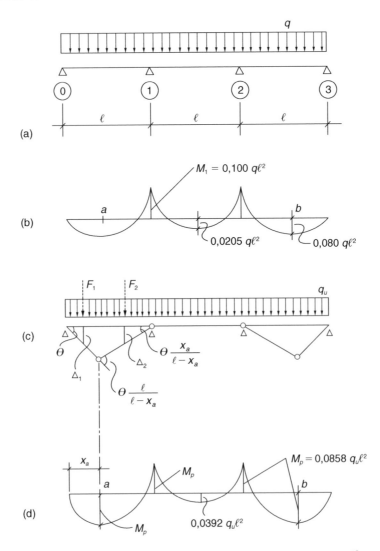

Fig. Ex. 11.3.1 Cálculo das solicitações de uma viga contínua sujeita a uma carga uniformemente distribuída: (a) esquema da viga; (b) diagrama de momentos fletores, para carregamento em fase elástica; (c) mecanismo correspondente ao estado limite plástico (método cinemático); (d) diagrama de momentos fletores para carregamento em fase plástica.

Para achar o ponto de momento máximo, fazemos $\dfrac{dM}{dx}=0$ obtendo:

$$x_a = \frac{\ell}{2} - \frac{M_p}{q\ell}$$

$$M_{x\,\text{máx}} = M_a = \frac{q\ell}{2}\left(\frac{\ell}{2} - \frac{M_p}{q\ell}\right) - \frac{q}{2}\left(\frac{\ell}{2} - \frac{M_p}{q\ell}\right)^2 - \frac{M_p}{\ell}\left(\frac{\ell}{2} - \frac{M_p}{q\ell}\right)$$

Quando se forma a rótula plástica no ponto a, temos $M_a = M_p$. Resulta:

$$M_p = \frac{q\ell^2}{8} + \frac{M_p^2}{2q\ell} - \frac{M_p}{2} \therefore M_p^2 - 3M_p q\ell^2 + \frac{1}{4}(q\ell^2)^2 = 0$$

Resolvendo a equação, obtemos:

$$M_p = 0{,}0858\ q\ell^2$$

Substituindo esta relação na expressão de x_a, obtemos:

$$x_a = 0{,}414\ell$$

d) Cálculo do diagrama plástico pelo método cinemático

O mecanismo previsto está esquematizado na Fig. Ex. 11.3.1c.

O trabalho das forças externas em um vão lateral é o produto das resultantes parciais (F_1, F_2) da carga distribuída (q), pelos deslocamentos respectivos (Δ_1, Δ_2).

$$\text{Trabalho externo} = F_1\Delta_1 + F_2\Delta_2 = qx\frac{x}{2}\theta + q(\ell-x)\frac{\theta x}{(\ell-x)}\frac{(\ell-x)}{2} = q\ell\theta\frac{x}{2}$$

O trabalho das forças internas pode ser tomado igual ao produto dos momentos nas rótulas plásticas (M_p) pelas rotações das mesmas rótulas.

O trabalho interno nas partes não plastificadas (trabalho elástico) pode ser desprezado em comparação com o trabalho plástico.

$$\text{Trabalho interno} = M_p\theta\frac{\ell}{\ell-x} + M_p\frac{x}{\ell-x}\theta = M_p\theta\frac{\ell+x}{\ell-x}$$

Igualando as expressões dos trabalhos interno e externo, obtemos:

$$q\ell\theta\frac{x}{2} = M_p\theta\frac{\ell+x}{\ell-x}$$

$$M_p = q\ell\frac{x}{2}\frac{\ell-x}{\ell+x}$$

Para achar o ponto x_a, fazemos $\dfrac{dM_p}{dx} = 0$ chegando ao valor:

$$x_a = 0{,}414\ell$$

Substituindo o valor de $x = x_a$ na equação de M_p, encontramos:

$$M_p = 0{,}0858\ q\ell^2$$

valor igual ao obtido pelo método estático.

e) Comparação dos momentos resistentes limites

O momento resistente limite correspondente ao início da plastificação da seção mais solicitada é obtido fazendo-se $M_1 = M_y$ no diagrama da Fig. Ex. 11.3.1b, ou seja:

$$M_y = Wf_y = 0{,}100\ q\ell^2 \therefore W_{\text{nec}} = \frac{0{,}10\ q\ell^2}{f_y}$$

326 CAPÍTULO 11

O momento resistente limite correspondente à plastificação geral das seções com rótulas plásticas (Fig. Ex. 11.3.1c) é obtido fazendo-se:

$$M_p = 0,0858 \ q\ell^2 = 1,15M_y = 1,15 \ Wf_y \ \therefore W_{nec} = \frac{0,0858 \ q\ell^2}{1,15 f_y}$$

Comparando os diagramas das figuras *b* e *c*, observamos que a plastificação redistribui os momentos. Os coeficientes para cálculo dos momentos nos apoios intermediários são reduzidos de 0,100 (figura *b*) para 0,0858 (figura *c*), redução de 14 %. Os coeficientes para cálculo dos momentos positivos nos vãos laterais são aumentados de 0,080 para 0,0858, acréscimo de 7 %.

O módulo resistente necessário (W_{nec}), calculado pelos métodos plásticos, apresenta uma redução de 14 % em razão da redistribuição dos momentos e uma redução adicional de 15% em função da plastificação total da seção.

11.3.5 Limitações sobre a Redistribuição de Momentos Elásticos

O cálculo da carga de ruptura de uma estrutura hiperestática, por um dos métodos indicados na Subseção 11.3.4, importa uma redistribuição dos momentos calculados com o material em regime elástico.

Nas estruturas com flutuações de cargas pouco frequentes, como edifícios, galpões sem porte rolante etc., o cálculo da carga de ruptura em regime plástico pode ser usado sem restrições, uma vez que a incidência de cargas excepcionais, em serviço, tem pequena probabilidade de ocorrer.

Nas obras com cargas variáveis importantes, como pontes rolantes, pontes viárias etc., a redistribuição dos momentos elásticos é limitada, com a finalidade de impedir deformações plásticas sob cargas excepcionais de serviço. De fato, se houvesse uma deformação plástica, com a reincidência da mesma carga, produzir-se-ia um dano cumulativo, resultando deformações permanentes capazes de inutilizar a estrutura.

Segundo a norma AISC, os momentos negativos sobre os apoios de vigas de seções compactas (vigas que atingem a plastificação total da seção) de aço, determinados por processos elásticos, podem ser reduzidos em até 10 %, aumentando-se os momentos positivos máximos nos tramos, de forma a manter o equilíbrio da viga (ver Subseção 6.2.5). Os momentos negativos de vigas em balanço não são redistribuídos.

11.3.6 Condições para Utilização de Análise Estática de Vigas em Regime Plástico

Segundo a norma ABNT NBR 8800:2008, os esforços solicitantes, em toda ou em parte de uma viga hiperestática, podem ser determinados por análise plástica, desde que sejam satisfeitas as condições a seguir enumeradas nos pontos de formação de rótulas plásticas:

a) As seções transversais devem ser simétricas em relação ao plano da alma, não devem sofrer flambagem local (seção compacta).

Análise Estrutural em Regime Plástico   327

b) As barras devem ser contraventadas lateralmente, de modo a evitar flambagem lateral com torção ou com distorção.

c) Deve haver suficiente capacidade de rotação de modo a permitir a consequente redistribuição de momentos fletores.

De acordo com a ABNT NBR 8800:2008 para perfis I e H, com a área da mesa comprimida igual ou maior que a da mesa tracionada, a condição (b) pode ser considerada atendida, se o comprimento destravado da mesa superior ℓ_b adjacente a pontos de formação de rótulas plásticas não ultrapassar ℓ_{pd} dado por

$$\ell_{pd} = \left(0,12 + 0,076 \frac{M_1}{M_2} \right) \frac{E}{f_y} r_y$$

em que:

M_1/M_2 = relação entre o menor e o maior momento fletor de cálculo nas extremidades do segmento de comprimento ℓ_b; positivo quando a curvatura é reversa, e negativo para curvatura simples.

A condição (c) em vigas contínuas fica atendida se a resistência das ligações nos pontos de formação de rótulas plásticas for 20 % superior à resistência da viga.

11.4 PROBLEMA RESOLVIDO

11.4.1 Selecionar um perfil CVS em aço A36 para a viga contínua do Exemplo 11.3.1 de acordo com a ABNT NBR 8800:2008. A viga tem $\ell = 10$ m e está sujeita às cargas uniformemente distribuídas:

Permanente $g = 28$ kN/m
Variável $p = 20$ kN/m.

A viga tem contenção lateral nos apoios e nos terços dos vãos.

Solução
a) Análise em regime plástico
Carga de projeto

$$q_d = 1,4 \times 28 + 1,5 \times 20 = 69,2 \text{ kN/m}$$

A determinação da carga q_{ud} foi efetuada no Exemplo 11.3.1 para a condição limite de resistência igual a M_p, obtendo-se:

$$M_p = 0,0858 \, q_{ud}\ell^2$$

Adotando-se como limite de resistência M_p/γ_{a1} com $\gamma_{a1} = 1,10$, tem-se

$$M_{ud} = 1,10 \times 0,0858 \, q_{ud}\ell^2 = 1,10 \times 0,0858 \times 69,2 \times 10^2 = 653 \text{ kNm}$$

$$M_p = Z f_y = 65.300 \text{ kNcm} \therefore Z_{nec} = 2612 \text{ cm}^3$$

328   CAPÍTULO 11

Adotar inicialmente o perfil CVS 450 × 116 e verificar a condição do perfil quanto à ocorrência de flambagem local, além da verificação quanto à flambagem lateral.

b) Classificação da seção quanto à flambagem local.

$$\text{Mesa } \frac{150}{16} = 9,4 < 10,7 \text{ seção compacta}$$

$$\text{Alma } \frac{418}{12,5} = 33 < 106 \text{ seção compacta}$$

A seção é compacta e, de acordo com a ABNT NBR 8800:2008, pode ser utilizada em um dimensionamento com análise plástica.

c) Verificação quanto à flambagem lateral
O perfil CVS 450 × 116 tem raio de giração $r_y = 6,97$ cm
Nos segmentos adjacentes a uma rótula plástica (com exceção da última nos vãos laterais),

$$1,0 > \frac{M_1}{M_p} > -0,5$$

$$\ell_{pd} = \left(0,076 \frac{M_1}{M_2} + 0,12 \right) \frac{200.000}{250} 6,97 = 418 \text{ cm} > \ell_b = 333 \text{ cm}$$

com

$$\frac{M_1}{M_2} \simeq - \frac{q_d \left(\frac{2}{3} \ell \right)^2 / 8}{M_p} = -0,59$$

O perfil CVS 450 × 116 satisfaz os critérios de dimensionamento.

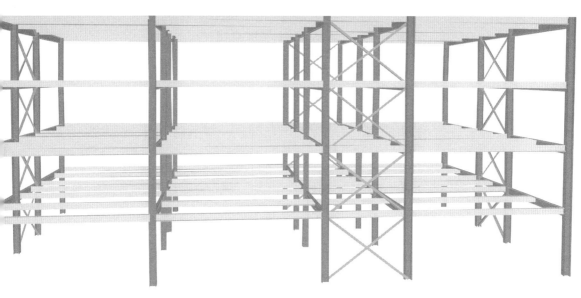

Anexos

Os Anexos (páginas 329 a 370) encontram-se integralmente *online*, disponíveis no *site* www.grupogen.com.br.

Consulte a página de Material Suplementar após o Prefácio para detalhes sobre acesso e *download*.

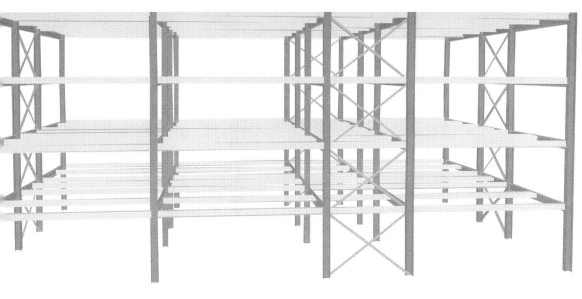

Referências Bibliográficas

AMERICAN INSTITUTE OF STEEL CONSTRUCTION (AISC). *Specification for Structural Steel Buildings; Commentary on the Specification for Structural Steel Buildings*. ANSI/AISC 360-10. Chicago, 2010.

AMERICAN RAILWAY ENGINEERING ASSOCIATION (AREA). *Manual of the American Railway Engineering*. Chicago, 1936.

ARAUJO, A. H. M.; SARMANHO, A.; BATISTA, E. M.; REQUENA, J. A. V.; FAKURY, R. H.; PIMENTA, R. J. *Projeto de estruturas de edificações com perfis tubulares de aço*. Belo Horizonte: Edição do 1º Autor, 2016.

ASSOCIAÇÃO BRASILEIRA DE NORMAS TÉCNICAS (ABNT). NBR 6118:2007. *Projeto de estruturas de concreto*. Rio de Janeiro.

ASSOCIAÇÃO BRASILEIRA DE NORMAS TÉCNICAS (ABNT). NBR 8800:2008. *Projeto de estruturas de aço e de estruturas mistas de aço e concreto de edifícios*. Rio de Janeiro.

ASSOCIAÇÃO BRASILEIRA DE NORMAS TÉCNICAS (ABNT). NBR 14762:2010. *Dimensionamento de estruturas de aço constituídas de perfis formados a frio*. Rio de Janeiro.

ASSOCIAÇÃO BRASILEIRA DE NORMAS TÉCNICAS (ABNT). NBR 16239:2013. *Projeto de estruturas de aço e de estruturas mistas de aço e concreto de edificações com perfis tubulares*. Rio de Janeiro.

BALLIO, G.; MAZZOLANI, F. M. *Theory and design of steel structures*. London: Chapman and Hall, 1983.

BELLEI, I. H. *Edifícios industriais em aço*. 2. ed. São Paulo: Pini, 1998.

BELLEI, I. H.; PINHO, F. O.; PINHO, M. O. *Edifícios de múltiplos andares em aço*. 2. ed. São Paulo: Pini, 2014.

BRESLER, B.; LIN, T. Y.; SCALZI, J. *Design of steel structures*. 2. ed. New York: Willey, 1960.

CHIAVERINI, V. *Aço e ferros fundidos*. 7. ed. São Paulo: Associação Brasileira de Metais, 1996.

372 Referências Bibliográficas

COMITÉ EUROPÉEN DE NORMALISATION (CEN), EUROCODE 3. *Calcul des Structures en Acier, Partie 1-1*: Règles générales et règles pour les bâtiments. Bruxelles: CEN, 2005.

COMITÉ EUROPÉEN DE NORMALISATION (CEN), EUROCODE 4. *Calcul des structures mixtes acier-béton, Partie 1-1*: Régles générales et règles pour les bâtiments. Bruxelles: CEN, 2005.

CUNHA, A. J. P.; LIMA, N. A.; SOUZA, V. C. M. *Acidentes estruturais na construção civil*. São Paulo: Pini, 1996 e 1998. 2 v.

DIAS, L. A. M. *Edificações de aço no Brasil*. São Paulo: Zigurate, 1993.

DIAS, L. A. M. *Estudo de edificações no Brasil*. São Paulo: Zigurate, 2004.

EUROPEAN STEEL DESIGN EDUCATION PROGRAMME (ESDEP). *Composite Structures*. The Steel Construction Institute, 1994. v. 13 e 14.

FAKURY, R. Sobre a revisão da norma brasileira de projeto de estruturas de aço e estruturas mistas de aço e concreto, a NBR 8800. *Revista da Escola de Minas*, 60(2):233-239, Ouro Preto, 2007.

GALAMBOS, T. *Guide to stability design criteria for metal structures*. 5. ed. New York: Wiley, 1998.

GERE, J.; TIMOSHENKO, S. *Mecânica dos sólidos*. Rio de Janeiro: LTC, 1994.

HUMAN INDUCED VIBRATION OF STEEL STRUCTURES (HIVOSS). *Vibration design of floors*: Guideline. Luxembourg: HIVOSS, 2008. Disponível em: http://www.stahlbau.stb.rwth-aachen.de. Acesso em: 13/07/2021.

JOHNSTON, B. G. *Guide to Stability design criteria for metal structures*. 3. ed. New York: Wiley, 1976.

MEYER, K. F. *Estruturas metálicas:* pontes rodoviárias e ferroviárias. Nova Lima: KM Engenharia, 1999.

OWENS, G. W.; KNOWLES, P.; DOWLING, P. J. *Steel Designers Manual*. The Steel Construction Institute. Cambridge, 1992.

PFEIL, W. *Concreto armado*. Rio de Janeiro: LTC, 1988. v. 2.

PFEIL, W. *Estruturas de aço*. 4. ed. Rio de Janeiro: LTC, 1986. v. 1, 2 e 3.

PFEIL, W. *Estruturas de aço*. Rio de Janeiro: Interciência, 1992. v. 1.

PFEIL, W. *Ponte Presidente Costa e Silva*: métodos construtivos. Rio de Janeiro: LTC, 1975.

QUEIROZ, G. *Elementos das estruturas de aço*. Belo Horizonte: Imprensa Universitária, 1993.

QUEIROZ, G.; PIMENTA, R. J.; MATA, L. A. C. *Elementos das estruturas mistas aço-concreto*. Belo Horizonte: O Lutador, 2001.

QUEIROZ, G.; VILELA, P. M. L. *Ligações, regiões nodais e fadiga de estruturas de aço*. Belo Horizonte: O Lutador, 2012.

REIS, A.; CAMOTIN, D. *Estabilidade estrutural*. Portugal: McGraw-Hill, 2001.

ROBERTS, T. M. Slender plate girders subjected to edge loading. *Proc. Institution of Civil Engineers*, Part 2, 1981, v. 71, 805-819.

SALMON, C.; JOHNSON, J. *Steel structures, design and behavior*. 3. ed. New York: HarperCollins, 1990.

SCHNEIDER, J. *Introduction to safety and reliability of structures*, Structural Engineering Document 5. International Association for Bridge and Structural Engineering (IABSE), Switzerland, 1997.

TALL, L. *et al. Structural steel design*. 2. ed. New York: Ronald Press, 1974.

TIMOSHENKO, S.; GERE, J. *Theory of elastic stability*. 2. ed. New York: McGraw-Hill, 1961.

TIMOSHENKO, S.; WOINOWSKY-KRIEGER. *Theory of plates and shells*. New York: McGraw-Hill, 1959.

WINTER, G. *Lateral bracing of columns and beams. Trans. ASCE*, v. 125 part 1: 809-825, 1960.

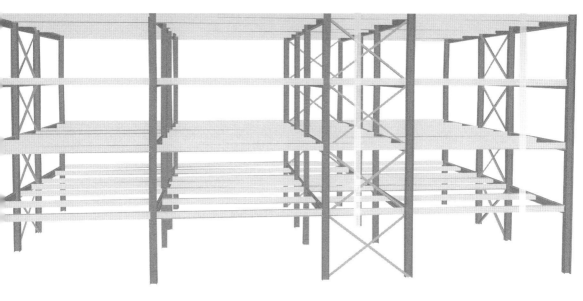

Índice Alfabético

A

Aço(s), 1, 2
    acalmados, 7
    capeados, 7
    -carbono, 1, 9
    com tratamento térmico, 10
    de baixa liga, 10
    efervescentes, 7
    estruturais, 9
    -liga, 1
    semiacalmados, 7
Ações, 39
Alongamento unitário, 11
Alto-forno, 5
Análise
    elástica
        de 2ª ordem, 318
        em regime plástico, 320
    estrutural em regime plástico, 318
    inelástica
        de 1ª ordem, 319
        de 2ª ordem, 319
    linear elástica, 318
Apoio(s), 256
    em consolo enrijecido, 263
    móveis com rolos, 267
Arco
    elétrico
        com fluxo no núcleo, 99
        com proteção gasosa, 99
    submerso em material granular fusível, 99

Área da seção transversal líquida
    de peças, 55
    efetiva, 55
Armaduras transversais na laje, 305
ASD (*Allowable Stress Design*), 37

B

Banzos
    em compressão, 251
    em tração, 252
Barras, 19
    de treliças, 246
    rosqueadas, 76, 77
Bases de colunas, 268

C

Cabos, 22
Cálculo
    das solicitações atuantes, 40
    estrutural, 35
Campo de tração, 188
Carregamento de ruptura em estruturas
    hiperestáticas, 320
    isostáticas, 320
Cedência, 14
Centro
    de cisalhamento, 148
    de torção, 148
    instantâneo de rotação, 115

374 Índice Alfabético

Chapas, 20
    aparadas, 20
    finas, 20
    grossas, 20
    ligadas por pinos, 54
    universais, 20
Cisalhamento
    de bloco, 53, 57
    horizontal, 287
Classificação
    das ligações, 257
        quanto ao esforço solicitante dos
        conectores, 71
    das seções quanto à flambagem local, 170, 292
    de soldas de eletrodo quanto à posição do
        material de solda em relação ao
        material-base, 103
    quanto à posição relativa das peças
        soldadas, 104
Coeficiente(s)
    de forma, 170
    parciais de segurança, 39
Coluna, 129
Combinação(ões)
    de ações, 45
    de construção, 41
    de soldas com conectores, 117
    de solicitações segundo a NBR 8800:2008, 40
    especial, 41
    excepcional, 42
    normais de ações, 42
    normal, 41
    últimas de construção e especiais, 42
Comportamento das ligações, 27
Composição dos esforços em soldas de filete, 113
Comprimento de flambagem, 134, 135
Concreto sob compressão, 288
Condições para utilização de análise estática de
    vigas em regime plástico, 326
Conector(es), 68
    de cisalhamento, 283
    longos, 76
    tipo pino com cabeça, 284
Constantes físicas do aço, 16
Construção(ões)
    escoradas, 289
    não escoradas, 289, 304
Contenção lateral das vigas nos apoios, 197
Contraventamento, 28
Controle e inspeção da solda, 103
Conversor de oxigênio, 6
Cordoalhas, 22

Corrosão, 18
Corte, 71
Critério
    de dimensionamento de peças múltiplas, 148
    determinístico, 39
    estatístico, 39
Curva de flambagem, 133, 138

D

Defeitos na solda, 102
Deformação(ões), 11
    de perfis simples ou compostos em aços com
        patamar de escoamento, 24
Deslocamentos excessivos, 310
Detalhamento, 35
Determinação do esforço normal de uma coluna de
    seção múltipla, 147
Diagonais e montantes
    em compressão, 253
    em tração, 253
Diagonal D2, 255
Diagrama de tensão, 24
Diâmetros dos furos de conectores, 55
Dimensão (perna) mínima, 110
Dimensionamento, 35
    a corte dos conectores, 74
    a flexão, 167
    a rasgamento, 76
    à tração
        dos conectores, 77
        e corte simultâneos, 78
    da alma das vigas, 187
    das ligações, 254
    das peças tracionadas, 51
    de hastes
        à flexocompressão e à flexotração, 227
        em compressão simples sem flambagem
        local, 137
    do contraventamento de colunas, 230
    dos conectores, 306
        e dos elementos de ligação, 74
    dos elementos, 249, 251
    dos enrijecedores transversais
        intermediários, 192
Dimensões máximas, 110
Distribuição(ões)
    de esforços
        entre conectores em alguns tipos
        de ligação, 80
        nas soldas, 113
    de tensões normais na seção, 52
Ductilidade, 16
Dureza, 17

E

Efeito(s)
de imperfeições de material, 229
de temperatura elevada, 17
Elementos
de liga, 1
estruturais metálicos, 25
Eletrodo(s), 101
manual revestido, 99
Emendas
axiais soldadas, 113
com conectores, 261
de campo, 260
de colunas, 259
em vigas, 260
soldadas, 260
Enrijecedores
de apoio, 196
transversais intermediários, 192
Enrugamento da alma, 195
Ensaio(s)
de cisalhamento simples, 11, 15
de tração simples, 11, 13
Erros humanos, 39
Escoamento, 14
local da alma, 194
Esforço(s)
cortante resistente em vigas de perfil I, fletidas
no plano da alma, 189
normais resistentes, 52
resistentes, 42
de hastes com efeito de flambagem
local, 142
de projeto, 137
solicitantes de cálculo, 229
Espaçamento(s)
dos conectores, 73
máximos, 74, 309
mínimos, 309
construtivos para furos do tipo padrão, 73
Estados limites, 36
de utilização, 36, 44
últimos, 36, 38, 52
Estática
clássica ou elástica, 40
inelástica, 40
Estruturas aporticadas para edificações, 27

F

Fabricação de estruturas metálicas soldadas, 101
Fadiga, 18

Ferro
forjado, 1, 2
fundido, 1, 2
Fios, 22
Fissuração do concreto, 310
Fixação arbitrária dos valores de cálculo, 39
Flambagem
da alma sob ação de cargas concentradas nas
duas mesas, 196
da placa isolada, 139
global, 162
lateral com torção, 165, 178
de viga biapoiada com momento fletor
constante, 180
local, 129, 138, 165
critérios para impedir, 140
da alma, 173, 174
da mesa, 173
por flexão, 129, 148
Flexão local da mesa, 194
Flexocompressão, 218
Flexotração, 218
Fluência do concreto, 288
Fórmula(s)
de Hertz, 267
de interação, 78
Fragilidade, 16
Funcionamento da seção mista, 285
Furação de chapas, 72
Fusão incompleta, penetração inadequada, 102

G

Galpões industriais simples, 32
Galvanização, 18
Gargantas de solda com penetração parcial, 106
Grelha plana, 26
Gusset, 51, 246, 255

H

Hastes, 25

I

Inclusão de escória, 102
Índice de esbeltez, 54
Influência de furos na resistência da seção, 175
Interação
completa, 288
parcial, 288

J

Joists, 31

Índice Alfabético

L

Laje mista aço-concreto, 32
Laminação, 7
Largura efetiva da laje, 293
Lei de Hooke, 11
Ligação(ões), 246, 256
  axial por corte, 80
  com cantoneira de apoio, 263
  com conectores, 68
  com corte e tração nos conectores, 84
  com dupla cantoneira de alma, 262
  com pinos, 266
  com solda, 99
  com tração nos parafusos, 83
  de peças metálicas, 22
  do tipo
    apoio (ou contato), 69
    atrito, 70
  excêntrica por corte, 81, 114
  flexível, 258
    à rotação, 262
  parcial, 288
  perfeitamente rígidas, 258
  rígida, 258
    à rotação, 264
  rotulada, 258
  semirrígida, 258
  total, 288
  viga
    -pilar flexíveis, 28
    -viga, 264
Limitação(ões)
  de deformações, 197
  de esbeltez das peças tracionadas, 54
  sobre a redistribuição de momentos
    elásticos, 326
Limite
  de elasticidade do aço, 15
  de escoamento convencional, 14
  de proporcionalidade, 15, 24
  superior da relação h/t_w, 191
Lingoteamento, 7
  contínuo, 7
Lingotes, 7
Linha neutra plástica na laje de concreto, 299

M

Margem de segurança, 39
Método(s)
  da amplificação dos esforços solicitantes, 227
  das tensões admissíveis, 36, 37
  de análise estrutural, 318
  de cálculo, 34
  dos coeficientes parciais, 36
  dos estados limites, 36, 38
  dos mecanismos, 323
  estático, 323
  LRFD, 36
Modelo(s)
  estruturais para treliças, 247
  pórtico, 248
Módulo
  de deformação longitudinal, 12
  de elasticidade, 12
  de resiliência, 17
  de Young, 12
Momento
  de início de plastificação, 167
  de plastificação total, 167
  fletor resistente de vigas com contenção
    lateral, 170
  resistente
    constante, 319
    de cálculo de vigas I com mesa
      esbelta, 176, 178
      e contenção lateral, 177
    de projeto, 173
    limitação do, 174
    positivo por ligação total de vigas com seção
      de aço compacta, 298

N

Nomenclatura SAE, 11
Normas, 35
  brasileiras sobre cargas sobre as estruturas, 40
Nós, 244
  compactos, 248
  rotulados, 248
Número de conectores e espaçamento
  entre eles, 307

P

Padronização
  ABNT, 10
  de espaçamentos, 74
Parafusos, 77
  comuns, 69
  de alta resistência, 70
    com rosca fora do plano de corte, 76
    em ligações por atrito, 76
    em geral, 76

Índice Alfabético

Peças
com extremidades rosqueadas, 54
comprimidas, 129
de seção múltipla, 146
em geral, com furos, 53
tracionadas, 50
critérios de dimensionamento, 51
tipos construtivos, 50
Pega do conector, 76
Perfiladeiras, 22
Perfis
compostos, 23
de chapa dobrada, 22
laminados, 20
soldados, 23
Placas, 26
anisotrópicas, 34
enrijecidas, 143
não enrijecidas, 143
ortotrópicas, 34
Porosidade, 102
Pórticos, 26
Posições de soldagem com eletrodos, 104
Pressão de contato da chapa, 76
Processo
de fabricação, 4
de solda
com proteção gasosa, 101
por arco voltaico submerso, 101
Produtos
estruturais tipos de, 19
laminados, 19
siderúrgicos estruturais, 19
Projeto estrutural e normas, 34
Propriedades dos aços, 16

Q

Quadros, 26

R

Rasgamento, 58
Rebites, 68
Regime elástico, 11
Relação α entre módulos de elasticidade do aço e
do concreto, 295
Resiliência, 17
Resistência
à corrosão, 1
à fadiga, 18
à flexão, 292
de vigas
com seção de aço semicompacta, 304

I com dois eixos de simetria, fletidas no
plano da alma, 181
I com um eixo de simetria fletidas no
plano da alma, 183
mistas, 292
sem contenção lateral contínua, 178
por ligação parcial de vigas com seção de
aço compacta, 302
ao cisalhamento, 292
ao deslizamento em ligações por atrito, 78
da seção à flexão composta, 220
das chapas e elementos de ligação, 79
das soldas, 111
dos aços utilizados nos conectores, 74
dos conectores pino com cabeça, 306
e estabilidade da alma sob ação de cargas
concentradas, 193
por ligação total e por ligação parcial a, 287
Retração do concreto, 288
Rigidez das ligações, 258
Rotação crescente, 319
Rótula plástica, 319
Ruptura(s), 285
em ligações com conectores, 74

S

Seção(ões)
com placas
enrijecidas, 144
e não enrijecidas, 146
não enrijecidas, 143
compacta, 171
das vigas, 171
esbelta, 171
homogeneizada para cálculos em regime
elástico, 294
mista com interação
parcial, 285
total, 285
semicompacta, 171
Simbologia de solda, 104
Sistema(s)
de contenção nodal, 230
de contraventamento, 34, 230
de elementos bidimensionais, 34
de piso para edificações, 31
estruturais em aço, 25
planos de elementos lineares, 26
portante principal, 34
Solda(s)
com esforços combinados de cisalhamento e
tração ou compressão, 115

378 Índice Alfabético

de comprimento, 110
de eletrodo manual revestido, 100
de filete, 103, 109, 112
de penetração, 103, 105, 111
  parcial, 106
  total, 260
de tampão e de ranhura, 103
definição, 99
longitudinais, 115
processos construtivos, 99
tipos, qualidade e simbologia de, 99
transversais, 116
Soldabilidade de aços estruturais, 101
Solicitação de cálculo, 38
Steel deck, 31, 32

T

Temperaturas elevadas, 17
Tenacidade, 17
Tensão(ões), 11
  convencional, 13
  de cisalhamento provocadas por esforço
    cortante, 188
  residuais, 24
    de fabricação, 24
    longitudinais, 24
Teorema(s)
  do limite
    inferior, 322
    superior, 322
  sobre o cálculo da carga de ruptura em
    estruturas hiperestáticas, 321
Teoria plástica de dimensionamento, 37, 38
Teste de Charpy com indentação em V, 17
Tolerâncias de fabricação de produtos
  laminados, 21
Torção de peças comprimidas, 148
Tracionadas com furos, 55
Tratamento
  do aço na panela, 6
  térmico, 8
Treliças, 26, 244
  usuais de edifícios, 244

Trilhos, 21
Trincas
  a frio, 102
  a quente, 102
Tubos, 21

V

Valores limites do coeficiente de esbeltez, 138
Verificação(ões)
  do peso próprio, 253
  no estado limite de utilização, 310
Vibrações excessivas, 310
Viga(s)
  com enrijecedores transversais, 191
  com seção de aço
    compacta, 307
    semicompacta, 308
  contínuas, 187, 290
  curtas, 180
  de alma cheia, 165
  de ligação total, 288
  dimensionada, 288
  intermediárias, 180
  longas, 180
  mistas
    aço-concreto, 282
    sob ação de momento fletor negativo, 290
  sem contenção lateral contínua, 180
  sem enrijecedores, 191
  semicontínuas, 290
  sujeitas à flexão assimétrica, 186
  treliçadas, 244
Viga-coluna, 218
  com extremidades deslocáveis, 224
  com extremos indeslocáveis, 222
  sujeita à flambagem no plano de flexão, 222

W

WSD (*Working Stress Design*), 37

Z

Zona termicamente afetada, 102